21 世纪高职高专规划教材

高等职业教育规划教材编委会专家审定

U0309731

Windows 网络操作系统管理
（第 2 版）

主　编　宋西军
副主编　赵尔丹　吴梅梅　张　耘

北京邮电大学出版社
www.buptpress.com

内 容 简 介

本书按照易学、易懂、易操作、易掌握以及"理论够用"、"实践技能为重"的原则编写,系统性强,结构合理,从计算机网络的概念、发展过程及计算机网络分类及构成等基础知识,逐步深入系统管理和网络服务的管理。注重实现的方式方法,在讲解具体内容时,特别注重实用性,尽量列举实例;在叙述上力求深入浅出,通俗易懂。

本书以 Windows Server 2008 网络操作系统为操作平台,采用项目引导、任务驱动的方式讲解计算机网络的基本知识,在实际工作中 Windows 网络操作系统的基本安装和配置的主要内容,在项目上采用 Windows 网络操作系统作为文件服务器、打印服务器、DHCP 服务器、DNS 服务器、路由器、Web 服务器、FTP 服务器,讲述基本配置和管理方法。

本书可作为高职高专、成人教育、中等职业学校计算机类专业的教材,也可供专业技术人员和计算机爱好者自学使用。

图书在版编目(CIP)数据

Windows 网络操作系统管理 / 宋西军主编. --2 版. --北京:北京邮电大学出版社,2013.10
ISBN 978-7-5635-3693-1

Ⅰ. ①W… Ⅱ. ①宋… Ⅲ. ①Windows 操作系统 Ⅳ. ①TP316.7

中国版本图书馆 CIP 数据核字(2013)第 219082 号

书 名:Windows 网络操作系统管理(第 2 版)
主 编:宋西军
责任编辑:彭 楠
出版发行:北京邮电大学出版社
社 址:北京市海淀区西土城路 10 号(邮编:100876)
发 行 部:电话:010-62282185 传真:010-62283578
E-mail: publish@bupt.edu.cn
经 销:各地新华书店
印 刷:北京联兴华印刷厂
开 本:787 mm×1 092 mm 1/16
印 张:17
字 数:423 千字
版 次:2008 年 8 月第 1 版 2013 年 10 月第 2 版 2013 年 10 月第 1 次印刷

ISBN 978-7-5635-3693-1 定 价:35.00 元

前　言

微软 Windows 网络操作系统融合了当今网络操作系统中的主流技术,在中小企业中应用非常广泛。各行各业急需具备使用高级 Microsoft Windows 管理平台和 Microsoft 服务器产品,并能为企业提供成功的设计、实施和管理商业解决方案能力的人才。

《Windows 网络操作系统管理》是计算机网络技术专业群的一门技术性、实践性很强的专业课程。本教材以 Windows Server 2008 网络操作系统为操作平台,通过学习,可以了解计算机网络的基本知识,掌握 Windows 网络操作系统的基本安装和配置的主要内容,掌握 Windows 网络操作系统充当文件服务器、打印服务器、DHCP 服务器、DNS 服务器、路由器、Web 服务器、FTP 服务器等角色的基本配置和管理方法。通过学习系统和网络中各项服务的实现原理和实现方法,理解并掌握常用的应用及服务部署实施方法,培养应用 Windows 网络操作系统实现各项系统管理和网络基础应用的技能。

本教材充分体现了以职业需求为导向,以培养职业能力和创新能力为中心的教学思路。学习本教材,可以掌握 Windows 网络操作系统基本理论知识和网络服务等方面的技术;能够基于 Windows Server 2008 平台进行商业需求分析、基础架构的设计和实施;能够构建综合性网络系统;还可以教考分离地参加微软的 MCSE 认证考试。

本教材系统性强,结构合理,从计算机网络的概念、发展过程、分类及构成等基础知识,逐步深入系统管理和网络服务的管理。在讲解具体内容时,采用项目引导方式,特别注重实用性。在叙述上力求深入浅出,通俗易懂。

全书分 12 个项目,项目 1 为配置 Windows Server 2008 网络操作系统网络连接,介绍计算机网络的基本知识、网络协议特别是 TCP/IP 协议的知识,作为本书的基础。项目 2 为安装与配置 Windows Server 2008 网络操作系统,详细讲解了 Windows Server 2008 系统全新安装硬件要求和安装步骤。项目 3 为监视 Windows Server 2008 性能及任务管理,详细讲解了 Windows 网络操作系统资源的监控与维护步骤。项目 4 为管理 Windows Server 2008 系统本地用户和组,讲解了 Windows 网络操作系统用户账号和组账号的基本管理技能。项目 5 为管理 Windows Server 2008 文件和文件夹资源,详细讲解了管理文件和文件夹资源的方法,特别是各种权限的配置和共享资源的管理方法。项目 6 为安装和管理打印服务,讲解了安装和管理打印机以及打印机服务器的配置方法。项目 7 为配置与管理 DHCP 服务器,详细讲解了 DHCP 服务器的配置和管理方法。项目 8 为配置与管理 DNS 服务器,详细讲解了 DNS 服务器的配置和管理方法。项目 9 为配置与管理路由服务,详细讲解了 Windows 路由服务的配置和管理方法。项目 10 为架设 Web 服务器,详细讲解 Web 服务器的配置和管理方法。项目 11 为架设 FTP 服务器,详细讲解了 FTP 服务器的配置和管理方法。

本书由宋西军主编,具体编写项目 1、项目 2、项目 3、项目 4,吴梅梅编写项目 5、项目 6、项目 8、项目 9,赵尔丹编写项目 7、项目 10、项目 11,张耘参与了全书的章节设定和部分章节的任务设计工作。

本书编写过程中参考了 Windows 操作系统的"帮助与支持"文档和其他文献资料。由于编者水平有限,时间仓促,书中难免有疏漏和错误之处,恳请同行专家及读者提出批评意见,以便及时补充和修订。

编 者

目 录

项目 1　配置 Windows Server 2008 网络操作系统网络连接

项目学习目标

- 掌握网络连接的配置技能。
- 掌握 TCP/IP 协议基本知识,子网的划分,特别是 IP 地址的网络 ID、主机 ID 等。
- 了解计算机网络的定义、计算机网络分类的基础知识。

案例情境

　　某公司是一家小型的咨询服务公司,准备建立计算机局域网络,一台联想服务器,RAID 磁盘阵列,Windows Server 2008 操作系统,一台数据库服务器;客户机均为品牌机,工作组环境,预装 Windows 7 系统。现在需要组建基本的网络服务环境。

项目需求

　　当前信息社会要求网络普及,各种设备都需要具备互联的装置。在计算机网络中网络适配器是实现各设备间互联的设备,通过基本的配置使它们具备信息传递的功能。

　　在一个企业的计算机局域网络里面,服务器和客户机充当着重要的角色。需要对服务器和客户机进行正确的配置,使它们能够正常地提供网络服务和享用网络服务。

实施方案

　　互联网的普及得益于 TCP/IP 协议,目前广泛使用的是 TCP/IP 协议的第四版,由于 IP 地址资源几近枯竭,所以正在逐步过渡到第六版,第六版的 IP 地址范围更大。本项目实施针对网络连接的 TCP/IP 第四版的参数进行配置管理。需要规划网络结构,根据 IP 地址的规划进行服务器和客户机的配置。

　　网络连接的配置信息主要包括:IP 地址、子网掩码、默认网关、首选 DNS 服务器地址、备用 DNS 服务器地址等。

任务 1　掌握 IP 地址基础知识

子任务 1　了解 TCP/IP 协议

在 Windows Server 2008 中，TCP/IP 协议是默认安装的协议。TCP/IP 协议作为一个工业方面的标准，许多大型的网络都依赖 TCP/IP 来承担大量的网络通信。因此，在一个 Windows Server 2008 的网络中，需要了解有关 TCP/IP 协议的内容。

1. TCP/IP 简介

TCP/IP 是用于计算机通信的一组协议，通常称它为 TCP/IP 协议族。TCP/IP 是 20 世纪 70 年代中期美国国防部为其 ARPANET 广域网开发的网络体系结构和协议标准，以它为基础组建的 Internet 是目前国际上规模最大的计算机网络，正因为 Internet 的广泛使用，使得 TCP/IP 成了事实上的标准。之所以说 TCP/IP 是一个协议族，是因为 TCP/IP 协议包括 TCP、IP、UDP、ICMP、RIP、TELNETFTP、SMTP、ARP、TFTP 等许多协议，这些协议一起被称为 TCP/IP 协议。以下对协议族中一些常用协议英文名称和用途作一介绍：

TCP(Transport Control Protocol)传输控制协议

IP(Internetworking Protocol)网间网协议

UDP(User Datagram Protocol)用户数据报协议

ICMP(Internet Control Message Protocol)互联网控制信息协议

SMTP(Simple Mail Transfer Protocol)简单邮件传输协议

SNMP(Simple Network manage Protocol)简单网络管理协议

FTP(File Transfer Protocol)文件传输协议

ARP(Address Resolation Protocol)地址解析协议

2. TCP/IP 的分层结构

TCP/IP 的分层结构图如图 1-1 所示。

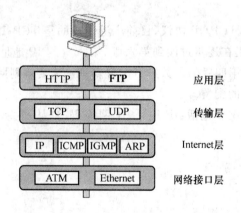

图 1-1　TCP/IP 的分层结构图

从协议分层模型方面来讲，TCP/IP 由四个层次组成：网络接口层、网际网层、传输层、应用层。其中：

网络接口层：这是 TCP/IP 软件的最低层，负责把数据发送到网络媒体以及从网络媒体上接收数据。接收 IP 数据报并通过网络发送，或者从网络上接收物理帧，抽出 IP 数据报，交给 IP 层。

网际网层（Internet 层）：将数据分组并进行必要的路由选择，负责相邻计算机之间的通信。其功能包括三方面：①处理来自传输层的分组发送请求，收到请求后，将分组装入 IP 数据报，填充报头，选择去往信宿机的路径，然后将数据报发往适当的网络接口。②处理输入数据报：首先检查其合法性，然后进行寻径——假如该数据报已到达信宿机，则去掉报头，将剩下部分交给适当的传输协议；假如该数据报尚未到达信宿，则转发该数据报。③处理路径、流控、拥塞等问题。

举例如下。IP：负责相应的寻址；ARP（地址解析协议）：通过目标计算机的 IP 地址查找其 MAC 地址；ICMP（Internet 控制消息协议）：诊断和报告网络上的数据传输错误；IGMP（Internet 组管理协议）：负责多路广播。

应用层：向用户提供一组常用的应用程序，提供应用程序与网络之间的接口，所有的应用程序都通过应用层来访问网络。例如，HTTP 用于访问 Web 网页，FTP 用于传输文件等。

子任务 2　掌握 IP 地址基础知识

1. 了解 IP 地址的格式

IP 地址示意图如图 1-2 所示。

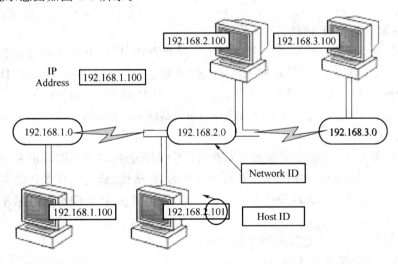

图 1-2　IP 地址示意图

目前 Internet 所采用的协议族是 TCP/IP 协议族。IP 是 TCP/IP 协议族中网络层的协议，是 TCP/IP 协议族的核心协议。

目前 IP 协议的版本号是 4（简称为 IPv4），它的下一个版本是 IPv6。IPv6 正处在不断发展和完善的过程中，在不久的将来将取代目前被广泛使用的 IPv4。

Internet 上的每台主机（Host）都有一个唯一的 IP 地址。IP 协议就是使用这个地址在主机之间传递信息,这是 Internet 能够运行的基础。IP 地址的长度为 32 位,分为 4 段,每段 8 位,用十进制数字表示,每段数字范围为 0～255,段与段之间用句点隔开,如 159.226. 1.1。

IP 地址的组成:IP 地址的高位部分标识网络,剩下的部分标识其中的网络设备。用来标识设备所在的网络的部分叫做网络 ID(逻辑上的网),标识网络设备的部分叫做主机 ID。其中网络号(网络 ID)和主机号(主机 ID)不能全为 0 或全为 1。

IP 地址就像是我们的家庭住址一样,如果要写信给一个人,就要知道他(她)的地址,这样邮递员才能把信送到,计算机发送信息是就好比邮递员必须知道唯一的"家庭地址"才能不致于把信送错人家,只不过我们的地址是使用文字来表示的,计算机的地址用十进制数字表示。众所周知,在电话通信中,电话用户是靠电话号码来识别的。同样,在网络中为了区别不同的计算机,也需要给计算机指定一个号码,这个号码就是"IP 地址"。

按照 TCP/IP(Transport Control Protocol/Internet Protocol,传输控制协议/Internet 协议)规定,IP 地址用二进制来表示,每个 IP 地址长 32 bit,1 bit 换算成字节,就是 4 字节。例如,一个采用二进制形式的 IP 地址是"00001010000000000000000000000001",这么长的地址,人们处理起来太费劲了。为了方便人们的使用,IP 地址经常被写成十进制的形式,中间使用符号"."分开不同的字节。于是,上面的 IP 地址可以表示为"10.0.0.1"。IP 地址的这种表示法叫做"点分十进制表示法",这显然比 1 和 0 容易记忆得多。

有人会以为,一台计算机只能有一个 IP 地址,这种观点是错误的。我们可以指定一台计算机具有多个 IP 地址,因此在访问互联网时,不要以为一个 IP 地址就是一台计算机;另外,通过特定的技术,也可以使多台服务器共用一个 IP 地址,这些服务器在用户看起来就像一台主机似的。

2. 掌握如何分配 IP 地址

TCP/IP 协议需要针对不同的网络进行不同的设置,且每个节点一般需要一个"IP 地址"、一个"子网掩码"、一个"默认网关"。不过,可以通过动态主机配置协议(DHCP),给客户端自动分配一个 IP 地址,避免了出错,也简化了 TCP/IP 协议的设置。

互联网上的 IP 地址统一由 IANA(Internet Assigned Numbers Authority,互联网网络号分配机构)来管理。

IANA 负责对 IP 地址分配规划以及对 TCP/UDP 公共服务的端口定义。国际互联网代理成员管理局(IANA)是在国际互联网中使用的 IP 地址、域名和许多其他参数的管理机构。IP 地址、自治系统成员以及许多顶级和二级域名分配的日常职责由国际互联网注册中心和地区注册中心承担。

目前全世界共有三个这样的网络信息中心:

InterNIC,负责美国及其他地区;

ENIC,负责欧洲地区;

APNIC,负责亚太地区。

我国申请 IP 地址要通过 APNIC,APNIC 的总部设在日本东京大学。申请时要考虑申请哪一类的 IP 地址,然后向国内的代理机构提出。

IPv6 是 Internet Protocol version 6 的缩写,其中 Internet Protocol 译为"互联网协议"。

IPv6 是 IETF(Internet Engineering Task Force,互联网工程任务组)设计的用于替代

现行版本 IP 协议(IPv4)的下一代 IP 协议。

目前我们使用的第二代互联网 IPv4 技术,核心技术属于美国。它的最大问题是网络地址资源有限,从理论上讲,IPv4 技术可使用的 IP 地址有 43 亿个,其中北美占有 3/4,约 30 亿个,而人口最多的亚洲只有不到 4 亿个,中国只有 3 000 多万个,只相当于美国麻省理工学院 IP 地址的数量。地址不足,严重地制约了我国及其他国家互联网的应用和发展。

随着电子技术及网络技术的发展,计算机网络进入人们的日常生活,可能身边的每一样东西都需要连入全球因特网。但是与 IPv4 一样,IPv6 一样会造成大量的 IP 地址浪费。准确地说,使用 IPv6 的网络并没有 $2^{128}-1$ 个能充分利用的地址。首先,要实现 IP 地址的自动配置,局域网所使用的子网的前缀必须等于 64,但是很少有一个局域网能容纳 2^{64} 个网络终端;其次,由于 IPv6 的地址分配必须遵循聚类的原则,地址的浪费在所难免。

但是,如果说 IPv4 实现的只是人机对话,而 IPv6 则扩展到任意事物之间的对话,它不仅可以为人类服务,还将服务于众多硬件设备,如家用电器、传感器、远程照相机、汽车等,它将是无时不在、无处不在地深入社会每个角落的真正的宽带网,而且它所带来的经济效益将非常巨大。

当然,IPv6 并非十全十美、一劳永逸,不可能解决所有问题。IPv6 只能在发展中不断完善,过渡需要时间和成本,但从长远看,IPv6 有利于互联网的持续和长久发展。目前,国际互联网组织已经决定成立两个专门工作组,制定相应的国际标准。

与 IPv4 相比,IPv6 具有以下优势。

(1)IPv6 具有更大的地址空间。IPv4 中规定 IP 地址长度为 32,即有 $2^{32}-1$ 个地址;而 IPv6 中 IP 地址的长度为 128,即有 $2^{128}-1$ 个地址。

(2)IPv6 使用更小的路由表。IPv6 的地址分配一开始就遵循聚类(Aggregation)的原则,这使得路由器能在路由表中用一条记录(Entry)表示一片子网,大大减小了路由器中路由表的长度,提高了路由器转发数据包的速度。

(3)IPv6 增加了增强的组播(Multicast)支持以及对流的支持(Flow Control),这使得网络上的多媒体应用有了长足发展的机会,为服务质量(QoS,Quality of Service)控制提供了良好的网络平台。

(4)IPv6 加入了对自动配置(Auto Configuration)的支持。这是对 DHCP 协议的改进和扩展,使得网络(尤其是局域网)的管理更加方便和快捷。

(5)IPv6 具有更高的安全性。使用 IPv6 网络的用户可以对网络层的数据进行加密并对 IP 报文进行校验,极大增强了网络的安全性。

3. 了解 IP 地址的分类

最初设计互联网络时,为了便于寻址以及层次化构造网络,每个 IP 地址包括两个标识码(ID),即网络 ID 和主机 ID。同一个物理网络上的所有主机都使用同一个网络 ID,网络上的一个主机(包括网络上工作站、服务器和路由器等)有一个主机 ID 与其对应。IP 地址根据网络 ID 的不同分为 5 种类型:A 类地址、B 类地址、C 类地址、D 类地址和 E 类地址。

(1)A 类 IP 地址

一个 A 类 IP 地址由 1 字节网络地址和 3 字节主机地址组成,网络地址的最高位必须是"0",地址范围从 0.0.0.1 到 126.0.0.0。可用的 A 类网络有 126 个,每个网络能容纳 1 亿多个主机。

（2）B类IP地址

一个B类IP地址由2字节的网络地址和2字节的主机地址组成,网络地址的最高位必须是"10",地址范围从128.0.0.0到191.255.255.255。可用的B类网络有16 382个,每个网络能容纳6万多个主机。

（3）C类IP地址

一个C类IP地址由3字节的网络地址和1字节的主机地址组成,网络地址的最高位必须是"110",范围从192.0.0.0到223.255.255.255。C类网络可达209万余个,每个网络能容纳254个主机。

（4）D类地址用于多点广播(Multicast)

D类IP地址第一个字节以"1110"开始,它是一个专门保留的地址。它并不指向特定的网络,目前这一类地址被用在多点广播(Multicast)中。多点广播地址用来一次寻址一组计算机,它标识共享同一协议的一组计算机。

（5）E类IP地址

以"11110"开始,为将来使用保留。

全零("0.0.0.0")地址对应于当前主机。全"1"的IP地址("255.255.255.255")是当前子网的广播地址。

（6）公有地址和私有地址

公有地址(Public Address)由Inter NIC(Internet Network Information Center,因特网信息中心)负责。这些IP地址分配给注册并向Internet NIC提出申请的组织机构。通过它直接访问因特网。

私有地址(Private Address)属于非注册地址,专门为组织机构内部使用。

以下列出留用的内部私有地址:

A类,10.0.0.0～10.255.255.255;

B类,172.16.0.0～172.31.255.255;

C类,192.168.0.0～192.168.255.255。

4. 掌握IP地址的确定

网络上常常需要将大型的网络划分成若干小网络,这些小网络称为子网,如图1-3所示。

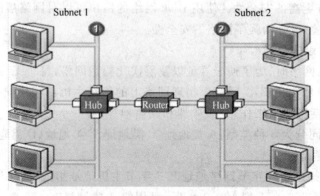

图1-3　子网示意图

（1）子网掩码

将 IP 地址中的网络号全改为 1,主机号全改为 0,则是子网掩码。将子网掩码与 IP 地址进行"与(and)"运算,用来分辨网络号和主机号,确定某 IP 地址的网络号。以下是 A、B、C 三类网络的默认子网掩码：

A 类,255.0.0.0;

B 类,255.255.0.0;

C 类,255.255.255.0。

例如,IP 地址是 131.107.33.10,子网掩码是 255.255.0.0。

　　131.　　　107.　　　33.　　10
　　10000011.01101011.00100001.00001010
　　11111111.11111111.00000000.00000000
　　10000011.01101011.00000000.00000000

网络 ID 131 . 107 . 0 . 0

主机 ID 0 . 0 . 33 . 10

对于 A、B、C、D 类的地址网络 ID 和主机 ID 确定比较方便,可以简单地把 IP 地址对应 255 和对应 0 的分成两部分,对应 255 的部分后面补 0 即是网络 ID,对应 0 的前面部分补 0 即是主机 ID。

（2）IP 地址的定址原则

IP 地址的定址原则如下。

- IP 地址的第一个数(最高位)不能为 127。127.x.y.z 格式的地址为回环地址,表示本机。
- 主机部分不能全为 0,全为 0 时表示本网络。
- 主机部分不能全为 1,全为 1 时表示本网段广播地址。
- IP 地址在整个网络中必须是唯一的。

① 指定网络号(见图 1-4)

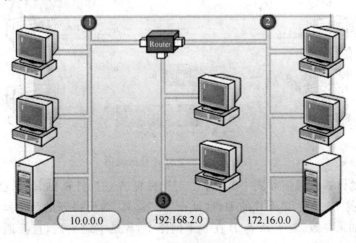

图 1-4　网络号指定示意图

设置网络号：

7

- 同一子网中所有的计算机的网络号必须相同；
- 每一个子网必须有不同的网络号；
- 如果连接到 Internet，必须申请有效的网络号。

② 设置主机号（见图 1-5）

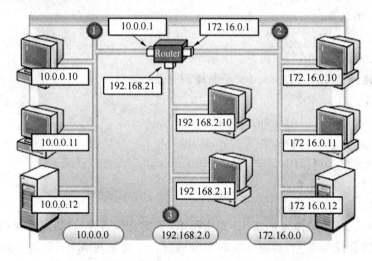

图 1-5　主机号指定示意图

设置主机号：

- 同一子网中的主机号不能相同（IP 地址冲突）；
- 默认网关是路由器与本子网的接口的地址，用于转发发往其他子网的数据包。

（3）确定本地和远程主机

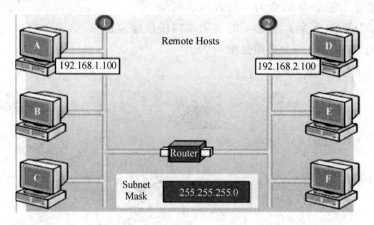

图 1-6　子网之间计算机通信

子网之间的计算机通信如图 1-6 所示。当计算机 A 访问计算机 B 时，会用计算机 A 的子网掩码与 A 的 IP 地址以及 B 的 IP 地址作"与"运算，对所得到的两个网络号进行比较，看是否一致。如果一致，表明 A 与 B 在一个网络上，B 是本地主机，直接通信；否则表明 A 与 B 在不同网络上，B 为远程主机，通过路由器进行通信。

子任务 3　了解 CIDR 技术

1. 分类 IP 地址的局限性

以 2 000 台计算机为例,来看一下分类 IP 地址的局限性。

1) 地址浪费:若申请 B 类网址,则浪费了 63 534 个 IP 地址。

2) 过多的路由表配置:若申请 C 类网址,则需要 8 个 C 类网络,在路由器的路由表中就需要为这 8 个网络添加 8 条记录。

3) IP 地址缺乏:如果继续使用分类 IP 地址,IP 地址最终将用完。

为了解决以上问题,产生了 CIDR(Classless Inter-Domain Routing,无类域间路由)技术。CIDR 不再采用 A、B、C 三种分类方法,而是可以连续地划分网络部分和主机部分,即可以根据网络中的计算机的数量来确定网络部分和主机部分的位数。对于以上例子,可以使后 11 位作为主机 ID,前 21 位作为网络 ID。IP 地址构成如图 1-7 所示。

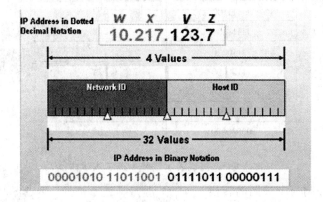

图 1-7　IP 地址构成

2. CIDR 表示法

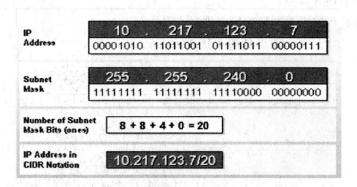

图 1-8　IP 地址的 CIDR 记法示意图

CIDR 表示法是用任意位的二进制划分网络号与主机号,不再按 A、B、C 将地址进行分类,在表示 IP 地址时,采用"IP 地址/子网掩码位数"的表示方法。

例如:

IP 地址:10.217.123.7

子网掩码:255.255.240.0

先把子网掩码转换成二进制:11111111.11111111.11110000.00000000

确定前面连续 1 的个数:20

那么这个 IP 地址用 CIDR 记法表示为 10.217.123.7/20。

A、B、C 三类网络的默认子网掩码二进制表示如下。

A 类:11111111.00000000.00000000.00000000

B 类:11111111.11111111.00000000.00000000

C 类:11111111.11111111.11111111.00000000

二进制与十进制子网掩码对应如图 1-9 所示。

二进制表示法	十进制表示法
11111111	255
11111110	254
11111100	252
11111000	248
11110000	240
11100000	224
11000000	192
10000000	128
00000000	0

图 1-9　二进制表示法和十进制表示法

辅助知识:二进制与十进制的转换

通常情况下,IP 地址采用的是十进制的表示方法,但是,当进行网络号的运算时,需要先将十进制转换成二进制的格式才行。在这个部分将学习二进制的相关内容,主要包括:

(1)二进制的格式转换;

(2)使用计算机将十进制转换成二进制。

二进制转换为十进制示意图如图 1-10 所示。

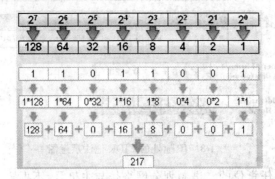

图 1-10　二进制转换为十进制示意图

因为所有的 IP 地址和子网掩码都是由标准长度的 32 位二进制数字组成,所以它们被

计算机视为并分析成单个的二进制数值型字符串,如:

10000011 01101011 00000111 00011011

使用点分隔的十进制符号,每个 32 位地址被视做 4 个不同的分组,每组 8 位。由 8 个连续位组成的 4 个分组之一被称为"八位字节"。

第一个八位字节使用前 8 位(第 1 位到第 8 位),第二个八位字节数使用其次的 8 位(第 9 位到第 16 位),接下来是第三个八位字节数(第 17 位到第 24 位)和第四个八位字节数(第 25 位到第 32 位)。英文句点用于分隔四个八位字节(在 IP 地址中分隔十进制数)。

表 1-1 是一个八位字节中每一位的位置以及等价的十进制数的科学表示法。

表 1-1

八位字节	第一位	第二位	第三位	第四位	第五位	第六位	第七位	第八位
科学符号	2^7	2^6	2^5	2^4	2^3	2^2	2^1	2^0
十进制数	128	64	32	16	8	4	2	1

这样,我们可以逐步将十进制数转换成为二进制数或将二进制数转换为十进制数。

简便方法可以使用计算器将十进制转换成为二进制,如图 1-11 所示。

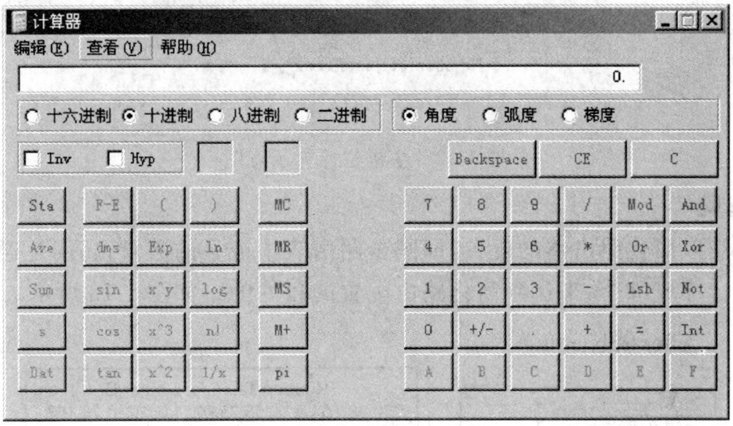

图 1-11　科学计算器

使用计算机可以很方便地完成数制的转换,方法如下:单击"查看"菜单中的"科学型"→输入要转换的数字→单击要转换到的某种数制→单击要使用的显示大小。

3. 计算网络号

例　已知 CIDR:10.217.123.7/20,计算出网络 ID。

子网掩码的二进制形式:11111111.11111111.11110000.00000000

IP 地址的二进制形式:00001010.11011001.01111011.00000111

计算出网络 ID:00001010.11011001.01110000.00000000

用十进制表示的网络 ID:10.217.112.0

例　已知 IP 地址:10.217.123.7,子网掩码:255.248.0.0,求网络 ID。

IP 地址的二进制形式:00001010.11011001.01111011.00000111

子网掩码的二进制形式:11111111.11111000.00000000.00000000

计算出网络 ID：00001010．11011000．00000000．00000000

用十进制表示的网络 ID：10．216．0．0

用 CIDR 表示：10．217．123．7/13

4. 用 CIDR 分配 IP 地址

使用 CIDR 的格式分配 IP 地址时，应首先确定主机 ID 部分有多少位才能满足网络的要求，可以使用以下公式：

$$2n-2 \geqslant 主机数量$$

n 即为主机部分的位数，则网络部分为$(32-n)$位。

主机位计算示意图如图 1-12 所示。例如，当主机数量为 2 000 台时，可使用 11 位作为主机部分，21 位作为网络部分，则此网络能容纳的主机数量为 2 046 台。

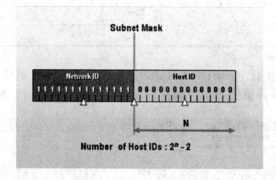

图 1-12 主机位计算示意图

5. 建立超网

超网可以用来简化路由器的配置，即减少路由表中记录的数量，超网是通过把多个相关的路由表记录合并成一个，来达到简化路由配置的目的的。如图 1-13 所示。

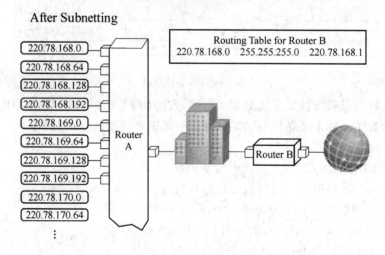

图 1-13 超网建立

例 某公司共有 200 台计算机，要建立 TCP/IP 网路。如果分配 8 个 C 类地址：

200.78.168.0/24

200.78.169.0/24

200.78.170.0/24

200.78.171.0/24

200.78.172.0/24

200.78.173.0/24

200.78.174.0/24

200.78.175.0/24

则外部路由器中需添加 8 条记录,如何优化外部路由器的路由记录?

首先我们看一下 8 个 C 类网络的二进制形式:

200.78.168.0/24	110111100.01001110.10101000.00000000
200.78.169.0/24	110111100.01001110.10101001.00000000
200.78.170.0/24	110111100.01001110.10101010.00000000
200.78.171.0/24	110111100.01001110.10101011.00000000
200.78.172.0/24	110111100.01001110.10101100.00000000
200.78.173.0/24	110111100.01001110.10101101.00000000
200.78.174.0/24	110111100.01001110.10101110.00000000
200.78.175.0/24	110111100.01001110.10101111.00000000

第三个八位体只有最右边的 3 位不同,其余的位均相同,因此可以认为,只要某个地址的前 21 位是 220.78.168.0/21,则应该发送给该公司,该公司的网络在路由表中的条目为:

220.78.168.0　　255.255.248.0　　220.78.168.1

任务 2　配置计算机网络连接

子任务 1　配置静态 IP 地址

在 Windows Server 2008 操作环境中,新增加了"网络和共享中心"的单元组件。在该窗口中可以查看网络状态、本地网卡状态、共享资源信息以及其他相关的网络操作。

设置主机的 IP 地址,操作步骤如下。

(1)单击"开始"菜单→右击"网络"菜单→单击"属性",打开"网络和共享中心",如图 1-14 所示。

(2)单击对应网络连接的"查看状态"连接,打开如图 1-15 所示的连接状态窗口。

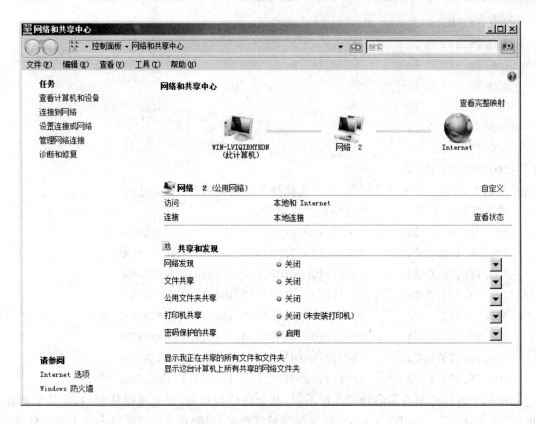

图 1-14 "网络和共享中心"窗口

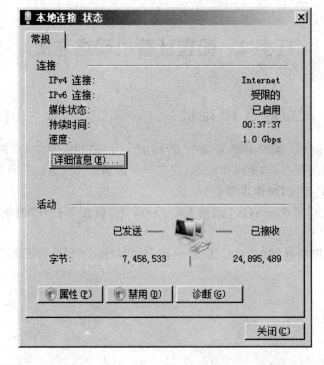

图 1-15 连接状态窗口

（3）单击窗口下部的"禁用"按钮，可以禁用该连接。单击"诊断"按钮可以对该连接进行诊断。单击"属性"按钮，打开如图 1-16 所示的该连接的属性窗口。

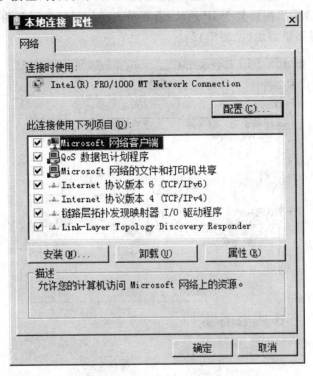

图 1-16　连接的属性窗口

（4）选中"Internet 协议版本 4（TCP/IPv4）"，然后单击下面的"属性"按钮，打开如图 1-17 所示的协议属性窗口。

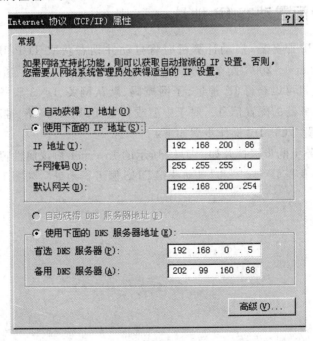

图 1-17　Internet 协议（TCP/IP）属性窗口

（5）单击窗口中"使用下面的 IP 地址"（见图 1-17），在"IP 地址"、"子网掩码"和"默认网关"中输入 IP 地址、子网掩码和默认网关的地址。

（6）如果需要为本机配置多个 IP 地址，需要单击协议属性右下角的"高级"按钮，在"高级 TCP/IP 设置"界面里添加（见图 1-18）。

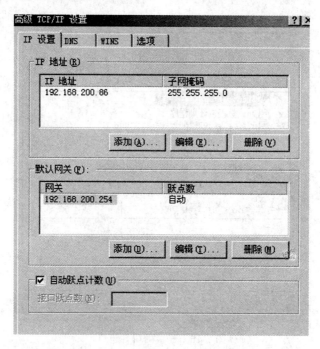

图 1-18　高级 TCP/IP 设置窗口

子任务 2　配置动态 IP 地址

通过使用 DHCP 服务器，启动计算机时将自动并动态获取 TCP/IP 配置。默认情况下，运行 Windows Server 2008 操作系统的计算机是 DHCP 客户机。通过正确配置 DHCP 服务器，TCP/IP 主机可以获得 IP 地址、子网掩码、默认网关、DNS 服务器、NetBIOS 节点类型以及 WINS 服务器的配置信息。对于中型或大型 TCP/IP 网络，推荐使用动态配置。

为动态寻址配置 TCP/IP，操作步骤如下：

（1）按照子任务 1 的步骤打开如图 1-19 所示的 Internet 协议属性窗口；

（2）单击"自动获得 IP 地址"和"自动获得 DNS 服务器地址"，如图 1-19 所示，然后单击"确定"按钮。

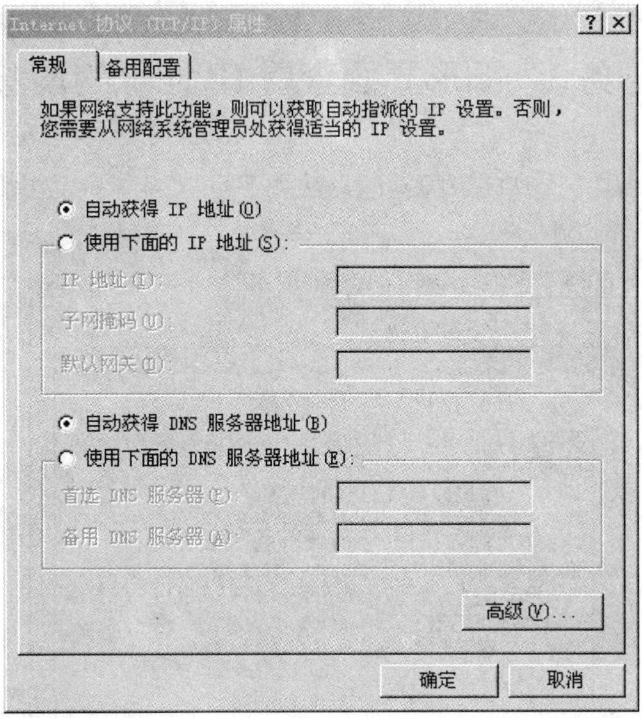

图 1-19　Internet 协议(TCP/IP)属性窗口

　　注意:如果计算机不能联系到有效的 DHCP 服务器,它会自己分配一个备用 IP 地址:168.254.x.y。这种情况下,为预防网络中 DHCP 服务器故障时,客户机不能正常联网,可以在如图 1-19 所示的操作窗口中,点击备用配置,打开如图 1-20 所示的备用配置窗口,给出备用连接配置参数。

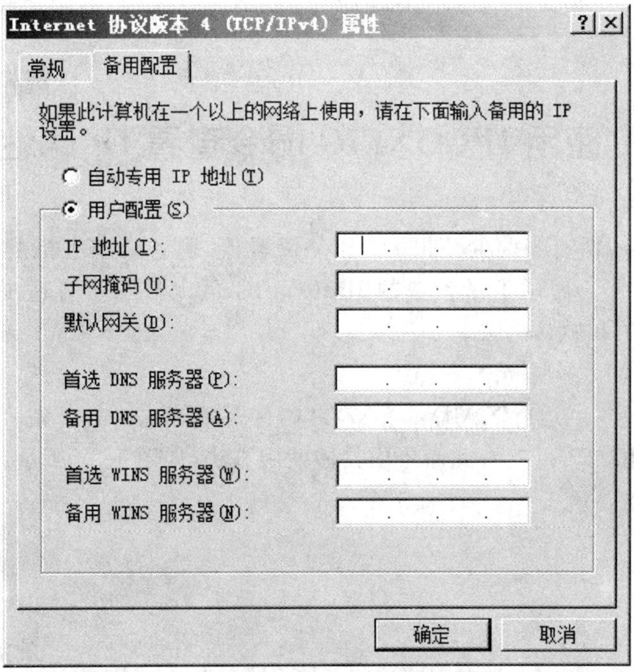

图 1-20　Internet 协议(TCP/IP)属性备用配置窗口

任务 3　图形界面查看 IP 地址的设置

打开子任务 1 的图 1-15 所示的连接状态窗口,单击"详细信息"按钮,打开"网络连接详细信息"窗口,如图 1-21 所示。

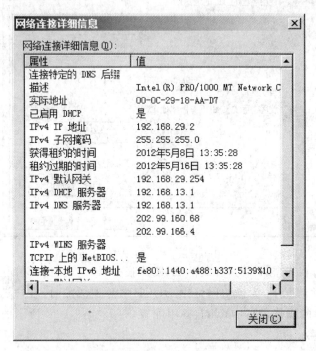

图 1-21　"网络连接详细信息"窗口

任务 4　使用 IPCONFIG 命令查看 IP 地址的配置

IPCONFIG 显示所有当前的 TCP/IP 网络配置值、刷新动态主机配置协议(DHCP)和域名系统(DNS)设置。使用不带参数的 IPCONFIG 可以显示所有适配器的 IPv4 地址或 IPv6 地址、子网掩码和默认网关。

具体使用方法如下。

(1) 利用 Windows"运行"CMD 命令或在"附件"菜单单击"命令提示符",打开命令行窗口,输入"IPCONFIG ?",可查看此命令的具体使用方法,如图 1-22 所示。

图 1-22 IPCONFIG 使用帮助

（2）输入"IPCONFIG"命令，不带任何参数，可查看 IP 地址、子网掩码和默认网关等信息，如图 1-23 所示。

图 1-23 IPCONFIG 输出界面

（3）输入"IPCONFIG /ALL"命令，可查看详细的 IP 配置信息，如图 1-24 所示。

19

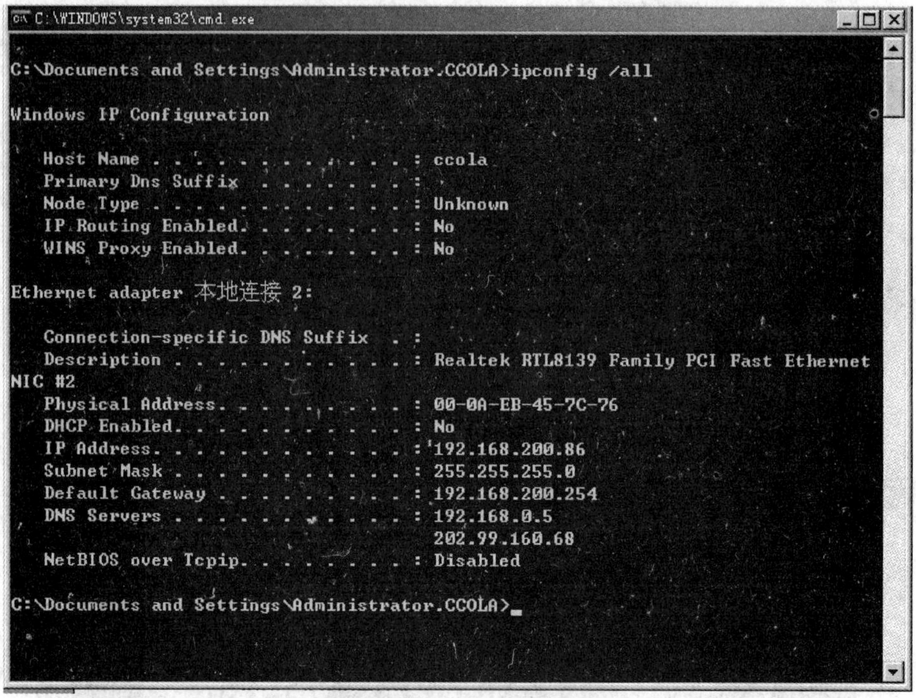

图 1-24　IPCONFIG /ALL 输出界面

提示:命令输入不区分大小写字母。

任务 5　网络连通性测试

计算机的网络连接配置好以后,进行连通性测试,使用的命令为 Ping。

Ping 是典型的网络工具。Ping 是系统自带的一个可执行命令,能够辨别网络功能的某些状态。这些网络功能的状态是日常网络故障诊断的基础。Ping 命令通过向计算机发送 ICMP 回应报文并且监听回应报文的返回,以校验与远程计算机或本地计算机的连接。对于每个发送报文,Ping 最多等待 1 秒,并在发送完指定数量的 ICMP 报文后显示发送和接收报文的统计结果。比较每个接收报文和发送报文,以校验其有效性。默认情况下,发送四个回应报文,每个报文包含 64 字节的数据。Ping 向目标主机(地址)发送一个回送请求数据包,要求目标主机收到请求后给予答复,从而判断网络的响应时间和本机是否与目标主机(地址)连通。

Ping 命令校验与远程计算机或本地计算机的连接。只有在安装 TCP/IP 协议之后才能使用该命令。

用法:ping ip [−t] [−a] [−n count] [−l length] [−f] [−i ttl] [−v tos] [−r count] [−s count] [[−j computer−list] | [−k computer−list]] [−w timeout] destination−list

参数说明如下。

−t:校验与指定计算机的连接,直到用户中断。若要中断可按快捷键 Ctrl+C。

—a：将地址解析为计算机名。

—n count：发送由 count 指定数量的 ECHO 报文，默认值为 4。

—l length：发送包含由 length 指定数据长度的 ECHO 报文。默认值为 64 字节，最小值为 0 字节，最大值为 65 500 字节。

—f：在包中发送"不分段"标志。该包将不被路由上的网关分段。

—i ttl：将"生存时间"字段设置为 ttl 指定的数值。其中，ttl 表示从 1 到 255 之间的数。

—v tos：将"服务类型"字段设置为 tos 指定的数值。

—r count：在"记录路由"字段中记录发出报文和返回报文的路由。指定的 Count 值最小可以是 1，最大可以是 9。

举例如下。

C：\Documents and Settings\Administrator＞ping 192.168.0.1 - r 4

Pinging 192.168.0.1 with 32 bytes of data：

Reply from 192.168.0.1：bytes = 32 time＜1ms TTL = 128

Reply from 192.168.0.1：bytes = 32 time＜1ms TTL = 128

Reply from 192.168.0.1：bytes = 32 time＜1ms TTL = 128

Reply from 192.168.0.1：bytes = 32 time＜1ms TTL = 128

Ping statistics for 192.168.0.1：

Packets：Sent = 4, Received = 4, Lost = 0 (0% loss),

Approximate round trip times in milli - seconds：

Minimum = 0ms, Maximum = 0ms, Average = 0ms

知识链接

子任务 1　了解计算机网络

本节主要介绍计算机网络的概念，说明使用计算机网络的好处，以及网络中计算机的角色。还将讲解不同的网络类型，了解计算机网络操作系统的相关知识。

一、了解计算机网络的概念和优点

1. 计算机网络的概念

人类社会已进入信息时代，世界各国积极建设信息高速公路。计算机网络是信息高速公路的基础，Internet 最终改变我们的生活方式，人类进入网络文化时代。

计算机网络就是利用通信设备和线路将地理位置不同的、功能独立的多个计算机系统互连起来，以功能完善的网络软件（即网络通信协议、信息交换方式、网络操作系统等）实现网络中资源共享和信息传递的系统。一个典型的计算机网络如图 1-25 所示。

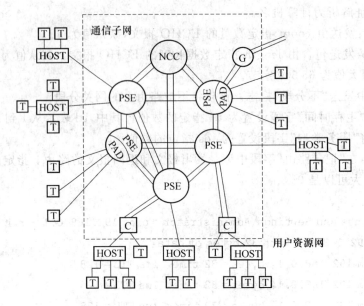

图 1-25　一个典型的计算机网络示例

计算机网络:资源子网＋通信子网。

资源子网:主机(Host)＋终端(Terminal)。

通信子网:通信链路组成。

网络节点:分组交换设备(PSE)、分组装/卸设备(PAD)、集中器(C)、网络控制中心(NCC)、网间连接器(G)。统称为接口住处处理机(IMP)。

2.计算机网络的演变和发展

网络发展三阶段:面向终端的计算机网络→计算机-计算机网络→开放式标准化网络。

(1)面向终端的计算机网络

以单个计算机为中心的远程联机系统,构成面向终端的计算机网络。用一台中央主机连接大量的地理上处于分散位置的终端,如 20 世纪 50 年代初美国的 SAGE 系统。

为减轻中心计算机的负载,在通信线路和计算机之间设置了一个前端处理机(FEP)或通信控制器(CCU)专门负责与终端之间的通信控制,使数据处理和通信控制分工。在终端机较集中的地区,采用了集中管理器(集中器或多路复用器)用低速线路把附近群集的终端连起来,通过 Modem 及高速线路与远程中心计算机的前端机相连。这样的远程联机系统既提高了线路的利用率,又节约了远程线路的投资。如图 1-26 所示。

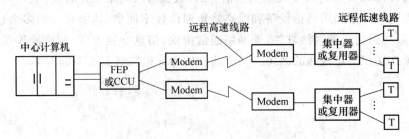

图 1-26　单计算机为中心的远程联机系统

（2）计算机－计算机网络

20 世纪 60 年代中期，出现了多台计算机互连的系统，开创了"计算机－计算机"通信时代，并存多处理中心，实现资源共享。美国的 ARPA 网、IBM 的 SNA 网、DEC 的 DNA 网都是成功的典例。这个时期的网络产品是相对独立的，未有统一标准。

（3）开放式标准化网络

由于相对独立的网络产品难以实现互连，国际标准化组织（ISO，Internation Standards Organization）于 1984 年颁布了一个称为"开放系统互连基本参考模型"的国际标准 ISO 7498，简称 OSI/RM，即著名的 OSI 七层模型。从此，网络产品有了统一标准，促进了企业的竞争，大大加速了计算机网络的发展。

3. 计算机网络实例简介

（1）因特网（Internet）

1969 年 ARPANET，ARM 模型，早于 OSI 模型，低三层接近 OSI，采用 TCP/IP 协议。

1988 年 NSFNET，OSI 模型，采用标准的 TCP/IP 协议，成为 Internet 的主干网。

两种服务公司：进入因特网产品服务公司 ISP，因特网信息服务公司 ICP。

计算机网络发展如图 1-27 所示。

图 1-27　计算机网络发展示意图

（2）公用数据网（PDN，Public Data Network）

计算机网络中负责完成节点间通信任务的通信子网称为公用数据网，如英国的 PSS、法国的 TRANSPAC、加拿大的 DATAPAC、美国的 TELENET、欧共体的 EURONET、日本的 DDX-P 等都是公用数据网。我国的公用数据网 CHINAPAC（CNPAC）于 1989 年开通服务。

这些公用数据网对于外部用户提供的界面大都采用了国际标准，即国际电报电话咨询委员会（CCITT）制定的 X.25 建议。规定了用分组方式工作和公用数据网连接的数据终端设备（DTE）和数据电路终接设备（DCE）之间的接口。在计算机接入公用数据网的场合下，DTE 就是指计算机，而公用数据网中的分组交换节点就是 DCE。

X.25 是为同一个网络上用户进行相互通信而设计的。而现在的 X.75 是为各种网络上用户进行相互通信而设计的。X.75 取代了 X.25。

（3）SNA（System Network Architecture）

SNA 是 IBM 公司的计算机网络产品设计规范。1974 年 SNA 适用于面向终端的计算机网络；1976 年 SNA 适用于树型（带树根）的计算机网络；1979 年 SNA 适用于分布式（不带根）的网络；1985 年 SNA 可支持与局域网组成的任意拓扑结构的网络。

网络是把一组计算机和外围设备，通过介质连接起来，并按照一定的规则进行通信的系统。

4．计算机网络的功能优势

（1）信息传递：通过 E-mail 等系统可传递各种系统（如文本、声音、图像等）。

（2）信息共享：可共享各种数据、文件等信息资源，使用户能够通过网络访问。

（3）硬件和软件共享：打印机、硬盘、光驱等硬件设备都可以通过网络共享出去，供网络上的用户使用，同样也可以将软件（必须能够独立运行）共享出去。

（4）集中管理：通过网络，管理员就可以在网络中的任何一台安装了相应管理软件的计算机上，来管理整个网络（如用户管理、计算机管理、资源管理等）。

二、了解网络中的计算机角色

1．网络中的计算机角色简介

客户机：也就是向服务器请求服务和数据的计算机。

服务器：服务器就是向网络中心的客户机提供服务和数据的计算机。

2．服务器的分类

根据服务器所提供的服务的不同，又可分为多种不同的服务器。

（1）文件与打印机服务器：为网络中的用户提供文件共享与打印服务。我们可以保存用户的文件到服务器上，在服务器上定期做备份，以保留用户的重要信息。

（2）数据库服务器：运行专用数据库应用程序，如 SQL Server。用户在客户端发出相应的查询请求，服务器在自己的数据库中进行查询，并将查询的结果返回到客户机。

（3）邮件和传真服务器：为网络用户提供邮件和传真服务。

（4）目录服务器：目录服务器保存网络上的用户信息和资源信息，提供集中管理网络的手段，负责对用户身份的验证。在 Windows 2003 中，使用活动目录进行管理。

三、了解网络中的连接组件

要实现计算机网络，首先要把计算机物理地连接起来，这就需要使用各种元件把计算机以及各种网络设备连接起来。常用的连接元件包括网卡、网线、无线连接设备等。

1．网卡

网卡示意图见图 1-28。

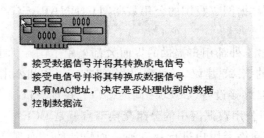

图 1-28　网卡示意图

网卡充当计算机与网络电缆之间的接口，在网络通信中有如下作用：

（1）从操作系统接收数据并转换为电信号发送到网络电缆上；

（2）接收网络电缆上发来的电信号，并转换为数据信息；

（3）判断数据中的目标地址是否是本机地址（网卡的 MAC 地址），是则接受，否则丢弃；

（4）数据流。

说明：MAC(Media Access Control)地址为 48 位二进制地址，也称做物理地址或硬件地址，通常用十六进制数表示，如 02-50-BA-70-6A-7F。

补充：可以运行下面的命令来查看网卡的 MAC 地址。

在命令提示符下输入：IPCONFIG /ALL

2. 网线

网线示意图见图 1-29。

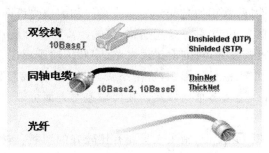

图 1-29　网线示意图

网线主要用来连接计算机和网络设备，在计算机之间传输数据。常见的网线有以下几种。

(1)双绞线

将一对以上的双绞线封装在一个绝缘外套中，为了降低干扰，每对互相纽绕而成。双绞线分为非屏蔽双绞线（Unshielded Twisted Pair-UTP）和屏蔽双绞线（Shielded Twisted Pair-STP）。

非屏蔽双绞线又分为 5 类，局域网中常用的 UTP 有 3 类、4 类、5 类（包括超 5 类）等几种，每类双绞线在一根电缆中包括 4 对线。

以 AMP 公司为例，介绍非屏蔽双绞线如下。

3 类：10 Mbit/s，皮薄，皮上注"cat3"。

4 类：16 Mbit/s，网络中用得不多。

5 类（包括超 5 类）：100 Mbit/s，皮厚，匝密，皮上注"cat5"。

传输距离：100 m。

与计算机的连接方式：RJ-45 接头。

特点：抗干扰能力差、价格便宜，是局域网中最常用的网线。

补充：

STP：内部与 UTP 相同，外包铝箔，Apple、IBM 等公司的网络产品要求使用 STP 双绞线。其特点是速率高、价格便宜、抗干扰能力强，但价格贵。

(2)同轴电缆

同轴电缆分为粗缆和细缆，现已基本淘汰，在此不再详述。

(3)光纤

光纤是光导纤维的简写，是一种利用光在玻璃或塑料制成的纤维中的全反射原理而达成的光传导工具。光导纤维由前香港中文大学校长高锟发明。

微细的光纤封装在塑料护套中，使得它能够弯曲而不至于断裂。通常，光纤的一端的发射装置使用发光二极管(LED,Light Emitting Diode)或一束激光将光脉冲传送至光纤,光纤的另一端的接收装置使用光敏元件检测脉冲。

在日常生活中,由于光在光导纤维的传导损耗比电在电线传导的损耗低得多,光纤被用于长距离的信息传递。

光纤应用光学方面的原理,由光发送机产生双束,将电信号变为光信号,再把光信号导入光纤。在另一端由光接收机接收光纤上传来的光信号,并把它变为电信号,经解码后再处理。光纤的绝缘、保密性好,常用的光纤分为单模光纤和多模光纤两种。

单模光纤:由激光作光源,仅有一条光通路,传输距离可达 2 km 以上。

多模光纤:又叫二极管发光,可同时传输多路信号,传输距离在 2 km 以内。

光纤的特点是不受电磁信号的影响,价格昂贵,连接困难,需要使用专门的连接设备和技术人员,常用于主干网,连接多个局域网。在传输速度方面可以达到 100 Mbit/s、1 Gbit/s 乃至 10 Gbit/s。

缺点是质地较脆、机械强度低,施工人员要有比较好的切断、连接、分路和耦合技术。

小知识:

(一)光缆的诞生

让我们永远记住他们的名字:高锟(英籍华人)、美国贝尔研究所、美国康宁玻璃公司的马瑞尔、卡普隆、凯克。1977 年,世界上第一条光纤通信系统在美国芝加哥市投入商用,速率为 45 Mbit/s。进入实用阶段以后,光纤通信的应用发展极为迅速,应用的光纤通信系统已经多次更新换代。20 世纪 70 年代的光纤通信系统主要是用多模光纤,应用光纤的短波长(850 纳米)波段,80 年代以后逐渐改用长波长(1310 纳米),光纤逐渐采用单模光纤,到 90 年代初,通信容量扩大了 50 倍,达到 2.5 Gbit/s。进入 90 年代以后,传输波长又从 1 310 nm 转向更长的 1 550 nm 波长,并且开始使用光纤放大器、波分复用(WDM)技术等新技术,通信容量和中继距离继续成倍增长,广泛地应用于市内电话中继和长途通信干线,成为通信线路的骨干。

(二)通信常用光缆种类

1. G. 652 光纤

目前广泛应用的常规单模光纤,为 1 310 nm 波长性能最佳的单模光纤,又称为色散未移位单模光纤。这种光纤均可适用于 1 310 nm 和 1 550 nm 窗口工作。在 1 310 nm 波长工作时,理论色散为零;在 1 550 nm 波长工作时,传输损耗最低,但色散系数较大。

2. G. 653 光纤

这种光纤是指 1 550 nm 波长性能最佳的单模光纤,又称为色散移位光纤。

3. G. 654 光纤

这种光纤称为截止波长移位的单模光纤,它的设计重点是如何降低 1 550 nm 波长处的衰减,其零色散点仍位于 1 310 nm 波长处,而在 1 550 nm 波长的色散值仍然较高。它主要应用于需要很长再生段距离的海底光纤通信。

4. G. 655 光纤

这种光纤称为非零色散移位单模光纤,其零色散点不在 1 550,而是移至 1 510~1 520 附近,从而使 1 550 处具有一定的色散值。这种光纤主要应用于 1 550 工作波长区,它的色散系数不大,适用于开波分复用系统。

（三）光缆的选用原则

光缆的选用除了根据光纤芯数和光纤种类以外，还要根据光缆的使用环境来选择光缆的外护套。

（1）户外用光缆直埋时，宜选用铠装光缆。架空时，可选用带两根或多根加强筋的黑色塑料外护套的光缆。

（2）建筑物内用的光缆在选用时应注意其阻燃、毒和烟的特性。一般在管道中或强制通风处可选用阻燃但有烟的类型（Plenum），暴露的环境中应选用阻燃、无毒和无烟的类型（Riser）。

（3）楼内垂直布缆时，可选用层绞式光缆（Distribution Cables）；水平布线时，可选用可分支光缆（Breakout Cables）。

（4）传输距离在 2 km 以内的，可选择多模光缆，超过 2 km 可用中继或选用单模光缆。

3. 无线连接设备

无线接入方式见图 1-30。

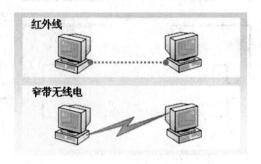

图 1-30　无线接入方式

（1）红外线传输：以红外线的方式传输数据，可以很方便地在办公室环境下实现无线连接，传输速度快，不能穿过障碍物，两个收发机之间必须能够直视，易受其他光源的干扰，一般用于室内通信。

（2）窄带无线电传输：使用相同的频率，可穿越障碍物，不需要直视，易受钢筋混凝土墙的影响。

（3）"蓝牙"传输："蓝牙"是一种支持设备短距离通信（一般是 10 m 之内）的无线电技术，能在包括移动电话、PDA、无线耳机、笔记本电脑、相关外设等众多设备之间进行无线信息交换。蓝牙的标准是 IEEE 802.15，工作在 2.4 GHz 频带，带宽为 1 Mbit/s。

"蓝牙"（Bluetooth）原是一位在 10 世纪统一丹麦的国王，他将当时的瑞典、芬兰与丹麦统一起来。用他的名字来命名这种新的技术标准，含有将四分五裂的局面统一起来的意思。蓝牙技术使用高速跳频（FH，Frequency Hopping）和时分多址（TDMA，Time Division Multiple Access）等先进技术，在近距离内最廉价地将几台数字化设备（各种移动设备、固定通信设备、计算机及其终端设备、各种数字数据系统，如数字照相机、数字摄像机等，甚至各种家用电器、自动化设备）呈网状联接起来。蓝牙技术将是网络中各种外围设备接口的统一桥梁，它消除了设备之间的连线，取而代之以无线连接。

"蓝牙"是一种短距离的无线通信技术，电子装置彼此可以透过蓝牙而连接起来，省去了传统的电线。透过芯片上的无线接收器，配有蓝牙技术的电子产品能够在十公尺的距离内彼此相通，传输速度可以达到 1 MB/s。以往红外线接口的传输技术需要电子装置在视线之内的距离，而现在有了蓝牙技术，这样的麻烦也可以免除了。

四、了解扩展网络的常用设备

1. 交换机

交换机网络图见图 1-31。

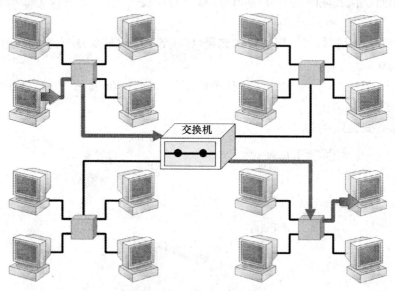

交换机网络（Switches）

图 1-31　交换机网络图

（1）交换机的概念和原理

交换（Switching）是按照通信两端传输信息的需要，用人工或设备自动完成的方法，把要传输的信息送到符合要求的相应路由上的技术统称。广义的交换机（Switch）就是一种在通信系统中完成信息交换功能的设备。

交换机拥有一条很高带宽的背部总线和内部交换矩阵。交换机的所有的端口都挂接在这条背部总线上，控制电路收到数据包以后，处理端口会查找内存中的地址对照表以确定目的 MAC（网卡的硬件地址）的 NIC（网卡）挂接在哪个端口上，通过内部交换矩阵迅速将数据包传送到目的端口，目的 MAC 若不存在才广播到所有的端口，接收端口回应后交换机会"学习"新的地址，并把它添加入内部 MAC 地址表中。

使用交换机也可以把网络"分段"，通过对照 MAC 地址表，交换机只允许必要的网络流量通过交换机。通过交换机的过滤和转发，可以有效地隔离广播风暴，减少误包和错包的出现，避免共享冲突。

交换机在同一时刻可进行多个端口对之间的数据传输。每一端口都可视为独立的网段，连接在其上的网络设备独自享有全部的带宽，无须同其他设备竞争使用。当节点 A 向节点 D 发送数据时，节点 B 可同时向节点 C 发送数据，而且这两个传输都享有网络的全部带宽，都有着自己的虚拟连接。假使这里使用的是 100 Mbit/s 的以太网交换机，那么该交换机这时的总流通量就等于 $2 \times 100 = 200$ Mbit/s，而使用 100 Mbit/s 的共享式 Hub 时，一个 Hub 的总流通量也不会超出 100 Mbit/s。

总之,交换机是一种基于 MAC 地址识别,能完成封装转发数据包功能的网络设备。交换机可以"学习"MAC 地址,并把其存放在内部地址表中,通过在数据帧的始发者和目标接收者之间建立临时的交换路径,使数据帧直接由源地址到达目的地址。

（2）交换机分类

从广义上来看,交换机分为两种:广域网交换机和局域网交换机。广域网交换机主要应用于电信领域,提供通信用的基础平台。而局域网交换机则应用于局域网络,用于连接终端设备,如 PC 机及网络打印机等。从传输介质和传输速度上可分为以太网交换机、快速以太网交换机、千兆以太网交换机、FDDI 交换机、ATM 交换机和令牌环交换机等。从规模应用上又可分为企业级交换机、部门级交换机和工作组交换机等。各厂商划分的尺度并不是完全一致的,一般来讲,企业级交换机都是机架式,部门级交换机可以是机架式(插槽数较少),也可以是固定配置式,而工作组级交换机为固定配置式(功能较为简单)。另一方面,从应用的规模来看,作为骨干交换机时,支持 500 个信息点以上大型企业应用的交换机为企业级交换机,支持 300 个信息点以下中型企业的交换机为部门级交换机,而支持 100 个信息点以内的交换机为工作组级交换机。本文所介绍的交换机指的是局域网交换机。

（3）交换机功能

学习:以太网交换机了解每一端口相连设备的 MAC 地址,并将地址同相应的端口映射起来存放在交换机缓存中的 MAC 地址表中。

转发/过滤:当一个数据帧的目的地址在 MAC 地址表中有映射时,它被转发到连接目的节点的端口而不是所有端口(如该数据帧为广播/组播帧则转发至所有端口)。

消除回路:当交换机包括一个冗余回路时,以太网交换机通过生成树协议避免回路的产生,同时允许存在后备路径。

交换机除了能够连接同种类型的网络之外,还可以在不同类型的网络(如以太网和快速以太网)之间起到互连作用。如今许多交换机都能够提供支持快速以太网或 FDDI 等的高速连接端口,用于连接网络中的其他交换机或者为带宽占用量大的关键服务器提供附加带宽。

一般来说,交换机的每个端口都用来连接一个独立的网段,但是有时为了提供更快的接入速度,可以把一些重要的网络计算机直接连接到交换机的端口上。这样,网络的关键服务器和重要用户就拥有更快的接入速度,支持更大的信息流量。

（4）交换机的交换方式

交换机通过以下三种方式进行交换。

① 直通式

直通方式的以太网交换机可以理解为在各端口间是纵横交叉的线路矩阵电话交换机。它在输入端口检测到一个数据包时,检查该包的包头,获取包的目的地址,启动内部的动态查找表转换成相应的输出端口,在输入与输出交叉处接通,把数据包直通到相应的端口,实现交换功能。由于不需要存储,延时非常小、交换非常快,这是它的优点。它的缺点是,因为数据包内容并没有被以太网交换机保存下来,所以无法检查所传送的数据包是否有误,不能提供错误检测能力。由于没有缓存,不能将具有不同速率的输入/输出端口直接接通,而且容易丢包。

② 存储转发

存储转发方式是计算机网络领域应用最为广泛的方式。它把输入端口的数据包先存储起来，然后进行 CRC（循环冗余码校验）检查，在对错误包处理后才取出数据包的目的地址，通过查找表转换成输出端口送出包。正因如此，存储转发方式在数据处理时延时大，这是它的不足，但是它可以对进入交换机的数据包进行错误检测，有效地改善网络性能。更为重要的是，它可以支持不同速度的端口间的转换，保持高速端口与低速端口间的协同工作。

③ 碎片隔离

这是介于前两者之间的一种解决方案。它检查数据包的长度是否够 64 字节，如果小于 64 字节，说明是假包，则丢弃该包；如果大于 64 字节，则发送该包。这种方式也不提供数据校验。它的数据处理速度比存储转发方式快，但比直通式慢。

2. 路由器

路由器网络图见图 1-32。

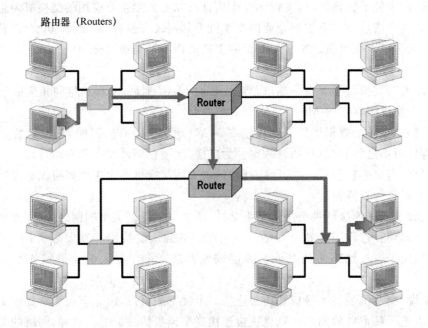

图 1-32　路由器网络图

（1）路由器（Router）的概念

要解释路由器的概念，首先要介绍什么是路由。所谓"路由"，是指把数据从一个地方传送到另一个地方的行为和动作，而路由器正是执行这种行为动作的机器，它的英文名称为 Router。路由器是使用一种或者更多度量因素的网络层设备，它决定网络通信能够通过的最佳路径。路由器依据网络层信息将数据包从一个网络前向转发到另一个网络。目前有时也称其为网关。

路由器是互联网络中必不可少的网络设备之一，路由器是一种连接多个网络或网段的网络设备，它能将不同网络或网段之间的数据信息进行"翻译"，以使它们能够相互"读"懂对方的数据，从而构成一个更大的网络。路由器有两大典型功能，即数据通道功能和控制功能。数据通道功能包括转发决定、背板转发以及输出链路调度等，一般由特定的硬件来完成;控制功能一般用软件来实现,包括与相邻路由器之间的信息交换、系统配置、系统管理等。

(2) 路由器的工作原理

① 路由器接收来自它连接的某个网站的数据。

② 路由器将数据向上传递,并且(必要时)重新组合 IP 数据报。

③ 路由器检查 IP 头部中的目的地址,如果目的地址位于发出数据的那个网络,那么路由器就放下被认为已经达到目的地的数据,因为数据是在目的计算机所在网络上传输。

④ 如果数据要送往另一个网络,那么路由器就查询路由表,以确定数据要转发到的目的地。

⑤ 路由器确定哪个适配器负责接收数据后,就通过相应的软件传递数据,以便通过网络来传送数据。

(3) 路由器的功能

简单地讲,路由器主要有以下功能。

① 网络互连:路由器支持各种局域网和广域网接口,主要用于互连局域网和广域网,实现不同网络互相通信。

② 数据处理:提供包括分组过滤、分组转发、优先级、复用、加密、压缩和防火墙等功能。

③ 网络管理:包括配置管理、性能管理、容错管理和流量控制等功能。

路由器是一种负责寻径的网络设备,它在互连网络中从多条路径中寻找通信量最少的一条网络路径提供给用户通信。路由器用于连接多个逻辑上分开的网络。对用户提供最佳的通信路径,路由器利用路由表为数据传输选择路径,路由表包含网络地址以及各地址之间距离的清单,路由器利用路由表查找数据包从当前位置到目的地址的正确路径。路由器使用最少时间算法或最优路径算法来调整信息传递的路径,如果某一网络路径发生故障或堵塞,路由器可选择另一条路径,以保证信息的正常传输。路由器可进行数据格式的转换,成为不同协议之间网络互连的必要设备。

路由器使用寻径协议来获得网络信息,采用基于"寻径矩阵"的寻径算法和准则来选择最优路径。按照 OSI 参考模型,路由器是一个网络层系统。路由器分为单协议路由器和多协议路由器。

为了完成"路由"的工作,在路由器中保存着各种传输路径的相关数据——路由表(Routing Table),供路由选择时使用。路由表中保存着子网的标志信息、网上路由器的个数和下一个路由器的名字等内容。路由表可以是由系统管理员固定设置好的,也可以由系统动态修改,可以由路由器自动调整,也可以由主机控制。在路由器中涉及两个有关地址的名字概念,那就是静态路由表和动态路由表。由系统管理员事先设置好固定的路由表称之为静态(Static)路由表,一般是在系统安装时就根据网络的配置情况预先设定的,它不会随未来网络结构的改变而改变。动态(Dynamic)路由表是路由器根据网络系统的运行情况而自动调整的路由表。路由器根据路由选择协议(Routing Protocol)提供的功能,自动学习和记忆网络运行情况,在需要时自动计算数据传输的最佳路径。

(4) 增加路由器涉及的基本协议

路由器是一种用于连接多个网络或网段的网络设备。这些网络可以是几个使用不同协议和体系结构的网络(如互联网与局域网),也可以是几个不同网段的网络(如大型互联网中不同部门的网络),当数据信息从一个部门网络传输到另外一个部门网络时,可以用路由器完成。现在,家庭局域网也越来越多地采用路由器宽带共享的方式上网。

路由器在连接不同网络或网段时,可以对这些网络之间的数据信息进行"翻译",然后"翻译"成双方都能"读"懂的数据,这样就可以实现不同网络或网段间的互联互通。同时,它还具有判断网络地址和选择路径的功能,以及过滤和分隔网络信息流的功能。目前,路由器已成为各种骨干网络内部之间、骨干网之间以及骨干网和互联网之间连接的枢纽。

NAT(Network Address Translation,网络地址转换),路由器通过 NAT 功能可以将局域网内部的 IP 地址转换为合法的 IP 地址并进行 Internet 的访问。例如,局域网内部有个 IP 地址为 192.168.0.1 的计算机,当然通过该 IP 地址可以和内网其他的计算机通信;但是如果该计算机要访问外部 Internet 网络,那么就需要通过 NAT 功能将 192.168.0.1 转换为合法的广域网 IP 地址,如 210.113.25.100。

DHCP(Dynamic Host Configuration Protocol,动态主机配置协议),通过 DHCP 功能,路由器可以为网络内的主机动态指定 IP 地址,而不需要每个用户去设置静态 IP 地址,并将 TCP/IP 配置参数分发给局域网内合法的网络客户端。

DDNS(Dynamic Domain Name Server,动态域名解析系统),通常称为"动态 DNS",因为对于普通的宽带上网使用的都是 ISP(网络服务商)提供的动态 IP 地址。如果在局域网内建立了某个服务器需要 Internet 用户进行访问,那么,可以通过路由器的 DDNS 功能将动态 IP 地址解析为一个固定的域名,如 www.cpcw.com,这样 Internet 用户就可以通过该固定域名对内网服务器进行访问。

PPPoE(Point to Point Protocal over Ethernet,以太网上的点对点协议),通过 PPPoE 技术,可以让宽带调制解调器(ADSL、Modem)用户获得宽带网的个人身份验证访问,能为每个用户创建虚拟拨号连接,这样就可以高速连接到 Internet。路由器具备该功能,可以实现 PPPoE 的自动拨号连接,这样与路由器连接的用户可以自动连接到 Internet。

ICMP(Internet Control Message Protocol,Internet 控制消息协议),该协议是 TCP/IP 协议集中的一个子协议,主要用于在主机与路由器之间传递控制信息,包括报告错误、交换受限控制和状态信息等。

(5) 路由器与交换机的区别

路由器与交换机的主要区别体现在以下方面。

① 工作层次不同

最初的交换机是工作在 OSI/RM 开放体系结构的数据链路层,也就是第二层,而路由器一开始就设计工作在 OSI 模型的网络层。由于交换机工作在 OSI 的第二层(数据链路层),所以它的工作原理比较简单,而路由器工作在 OSI 的第三层(网络层),可以得到更多的协议信息,路由器可以作出更加智能的转发决策。

② 数据转发所依据的对象不同

交换机是利用物理地址或者说 MAC 地址来确定转发数据的目的地址,而路由器则是利用不同网络的 ID 号(即 IP 地址)来确定数据转发的地址。IP 地址是在软件中实现的,描述的是设备所在的网络,有时这些第三层的地址也称为协议地址或者网络地址,通常由网络管理员或系统自动分配。MAC 地址通常是硬件自带的,由网卡生产商来分配的,而且已经固化到了网卡中去,一般来说是不可更改的。

③ 传统的交换机只能分割冲突域,不能分割广播域;而路由器可以分割广播域

由交换机连接的网段仍属于同一个广播域,广播数据包会在交换机连接的所有网段上传播,在某些情况下会导致通信拥挤和安全漏洞。连接到路由器上的网段会被分配成不同的广播域,广播数据不会穿过路由器。虽然第三层以上交换机具有 VLAN 功能,也可以分割广播域,但是各子广播域之间是不能通信交流的,它们之间的交流仍然需要路由器。

现在有些工作在第三层(网络层)的交换机,也能实现路由器的功能。局域网里已普遍使用交换机,代替以前的路由器。局域网与广域网的互联才使用路由器。

④ 路由器提供了防火墙的服务

路由器仅仅转发特定地址的数据包,不传送不支持路由协议的数据包传送和未知目标网络数据包的传送,从而可以防止广播风暴。

交换机一般用于 LAN—WAN 的连接,交换机归于网桥,是数据链路层的设备,有些交换机也可实现第三层的交换。路由器用于 WAN—WAN 之间的连接,可以解决异性网络之间转发分组,作用于网络层。它们只是从一条线路上接受输入分组,然后向另一条线路转发。这两条线路可能分属于不同的网络,并采用不同协议。相比较而言,路由器的功能较交换机要强大,但速度相对也慢、价格昂贵,第三层交换机既有交换机线速转发报文的能力,又有路由器良好的控制功能,因此得以广泛应用。

目前扩展网络主要还是以交换机、路由器的组合使用为主,具体的组合方式可根据具体的网络情况和需求来确定。

子任务 2 了解网络操作系统

网络操作系统(NOS)是网络的心脏和灵魂,是向网络计算机提供网络通信和网络资源共享功能的操作系统。它是负责管理整个网络资源和方便网络用户的软件的集合。由于网络操作系统是运行在服务器之上的,所以有时也把它称为服务器操作系统。

网络操作系统与运行在工作站上的单用户操作系统(如 Windows 98 等)或多用户操作系统由于提供的服务类型不同而有差别。一般情况下,网络操作系统是以使网络相关特性最佳为目的的,如共享数据文件、软件应用以及共享硬盘、打印机、调制解调器、扫描仪和传真机等。一般计算机的操作系统,如 DOS 和 OS/2 等,其目的是让用户与系统及在此操作系统上运行的各种应用之间的交互作用最佳。

1. 目前局域网中主要存在以下四类网络操作系统。

(1) Windows 类

对于这类操作系统,用过计算机的人都不会陌生,windows 是全球最大的软件开发商——Microsoft(微软)公司开发的。微软公司的 Windows 系统不仅在个人操作系统中占有绝对优势,它在网络操作系统中也具有非常强劲的力量。这类操作系统配置在整个局域网配置中是最常见的,但由于它对服务器的硬件要求较高,且稳定性能不是很高,所以微软的网络操作系统一般只是用在中低档服务器中,高端服务器通常采用 Unix、Linux 或 Solairs 等非 Windows 操作系统。在局域网中,微软的网络操作系统主要有 Windows NT 4.0 Server、Windows 2000 Server/Advance Server 以及 Windows 2003 Server/ Advance Server 和最新的 Windows 2008 Server/ Advance Server 等,工作站系统可以采用任一 Windows 或非 Windows 操作系统,包括个人操作系统,如 Windows 9x/ME/XP 等。

（2）NetWare 类

NetWare 操作系统虽然远不如早几年那么风光，在局域网中早已失去了当年雄霸一方的气势，但是 NetWare 操作系统仍以对网络硬件的要求较低（工作站只要是 286 机就可以了）而受到一些设备比较落后的中、小型企业，特别是学校的青睐。目前常用的版本有3.11、3.12、4.10、4.11、5.0 等中英文版本，NetWare 服务器对无盘站和游戏的支持较好，常用于教学网和游戏厅。目前这种操作系统市场占有率呈下降趋势，这部分的市场主要被 Windows 2000、2003 Server 和 Linux 系统瓜分了。

（3）Unix 类

目前常用的 Unix 系统版本主要有 Unix SUR4.0、HP-UX 11.0 以及 SUN 的 Solaris 8.0 等。支持网络文件系统服务，提供数据等应用，功能强大，由 AT&T 和 SCO 公司推出。这种网络操作系统稳定性和安全性非常好，但由于它多数是以命令方式来进行操作的，不容易掌握，特别是初级用户。正因如此，小型局域网基本不使用 Unix 作为网络操作系统，Unix 一般用于大型的网站或大型的企、事业局域网中。Unix 网络操作系统历史悠久，其良好的网络管理功能已为广大网络用户所接受，拥有丰富的应用软件的支持。目前 Unix 网络操作系统的版本有 AT&T 和 SCO 的 UnixSVR3.2，SVR4.0 和 SVR4.2 等。Unix 本是针对小型机主机环境开发的操作系统，是一种集中式分时多用户体系结构。因其体系结构不够合理，Unix 的市场占有率呈下降趋势。

（4）Linux 类

Linux 是一种新型的网络操作系统，它的最大的特点就是源代码开放，可以免费得到许多应用程序。目前也有中文版本的 Linux，如 Redhat(红帽子)、红旗 Linux 等。Linux 在国内得到了用户的充分肯定，主要体现在它的安全性和稳定性方面，它与 Unix 有许多类似之处。但目前这类操作系统仍主要应用于中、高档服务器中。

2. 网络操作系统的作用

网络操作系统使计算机能够在网上进行互操作，为网络上的计算机提供以下基本服务：

（1）协调网络上各设备之间的活动；

（2）为网络客户提供对网络资源的访问；

（3）保护数据与设备的安全；

（4）为网络上不同的应用程序之间提供通信的机制。

网络操作系统还有其他一些特点，如快速恢复、支持 SMP、支持集群、数据安全等。

子任务 3　了解计算机网络类型

一、了解计算机网络的分类

计算机网络的分类标准有很多，可以从覆盖范围、拓扑结构、交换方式、传输介质、通信方式等方面进行分类。

1. 根据网络的覆盖范围分类

根据网络的覆盖范围进行分类，计算机网络可以分为三种基本类型：局域网（LAN，Local Area Network）、城域网（MAN，Metropolitan Area Network）和广域网（WAN，Wide Area Network）。这种分类方法也是目前比较流行的一种方法。

（1）局域网

局域网也称为局部网,是指在有限的地理范围内构成的规模相对较小的计算机网络。它具有很高的传输速率(1~20 Mbit/s),其覆盖范围一般不超过几十千米,通常将一座大楼或一个校园内分散的计算机连接起来构成局域网。它的特点是分布距离近(通常在 1 000~2 000 m 范围内),传输速度高,连接费用低,数据传输可靠,误码率低。

（2）城域网

城域网也称为市域网,它是在一个城市内部组建的计算机网络,提供全市的信息服务。城域网是介于广域网与局域网之间的一种高速网络,其覆盖范围可达数百千米,传输速率从 64 Kbit/s 到几吉比特每秒,通常是将一个地区或一座城市内的局域网连接起来构成城域网。城域网一般具有以下几个特点:采用的传输介质相对复杂;数据传输速率次于局域网;数据传输距离相对局域网要长,信号容易受到干扰;组网比较复杂,成本较高。

（3）广域网

广域网也称为远程网,它的联网设备分布范围很广,一般从几十千米到几千千米。它所涉及的地理范围可以是市、地区、省、国家,乃至世界范围。广域网是通过卫星、微波、无线电、电话线、光纤等传输介质连接的国家网络和国际网络,它是全球计算机网络的主干网络。广域网一般具有以下特点:地理范围没有限制;传输介质复杂;由于长距离的传输,数据的传输速率较低,且容易出现错误,采用的技术比较复杂;是一个公共的网络,不属于任何一个机构或国家。

2. 根据网络的交换方式分类

计算机网络的交换方式分为电路交换方式、报文交换方式和分组交换方式三种类型。

（1）电路交换方式

电路交换方式是在用户开始通信前,先申请建立一条从发送端到接收端的物理信道,并且在双方通信期间始终占用该信道。

（2）报文交换方式

报文交换方式是把要发送的数据及目的地址包含在一个完整的报文内,报文的长度不受限制。报文交换采用存储-转发原理,每个中间节点要为途经的报文选择适当的路径,使其能最终到达目的端。

（3）分组交换方式

分组交换方式是在通信前,发送端先把要发送的数据划分为一个个等长的单位(即分组),这些分组逐个由各中间节点采用存储-转发方式进行传输,最终到达目的端。由于分组长度有限,可以比报文更加方便地在中间节点机的内存中进行存储处理,其转发速度大大提高。

3. 根据网络的传输介质分类

根据网络的传输介质,可以将计算机网络分为有线网、光纤网和无线网三种类型。

（1）有线网

有线网是采用同轴电缆或双绞线连接的计算机网络。用同轴电缆连接的网络成本低,安装较为便利,但传输率和抗干扰能力一般,传输距离较短。用双绞线连接的网络价格便宜,安装方便,但其易受干扰,传输率也比较低,且传输距离比同轴电缆要短。

（2）光纤网

光纤网也是有线网的一种,但由于它的特殊性而单独列出。光纤网是采用光导纤维作为传输介质的,光纤传输距离长,传输率高;抗干扰性强,不会受到电子监听设备的监听,是高安全性网络的理想选择。但其成本较高,且需要高水平的安装技术。

（3）无线网

无线网是用电磁波作为载体来传输数据的,目前无线网联网费用较高,还不太普及。但由于联网方式灵活方便,是一种很有前途的联网方式。

4. 根据网络的通信方式分类

根据网络的通信方式,计算机网络可分为广播式传输网络和点到点传输网络。

（1）广播式传输网络

广播式传输网络是指其数据在公用介质中传输,即所有联网的计算机都共享一个通信信道,如无线网和总线型网络就采用这种传输方式。

（2）点到点传输网络

点到点传输网络是指数据以点到点的方式在计算机或通信设备中传输。它与广播网络正好相反,在点对点式网络中,每条物理线路连接一对计算机,如星型网和环型网采用这种传输方式。

5. 根据网络的拓扑结构分类

按计算机网络的拓扑结构分类有星型、总线型、环型、树型、网型。

除了以上几种分类方法外,还可按网络信道的带宽分为窄带网和宽带网;按网络不同的用途分为科研网、教育网、商业网、企业网等。

二、了解计算机网络的功能与应用

1. 计算机网络的功能

- 信息传递:通过 E-mail 等系统可传递各种信息(如文本、声音、图像等);
- 信息共享:可共享各种数据、文件等信息资源,使用户通过网络访问;
- 硬件资源共享和软件资源共享:打印机、硬盘、光驱等硬件设备都可以通过网络共享出去,供网络上的用户使用。同样也可以将软件(必须能够独立运行)共享出去,供网络上的用户使用。
- 集中管理:通过网络,管理员就可以在网络中的任何一台安装了管理软件的计算机上,来管理整个网络(如用户管理、计算机管理、资源管理等)。

2. 计算机网络的应用范围

- 办公自动化(OA,Office Automation)
- 电子数据交换(EDI,Electronic Data Interchange)
- 远程交换(Telecommuting)
- 远程教育(Distance Education)
- 电子银行
- 电子公告板系统(BBS,Bulletin Board System)
- 证券及期货交易
- 广播分组交换
- 校园网(Campus Network)

- 信息高速公路
- 企业网
- 智能大厦和结构化综合布线系统

三、了解计算机网络的拓扑结构

网络拓扑结构是网络中的通信线路、计算机以及其他组件的物理布局。它主要影响网络设备的类型和性能、网络的扩张潜力，以及网络的管理模式等。按网络拓扑结构分类，通常分为总线型拓扑、星型拓扑、环型拓扑以及它们的混合型拓扑。

1. 总线型拓扑结构（图 1-33）

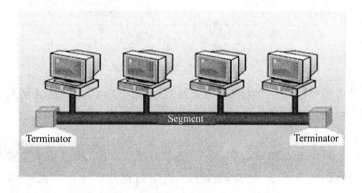

图 1-33　总线型拓扑示意图

总线型拓扑结构采用单根传输线作为传输介质，所有的计算机都连接到该缆线上。

总线型拓扑结构指使用同一媒体或电缆连接所有端用户的方式，其传输介质是单根传输线，通过相应的硬件接口将所有的站点直接连接到干线电缆即总线上。

任一时刻只有一台机器是主站，可向其他站点发送信息。其传递方向总是从发送信息的节点开始向两端扩散，因此称为"广播式计算机网络"。

使用这种结构必须解决的一个问题就是要确保两台或更多台机器同时发送信息时不出现冲突。这就需要引入一种仲裁机制来进行判决。例如，当两个或更多的分组发生冲突时，计算机就等待一段时间，然后尝试发送。该机制可以采用分布式的，也可以是集中式的。

终结器（Terminator）：信号在缆线的两端发生反射，从而干扰了其他计算机的信号，所以需要在缆线的两端各装一个终结器，用于吸收信号。

总线拓扑的优点有：结构简单，易于扩充，控制简单，便于组网，消耗的电缆长度最短，造价成本低，以及某个站点的故障一般不会影响整个网络等。

总线拓扑的缺点是可靠性较低，重载下网络性能差，总线上一点故障将导致全网的故障，不容易扩展，以及查找分支故障困难等。

2. 星型拓扑结构（图 1-34）

星型拓扑结构指各工作站以星型方式连接成网，网络的中央节点和其他节点直接相连。这种结构以中央节点为中心，因此又称为"集中式网络"。

在星型拓扑中，所有的计算机都连接在一个称为集线器（Hub）或称为交换机（Switch）的中央设备上，计算机把信号发送到集线器或交换机，再由集线器或交换机传递给每台计算机。

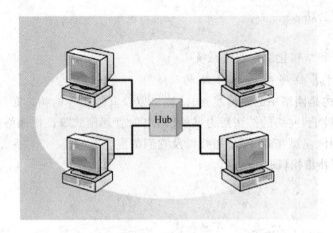

图 1-34 · 星型拓扑示意图

为了提高网络传输性能,在组网时集线器基本被淘汰,代之以性能更高的交换机。

星型拓扑结构的主要优点体现在以下方面。

(1) 网络传输数据快

因为整个网络呈星型连接,网络的上行通道不是共享的,所以每个节点的数据传输对其他节点的数据传输影响非常小,这样就加快了网络数据传输速度。同一时刻只允许一个方向的数据传输,其他节点要进行数据传输只有等到现有数据传输完毕后才可。另外,星型结构所对应的双绞线和光纤以太网标准的传输速率可以非常高,如普通的 5 类、超 5 类都可以通过 4 对芯线实现 1 000 Mbit/s 传输,7 类屏蔽双绞线则可以实现 10 Gbit/s,光纤则更是可以轻松实现千兆位、万兆位的传输速率。而后将要介绍的环型、总线型结构中所对应的标准速率都在 16 Mbit/s 以内,明显低了许多。

(2) 实现容易、成本低

星型结构所采用的传输介质通常采用常见的双绞线(也可以采用光纤),这种传输介质相对其他传输介质(如同轴电缆和光纤)来说比较便宜。例如,目前常用的主流品牌的 5 类(或超 5 类)非屏蔽双绞线(UTP)每米也仅 1.5 元左右,而同轴电缆最便宜的细同轴电缆也要 1.8 元以上。

(3) 节点扩展、移动方便

在这种星型网络中,节点扩展时只需要从交换机等集中设备空余端口中拉一条电缆即可;而要移动一个节点只需要把相应节点设备连接网线从设备端口拔出,然后移到新设备端口即可,并不影响其他任何已有设备的连接和使用,不会像下面将要介绍的环型网络那样"牵一发而动全身"。

(4) 维护容易

在星型网络中,每个节点都是相对独立的,一个节点出现故障不会影响其他节点的连接,可任意拆走故障节点。正因如此,这种网络结构受到用户的普遍欢迎,成为应用最广的一种拓扑结构类型。但如果集线设备出现了故障,也会导致整个网络的瘫痪。

星型拓扑结构的主要缺点体现在以下方面。

(1) 核心交换机工作负荷重

虽然说各工作站用户连接的是不同的交换机,但是最终还是要与连接在网络中央核心交换机上的服务器进行用户登录和网络服务器访问的,所以,中央核心交换机的工作负荷相当繁重,要求担当中央设备的交换机的性能和可靠性非常高。其他各级集线器和交换机也连接多个用户,其工作负荷同样非常重,也要求具有较高的可靠性。

(2) 网络布线较复杂

每个计算机直接采用专门的网线电缆与集线设备相连,这样整个网络中至少就需要所有计算机及网络设备总量以上条数的网线电缆,使得本身结构就非常复杂的星型网络变得更加复杂了。特别是在大中型企业的网络机房中,太多的电缆无论对维护、管理,还是对机房安全都是一个威胁。这就要求我们在布线时要多加注意,一定要在各条电缆、集线器和交换机端口上做好相应的标记。同时建议做好整体布线书面记录,以备日后出现布线故障时能迅速找到故障发生点。另外,由于这种星型网络中的每条电缆都是专用的,利用率不高,在较大的网络中,这种浪费还是相当大的。

(3) 广播传输,影响网络性能

其实这是以太网的一个不足,但因星型网络结构主要应用于以太网中,所以相应也就成了星型网络的一个缺点。因为在以太网中,当集线器收到节点发送的数据时采取的是广播发送方式,任何一个节点发送信息在整个网中的节点都可以收到,严重影响了网络性能的发挥。虽然说交换机具有 MAC 地址"学习"功能,但对于那些以前没有识别的节点发送来的数据,同样是采取广播方式发送的,所以同样存在广播风暴的负面影响,当然交换机的广播影响要远比集线器的小,在局域网中使用影响不大。

综上所述,星型拓扑结构是一种应用广泛的有线局域网拓扑结构,由于它采用的是廉价的双绞线,而且非共享传输通道,传输性能好,节点数不受技术限制,扩展和维护容易,所以它又是一种经济、实用的网络拓扑结构。但受到单段双绞线长度 100 m 的限制,所以它仅应用于小范围(如同一楼层)的网络部署。超过这个距离,要么用到成本较高的光纤作为传输介质(不仅是传输介质的改变,相应设备也要有相应接口),要么用到后面将要介绍的同轴电缆,但采用同轴电缆作为传输介质时,已不是星型结构网络了,且同轴电缆的价格也较双绞线的贵不少,特别是粗同轴电缆。

3. 环型拓扑结构(图 1-35)

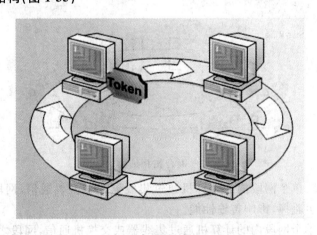

图 1-35　环型拓扑示意图

环型拓扑结构一般是指网络的逻辑拓扑结构,信号沿环形的方向在网络中传播,依次通过每台计算机,每台计算机都是一个中继器,把信号放大并传给下一台计算机。所以,任何一台计算机出现故障都会影响整个网络。

优点:没有碰撞,性能较高。

缺点:成本较高,较少用。

特点:一般使用双绞线、粗缆或光纤连接。

4. 网型拓扑结构(图 1-36)

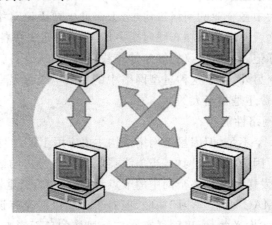

图 1-36　网型拓扑结构示意图

在这种拓扑中,计算机两两相连,提供了容错功能,常用于连接多个局域网。

优点:容错性能好。

缺点:浪费连接电缆,组建成本高。

5. 混合拓扑结构(图 1-37)

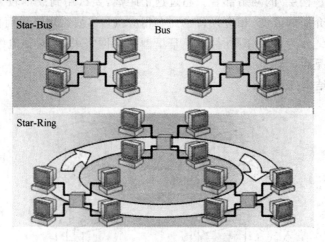

图 1-37　混合拓扑结构示意图

- 星形总线型:单个网段内的计算机通过集线器或交换机通信,网段之间通过总线通信,容易发生碰撞,影响传输性能。
- 星形环型:单个网段内的计算机通过集线器或交换机通信,网段之间使用环网通信,环上不会发生碰撞,传输性能优良。

小知识:计算机网络的标准制定机构

1. 国际标准化组织(ISO)
2. 国际电报电话咨询委员会(CCITT)
3. 美国国家标准局(NBS)
4. 美国国家标准学会(ANSI)
5. 欧洲计算机制造商协会(ECMA)

子任务 4　了解网络协议

网络上的计算机之间又是如何交换信息的呢？就像我们说话用某种语言一样，在网络上的各台计算机之间也有一种语言，这就是网络协议，不同的计算机之间必须使用相同的网络协议才能进行通信。

网络协议是网络上所有设备(网络服务器、计算机及交换机、路由器、防火墙等)之间通信规则的集合，它定义了通信时信息必须采用的格式和这些格式的意义。大多数网络都采用分层的体系结构，每一层都建立在它的下层之上，向它的上一层提供一定的服务，而把如何实现这一服务的细节对上一层加以屏蔽。一台设备上的第 n 层与另一台设备上的第 n 层进行通信的规则就是第 n 层协议。在网络的各层中存在着许多协议，接收方和发送方同层的协议必须一致，否则一方将无法识别另一方发出的信息。网络协议使网络上各种设备能够相互交换信息。一个网络协议至少包括以下三要素：

(1) 语法，用来规定信息格式；
(2) 语义，用来说明通信双方应当怎么做；
(3) 时序，详细说明事件的先后顺序。

一、了解网络协议的类型

网络协议可以分成以下两种类型。

(1) 开放协议：工业标准协议，不属于任何公司，广泛被人们使用，如 TCP/IP。
(2) 私有协议：某个公司自己所开发的协议，如 Novell 公司开发的 IPX/SPX 协议，用于 NetWare 网络。

二、了解 OSI 模型

在制定计算机网络标准方面，起着重大作用的两大国际组织是：国际电报与电话咨询委员会(CCITT)、国际标准化组织(ISO)。虽然它们工作领域不同，但随着科学技术的发展，通信与信息处理之间的界限开始变得比较模糊，这也成了 CCITT 和 ISO 共同关心的领域。1974 年，ISO 发布了著名的 ISO/IEC 7498 标准，它定义了网络互联的 7 层框架，也就是开放式系统互连参考模型，如图 1-38 所示。

OSI 是一个定义良好的协议规范集，并有许多可选部分完成类似的任务。它定义了开放系统的层次结构、层次之间的相互关系以及各层所包括的可能任务，是作为一个框架来协调和组织各层所提供的服务。但是 OSI 参考模型并没有提供一个可以实现的方法，而是描述了一些概念，用来协调进程间通信标准的制定。即 OSI 参考模型并不是一个标准，而是一个在制定标准时所使用的概念性框架。事实上的标准是 TCP/IP 参考模型。

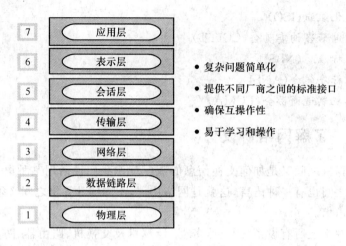

图 1-38　OSI 七层参考模型图

OSI 各层的功能如下。

- 物理层：物理层规定了激活、维持、关闭通信端点之间的机械特性、电气特性、功能特性以及过程特性。该层为上层协议提供了一个传输数据的物理媒体。在这一层，数据的单位称为比特(bit)。属于物理层定义的典型规范代表包括 EIA/TIA RS-232、EIA/TIA RS-449、V.35、RJ-45 等。

- 数据链路层：数据链路层在不可靠的物理介质上提供可靠的传输。该层的作用包括：物理地址寻址，数据的成帧，流量控制，数据的检错、重发等。在这一层，数据的单位称为帧(frame)。数据链路层协议的代表包括 SDLC、HDLC、PPP、STP、帧中继等。

- 网络层：网络层负责对子网间的数据包进行路由选择。网络层还可以实现拥塞控制、网际互连等功能。在这一层，数据的单位称为数据包(packet)。网络层协议的代表包括 IP、IPX、RIP、OSPF 等。

- 传输层：传输层是第一个端到端，即主机到主机的层次。传输层负责将上层数据分段并提供端到端的、可靠的或不可靠的传输。此外，传输层还要处理端到端的差错控制和流量控制问题。在这一层，数据的单位称为数据段(segment)。传输层协议的代表包括 TCP、UDP、SPX 等。

- 会话层：会话层管理主机之间的会话进程，即负责建立、管理、终止进程之间的会话。会话层还利用在数据中插入校验点来实现数据的同步。

- 表示层：表示层对上层数据或信息进行变换，以保证一个主机应用层信息可以被另一个主机的应用程序理解。表示层的数据转换包括数据的加密、压缩、格式转换等。

- 应用层：应用层为操作系统或网络应用程序提供访问网络服务的接口。应用层协议的代表包括 HTTP、FTP、Telnet、SNMP 等。

三、了解常用的网络协议

常见的协议有 TCP/IP 协议、IPX/SPX 协议、NetBEUI 协议等。目前在局域网中常用的是 TCP/IP。

TCP/IP 是"Transmission Control Protocol/Internet Protocol"的简写，中文译名为传

输控制协议/互联网络协议。TCP/IP 是一种网络通信协议,它规范了网络上的所有通信设备,尤其是一个主机与另一个主机之间的数据往来格式以及传送方式。TCP/IP 是 Internet 的基础协议,也是一种计算机数据打包和寻址的标准方法。在数据传送中,可以形象地理解为有两个信封,TCP 和 IP 就像是信封,要传递的信息被划分成若干段,每一段塞入一个 TCP 信封,并在该信封面上记录有分段号的信息,再将 TCP 信封塞入 IP 大信封,发送上网。在接收端,一个 TCP 软件包收集信封,抽出数据,按发送前的顺序还原并加以校验,若发现差错,TCP 将会要求重发。因此,TCP/IP 在 Internet 中几乎可以无差错地传送数据。对普通用户来说,并不需要了解网络协议的整个结构,仅需了解 IP 的地址格式,即可与世界各地进行网络通信。

IPX/SPX 是基于施乐的 XNS 协议,而 SPX 是基于施乐的顺序包协议(SPP, Sequenced Packet Protocol),它们都是由 Novell 公司开发出来应用于局域网的一种高速协议。它和 TCP/IP 的一个显著不同就是它不使用 IP 地址,而是使用网卡的物理地址(MAC 地址)。在实际使用中,它基本不需要什么设置,装上就可以使用了。由于其在网络普及初期发挥了巨大的作用,所以得到了很多厂商的支持,包括 Microsoft 等,到现在很多软件和硬件也均支持这种协议。

NetBios 增强用户接口(NetBEUI, NetBios Enhanced User Interface)是 NetBIOS 协议的增强版本,曾被许多操作系统采用,如 Windows for Workgroup、Win 9x 系列、Windows NT 等。NetBEUI 协议在许多情形下很有用,是 Windows 98 之前的操作系统的默认协议。NetBEUI 协议是一种短小精悍、通信效率高的广播型协议,安装后不需要进行设置,特别适合于在"网络邻居"传送数据。所以建议除了 TCP/IP 协议之外,局域网的计算机最好也安上 NetBEUI 协议。另外还有一点要注意,如果一台只装了 TCP/IP 协议的 Windows 98 机器想加入到 WINNT 域,也必须安装 NetBEUI 协议。

子任务 5　了解标识应用程序的方式

标识应用程序的方式如图 1-39 所示。

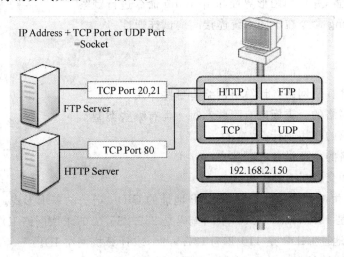

图 1-39　标识应用程序

应用层通过传输层进行数据通信时,TCP 和 UDP 会遇到同时为多个应用程序进程提供并发服务的问题。多个 TCP 连接或多个应用程序进程可能需要通过同一个 TCP 协议端口传输数据。为了区别不同的应用程序进程和连接,许多计算机操作系统为应用程序与TCP/IP 协议交互提供了称为套接字(Socket)的接口。

区分不同应用程序进程间的网络通信和连接,主要有 3 个参数:通信的目的 IP 地址、使用的传输层协议(TCP 或 UDP)和使用的端口号。Socket 原意是"插座",通常称为套接字。通过将这 3 个参数结合起来,与一个"插座"Socket 绑定,应用层就可以和传输层通过套接字接口,区分来自不同应用程序进程或网络连接的通信,实现数据传输的并发服务。

- IP 地址:用于标识计算机。
- TCP/UDP 端口号:用来标识应用程序,取值在 0～65 535 之间,1 024 以下的端口已保留给常用的服务器端应用程序。
- SOCKET(套接字):由 IP 地址＋TCP 或 UDP 端口构成;用于唯一识别应用程序。

项目小结

网络连接的配置是计算机网络管理的重要基础工作,通过本项目的训练让学员能够根据网络规划进行网络连接参数的设置,掌握 IP 地址的基本常识,了解网络协议的作用,了解计算机网络的基本概念。

实训练习

实训目的:掌握系统网络连接的配置。

实训内容:配置系统的本地连接参数并测试连通性。

实训步骤:

(1) 规划一个简单的局域网,并利用实训设备模拟实现。

(2) 确定没设备的网络连接参数,即 IP 地址、子网掩码等基本信息。

(3) 进行设置,并使用图形界面和 Ipconfig 命令进行观察。

(4) 使用 Ping 命令在不同系统连接间测试连通性。

复习题

1. 什么是计算机网络? 计算机网络有哪些作用?

2. 计算机网络的分类标准有哪些? 每一类有哪些类型?

3. 子网掩码的作用是什么?

4. 连接网络的主要设备有哪些?

5. 路由器和交换机有什么区别?

6. CIDR 产生的原因是什么? 写出 IP 地址的 CIDR 记法的表示形式。

7. IP 地址是 135.117.133.10,子网掩码是 255.255.0.0,求取网络 ID 和主机 ID。

8. 已知 IP 地址 CIDR 是 110.217.121.9/20,求计算机网络 ID。

9. 已知 IP 地址是 120.117.132.5,子网掩码是 255.248.0.0,用 CIDR 表示出来并求网络 ID。

10. 已知计算机 A 的 IP 地址为 10.217.151.9/10,计算机 B 的 IP 地址为 10.218.102.31/10,判断 A 和 B 是否在同一子网中。

11. 已知计算机 A 的 IP 地址为 45.217.123.7/20,计算机 B 的 IP 地址为 45.218.112.95/20,判断 A 和 B 是否在同一子网中。

项目 2　安装与配置 Windows Server 2008 网络操作系统

项目学习目标

- 了解 Windows Server 2008 家族构成
- 了解 Windows Server 2008 安装硬件需求
- 掌握 Windows Server 2008 安装过程
- 掌握 Windows Server 2008 基本设置和输入法管理

案例情境

某公司是一家小型的咨询服务公司,准备建立计算机局域网络。一台联想服务器,RAID 磁盘阵列,Windows Server 2008 操作系统;一台数据库服务器;客户机均为品牌机,工作组环境,预装 Windows 7 系统。现在需要安装服务器系统,组建基本的网络服务环境。

如今,Windows Server 2008 已经成为中小企业网络服务器的首选系统平台,与 Windows Server 2003 相比,它具有更安全、更稳定、功能更丰富等突出特点。Windows Server 2008 提供了多种管理方式,分别适用于不同的应用环境。在一般企业网络中,所有计算机使用的操作系统均为 Windows 操作系统,其中服务器系统以 Windows Server 2008 为主,为了适应某些网络服务的需求,也使用 Windows Server 2003。客户端系统主要包括 Windows Vista 和 Windows XP,以及少量的 Windows 7。服务器操作系统的管理,除本地基本任务管理外,还包括服务器角色管理。网络中的服务器主要分布在中心机房,非常便于管理员集中管理部署。

项目需求

通常情况下,Windows 系统管理的主要任务包括系统安装、系统配置、系统运行状态查看、服务器角色管理、网络服务配置、客户端测试等,这些任务可以通过 Windows 系统内置的管理控制台和配置向导完成。

实施方案

计算机是网络中主要的终端设备,Windows 系统管理是计算机网络管理的基础工作。为提高网络管理员工作效率,统一系统管理模式,企业网络需要满足如下的基本要求。

1. 为计算机正确安装操作系统

对服务器而言,根据承担服务器角色的不同,可能需要大量的存储空间,还需要为其指定专用的存储设备。

2. 完成基本的系统配置

基本的系统配置包括计算机名称、区域和输入方法、基本硬件设备安装等。

3. 准备相应的管理软件

购买或下载用于 Windows 系统管理的应用软件，如远程管理软件、系统资源分析和管理软件等。

任务 1　安装 Windows Server 2008 网络操作系统

子任务 1　了解 Windows Server 2008 网络操作系统版本和硬件需求

1. 版本

Windows Server 2008 发行了多种版本，以支持各种规模的企业对服务器不断变化的需求。Windows Server 2008 有 5 种常用不同版本，另外还有 3 个不支持 Windows Server Hyper－V 技术的版本，因此总共有 8 种版本。

（1）Windows Server 2008 Standard

这是迄今最稳固的 Windows Server 操作系统，其内置的强化 Web 和虚拟化功能，是专为增加服务器基础架构的可靠性和弹性而设计，也可节省时间及降低成本。其利用功能强大的工具，让用户拥有更好的服务器控制能力，并简化设定和管理工作；而增强的安全性功能则可强化操作系统，以协助保护数据和网路，并可为用户的企业提供扎实且可高度信赖的基础。

（2）Windows Server 2008 Enterprise

它可提供企业级的平台，部署企业关键应用。其所具备的群集和热添加（Hot-Add）处理器功能，可协助改善可用性，而整合的身份管理功能，可协助改善安全性，利用虚拟化授权权限整合应用程序，则可减少基础架构的成本，因此 Windows Server 2008 Enterprise 能为高度动态、可扩充的 IT 基础架构，提供良好的基础。

（3）Windows Server 2008 Datacenter

它所提供的企业级平台，可在小型和大型服务器上部署企业关键应用及大规模的虚拟化。其所具备的群集和动态硬件分割功能，可改善可用性，而通过无限制的虚拟化许可授权来巩固应用，可减少基础架构的成本。此外，此版本可支持 2～64 颗处理器，因此 Windows Server 2008 Datacenter 能够提供良好的基础，用以建立企业级虚拟化和扩充解决方案。

（4）Windows Web Server 2008

这是特别为单一用途 Web 服务器设计的系统，而且是建立在下一代 Windows Server 2008 中、坚若磐石之 Web 基础架构功能的基础上，其整合了重新设计架构的 IIS 7.0、ASP.NET 和 Microsoft .NET Framework，以便提供任何企业快速部署网页、网站、Web 应用程序和 Web 服务。

（5）Windows Server 2008 for Itanium-Based Systems

已针对大型数据库、各种企业和自订应用程序进行优化，可提供高可用性和多达 64 颗处理器的可扩充性,能符合高要求且具关键性的解决方案的需求。

(6) Windows Server 2008 Standard without Hyper-V。

(7) Windows Server 2008 Enterprise without Hyper-V。

(8) Windows Server 2008 Datacenter without Hyper-V。

2. 硬件需求

安装前检查硬件配置是否满足系统运行的最低要求。微软公布的硬件配置需求涵盖各个方面。

(1) 处理器:最低 1.0 GHz x86 或 1.4 GHz x64,推荐 2.0 GHz 或更快;安腾版则需要 Itanium 2。

(2) 内存:最低 512 MB,推荐 2 GB 或更多。

(3) 内存最大容量支持:32 位标准版 4 GB,企业版和数据中心版 64 GB;64 位标准版 32 GB,其他版本 2 TB。

(4) 硬盘空间:最少 10 GB,推荐 40 GB 或更多;内存大于 16 GB 的系统需要更多空间用于页面、休眠和转存储文件。

(5) 光驱:DVD-ROM。

(6) 显示器:SVGA 800×600 分辨率或更高。

(7) 键鼠:兼容设备。

还有一条比较重要的是,除安腾版之外的 Windows Server 2008 64 bit 系统都必须安装经过数字签名的核心模式驱动程序,否则会被拒绝。要禁用数字签名驱动功能,可以在系统启动的时候按下 F8 键,然后选择高级启动选项,再选择禁用驱动签名检查即可。

子任务 2 全新安装 Windows Server 2008 网络操作系统

用 Windows Server 2008 DVD 来启动计算机,它会自动引导安装。如果磁盘中已经有以前版本的 Windows 系统,也可以先启动此系统,然后将 Windows Server 2008 DVD 放入光驱,系统将默认自动运行光盘的安装程序引导安装。

(1) 将光盘驱动器调整为启动第一顺位。在计算机的 BIOS 设定为先从光驱启动系统,将 Windows Server 2008 光盘放入光驱,重新启动计算机。如图 2-1 所示,安装程序正在装载文件。

(2) 启动安装程序。如图 2-2 所示,正在启动安装程序,加载 boot.wim,启动 PE 环境。

图 2-1　从光驱启动系统　　　　　　　　图 2-2　启动安装程序

（3）引导程序弹出选择要安装的语言类型、时间和货币格式及键盘和输入方法的界面，使用默认的选择，单击"下一步"按钮，接下来单击界面里的"现在安装"按钮，出现输入产品密钥的窗口（视情况输入，这里不输入可以安装好再输入，也可试用），并选择联机时是否自动激活 Windows。

（4）出现选择安装版本的界面，根据试用或购买的情况选择相应的版本。接下来接受许可协议，选择安装类型，全新安装选择自定义安装即可。

（5）如果磁盘存在多个分区，选择系统安装的分区，注意已存在的分区需要 NTFS 文件系统，并保证剩余空间够用。

（6）引导程序根据前面的选择输入开始安装系统。安装程序复制、解压、安装过程如图 2-3 所示。

（7）安装过程中会进入安装的第一次重启动阶段，如图 2-4 所示。

图 2-3　正在进行安装　　　　　　　　图 2-4　安装过程的第一次重启

（8）重启完成后进入完成安装阶段，如图 2-5 所示。

（9）安装完成进入第二次重启阶段，并进入登录界面，系统即可正常登录，如图 2-6 所示。

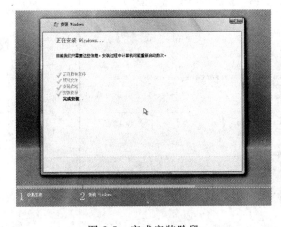 

图 2-5　完成安装阶段　　　　　　　　图 2-6　登录界面

Windows Server 2008 升级安装时，只有 Windows Server 2003 可以升级至 Windows

Server 2008 系统。其中 Windows Server 2003 标准版可以升级到 Windows Server 2008 标准版和企业版,Windows Server 2003 数据中心版可以升级到 Windows Server 2008 数据中心版。

升级安装 Windows Server 2008 的操作步骤和全新安装几乎一样,只是在"选择安装类型"时选择"升级安装"选项,参照全新安装步骤即可。

子任务 3 激活 Windows Server 2008

如果没有激活 Windows Server 2008,那么每次登录开始工作时,服务器都会提示需要激活,直到 60 天的激活宽限期结束。如果在此宽限期内还没有激活 Windows Server 2008,系统将无法得到许可。持续的通知将提醒用户激活服务器。在通知的情况下,依然能够登录和注销,系统将正常运行。但是,桌面背景会变成黑色,并且 Windows 更新也只能够允许安装关键更新。激活通知将一直继续提示用户,直到用户激活操作系统。

(1)如果您选择通过互联网激活产品,当提交安装 ID 时,激活向导将检测用户的互联网连接,以保证安全地连接到微软的服务器去传送安装 ID。相应的确认 ID 将返回到用户的计算机,并自动激活 Windows Server 2008。这个过程通常只需要几秒钟即可完成。激活 Windows Server 2008 时不需要任何个人身份信息。

(2)如果用户选择通过电话激活 Windows Server 2008,可以拨打激活屏幕上显示的免费电话,以此来激活软件。届时,客户服务代表,将向用户询问有关同一屏幕上显示的安装 ID,并随即输入到安全的数据库,然后返回给用户相应的确认 ID,在输入此确认 ID 后,激活过程完成。

在"开始"菜单中选择计算机,右击后在弹出的菜单中选择"属性",打开如图 2-7 所示的系统窗口,也可在"控制面板"中双击"系统"打开。

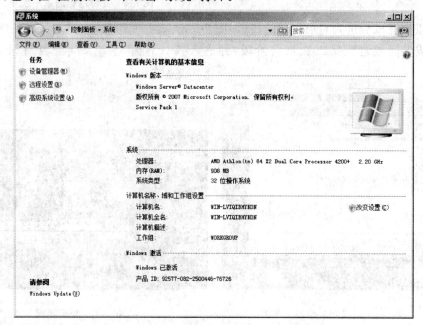

图 2-7 系统窗口

窗口下方 Windows 激活栏显示"Windows 已激活"表明系统已被激活,可以正常使用了;如果显示"剩余××天可以激活",单击后面的"立即激活"链接,打开激活界面根据提示进行激活操作。

任务 2　配置 Windows Server 2008 运行环境

子任务 1　设置环境变量

环境变量是包含如驱动器、路径或文件名等信息的字符串。它们控制着各种程序的行为。例如,TEMP 环境变量指定了程序放置临时文件的位置。

任何用户都可以添加、修改或删除用户环境变量。但是,只有管理员才能添加、修改或删除系统环境变量。

1. 用户环境变量

对于特定计算机的每个用户来说,用户环境变量是不同的。该变量包括由用户设置的所有内容,以及由程序定义的所有变量(如指向程序文件位置的路径)。

2. 系统环境变量

管理员可以更改或添加应用到系统(从而应用到系统中的所有用户)的环境变量。在安装过程中,Windows 安装程序会配置默认的系统变量,如处理器数目和临时目录的位置。

注意:请不要将目录添加到 Path 系统变量中,除非知道它们是安全的,因为恶意用户可能会将特洛伊木马程序或其他恶性程序放置在该目录中。Windows 在执行这种文件时,可能会泄漏敏感数据,导致数据丢失,或者引起部分或全部系统故障。

3. 优先顺序

系统启动时,Windows 2008 搜索启动文件,并设置环境变量。Windows 2008 中设置的环境变量按照下列顺序来实施:autoexec. bat 文件、系统环境变量、用户环境变量。如果产生了冲突,以后面的设置为准。

4. 设置步骤

(1) 修改环境变量具体操作如下:单击"开始",单击"控制面板",在"控制面板"中双击"系统"图标,打开如图 2-7 所示系统窗口。也可以在桌面上右键单击"我的电脑"图标,在弹出的菜单里单击"属性",打开系统窗口。在系统窗口里单击左侧的"高级系统设置",打开如图 2-8 所示的系统属性窗口。

(2) 在系统属性窗口中单击"高级"选项卡,在打开的选项卡下部单击"环境变量"按钮,打开环境变量设置窗口如图 2-9 所示。

(3) 使用环境变量窗口下部的"新建"、"编辑"、"删除"按钮维护用户环境变量和系统环境变量。

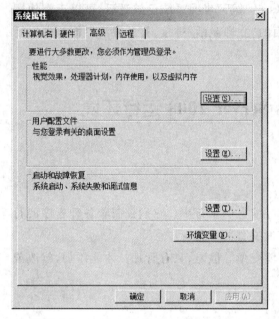

图 2-8　系统属性窗口　　　　　　　　图 2-9　环境变量设置窗口

注意：

（1）要执行该过程，用户必须是本地计算机 Administrators 组的成员，或者必须被委派适当的权限。如果将计算机加入域，Domain Admins 组的成员可能也可以执行这个过程。作为安全性的最佳操作，可以考虑使用运行方式来执行这个过程。

（2）如果未用管理员身份登录到本地计算机，则唯一能更改的环境变量是用户变量。

（3）Windows 将更改保存在注册表中，以便下次启动计算机时自动应用这些更改。

（4）只有已登录的用户才能更改用户变量。例如，如果以管理员身份登录并更改用户变量，则只有管理员账号的变量可以更改。然而，更改系统变量将更改每个用户的设置。

（5）可能需要关闭正在运行的程序然后重新将其打开，新设置才能对其生效。

（6）还可以使用"计算机管理"管理单元中的"系统属性"远程添加或更改环境变量值。

子任务 2　管理虚拟内存

如果计算机在较低的内存(RAM)环境下运行，并且立即需要更多 RAM，则 Windows 会用硬盘空间来模拟系统内存，这叫做虚拟内存，通常称为页面文件。页面文件类似于 UNIX 的"交换文件"。在安装过程中创建的虚拟内存页面文件(名为"pagefile. sys")的默认大小是计算机上内存大小的 1.5 倍。

在多个驱动器之间划分虚拟内存空间，并从速度较慢或者访问量大的驱动器上删除虚拟内存，可以优化虚拟内存的使用。要最优化虚拟内存空间，应将其划分到尽可能多的物理硬盘上。在选择驱动器时，应记住下列准则：

- 尽量避免将页面文件和系统文件置于同一驱动器上。

- 避免将页面文件放入容错驱动器，如镜像卷或 RAID-5 卷。页面文件无须容错，而且有一些容错系统的数据写操作会减慢，因为它们需将数据写到多个位置。
- 不要在同一物理磁盘驱动器中不同的分区上放置多个页面文件。

更改虚拟内存页面文件大小的步骤如下。

（1）按照子任务 1 的步骤打开系统属性窗口，如图 2-8 所示。

（2）在系统属性窗口的"高级"选项卡上，单击"性能"组里的"设置"按钮，打开性能选项窗口，如图 2-10 所示。

（3）单击"性能选项"对话框中的"高级"选项卡，单击"虚拟内存"组里的"更改"按钮，打开虚拟内存的设置窗口，如图 2-11 所示。

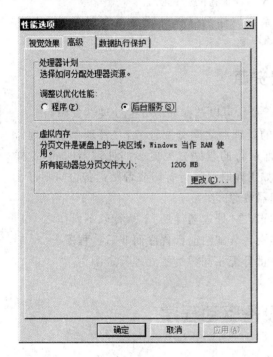

图 2-10　"性能选项"窗口

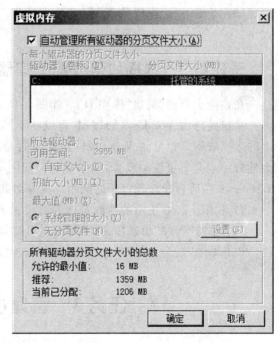

图 2-11　"虚拟内存"管理窗口

默认是自动管理所有驱动器的分页文件大小，可以自定义设置。如果进行自定义设置，需要在"驱动器[卷标]"里，单击包含要更改的页面文件的驱动器。

单击"所选驱动器的页面文件大小"下的"自定义大小"，然后在"初始大小（MB）"或"最大值（MB）"框中以 MB 为单位输入新的页面文件大小，然后单击"设置"按钮，完成后单击"确定"按钮保存设置退出设置画面。

如果减小了页面文件设置的初始值或最大值，则必须重新启动计算机才能看到这些改动的效果，增大通常不要求重新启动计算机。

注意：

（1）要执行该过程，用户必须是本地计算机 Administrators 组的成员，或者用户必须被委派适当的权限。如果将计算机加入域，Domain Admins 组的成员可能也可以执行这个过程。作为安全性的最佳操作,可以考虑使用运行方式来执行这个过程。

(2) 要让 Windows 选择最佳页面文件大小,请单击"系统管理的大小"。

(3) 为获得最佳性能,不要将初始大小设成低于"所有驱动器页面文件大小的总数"下的推荐大小最低值。推荐大小等于系统内存大小的 1.5 倍。尽管在使用需要大量内存的程序时您可能会增加页面文件的大小,但还是应该将页面文件保留为推荐大小。

(4) 要删除页面文件,请将初始大小和最大值都设为零,或者单击"无页面文件"。微软强烈建议不要禁用或删除页面文件。

(5) 在配备有 8 个(或 8 个以上)处理器并且安装了最大内存容量内存的计算机上,可通过将页面文件拆分为多个页面文件来改善性能。每一个页面文件必须在单独的物理磁盘上;出于可靠性的考虑,每一个磁盘必须是硬盘 RAID-5 卷的一部分。

(6) 可使用"计算机管理"管理单元中的"系统属性",远程更改虚拟内存页面文件的大小。

子任务 3　选择如何分配处理器资源

在性能选项的"高级"选项卡上(如图 2-10 所示),可以选择如何分配处理器资源。

系统处理由 Windows 管理,它可以在不同的处理器之间分配任务,并管理单个处理器上的多个进程。但可将 Windows 设置为向当前运行的程序分配更多的处理器时间,这样会使程序响应得更快。或者,如果有后台程序(如工作时要运行打印或者磁盘备份),则可让 Windows 在后台和前台程序之间平均共享处理器资源。

打开如图 2-10 所示的性能选项的高级选项卡,在"处理器计划"下执行以下操作之一:

(1) 单击"程序"单选按钮,将更多的处理器资源分配给前台程序而非后台程序。

(2) 单击"后台服务"单选按钮,对所有程序都分配相同数量的处理器资源。

任务 3　管理设备驱动程序

子任务 1　了解设备驱动程序

1. 什么是设备

作为操作系统,需要管理大量的硬件设备。所谓设备,是指连接在计算机上的硬件,如显示卡、网卡、声卡等。

设备可以分为两大类:即插即用设备和非即插即用设备。

(1) 即插即用设备

在安装一个即插即用设备时,Windows 会自动配置该设备,这样该设备就能和计算机上安装的其他设备一起正常工作。作为配置过程的一部分,Windows 将一组唯一确定的系统资源分配给正在安装的设备。

(2) 非即插即用设备

在安装非即插即用设备时,该设备的资源设置不是自动配置的。可能必须手动配置这些设置,这取决于所安装设备的类型,在设备附带的手册中应该提供如何进行配置操作的指导。

2. 什么是设备驱动程序

为了使设备能在 Windows 环境下正常工作,必须在计算机上安装被称做"设备驱动程序"的软件。每个设备都由一个或多个设备驱动制造商提供。但是,某些设备驱动程序是包含在 Windows 中的。如果属于即插即用,则 Windows 能自动检测到该设备并安装适当的设备驱动程序。

子任务 2　管理设备驱动程序

驱动程序的管理利用系统提供的设备管理器进行,打开设备管理器的方法有多种,常用的有三种:第一种是在系统属性窗口(如图 2-12 所示)的"硬件"选项卡里;第二种是在计算机管理控制台里打开;第三种是在系统窗口(如图 2-7 所示)的"设备管理器"链接。第一种最常用,可以同时进行设备管理和驱动程序的签名管理。

1. 驱动程序的更新、禁用、卸载

打开系统属性窗口(如图 2-12 所示)的"硬件"选项卡。单击"设备管理器"按钮,打开如图 2-13 所示的设备管理器窗口。

双击要查看的设备类型,右键单击指定的设备,利用弹出的菜单(如图 2-14 所示)直接更新设备驱动程序、禁用驱动程序(启用时再次弹出此菜单即可)或卸载驱动程序。

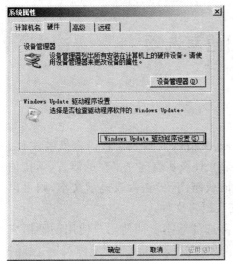

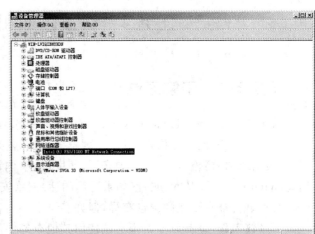

图 2-12　系统属性硬件选项卡窗口　　　　　图 2-13　设备管理器窗口

2. 查看设备和驱动程序的详细信息属性

在设备的弹出菜单中(如图 2-14 所示)单击"属性",在"驱动程序"选项卡上有设备的信息(如图 2-15 所示),可以单击"更新驱动程序"以安装更新的驱动程序;单击"卸载"按钮以卸载驱动程序等。

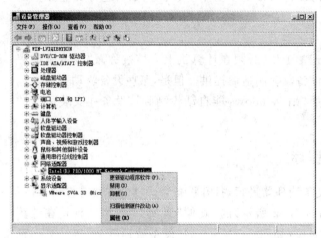 

图 2-14　设备的驱动程序管理　　　　图 2-15　设备的属性管理窗口

3. 设备驱动程序的回滚

在 Windows Server 2008 中,当安装了新的驱动程序后,旧的驱动程序会被系统所保留,这样,当驱动出现问题后,就可以方便地进行修复了。

回滚驱动程序步骤:在如图 2-15 所示的设备属性管理窗口中单击"回滚驱动程序",即可使用上一版的驱动程序。

任务4　设置区域和语言选项

子任务1　了解区域和语言选项

默认情况下,Windows Server 2008 将为 Windows 支持的大多数输入语言安装文件。但是,如果要以其他东亚语言(日语或朝鲜语)或者复杂文种及从右向左书写的语言(阿拉伯语、亚美尼亚语、格鲁吉亚语、希伯来语、印度语、泰国语或越南语)输入或显示文本,则可以通过 Windows CD-ROM 或者(如果适用的话)网络安装语言文件。

每种语言都有默认的键盘布局,但许多语言还有可选的版本。即使用户使用一种语言完成大多数工作,也有可能希望尝试使用其他布局。例如,在英语中,使用"美国英语-国际"布局输入带重音的字母可能较为简单。

可以使用"区域和语言选项"来更改 Windows 用来显示日期、时间、货币量、大数和带小数数字的格式。还可以使用很多输入语言和文字服务,如其他键盘布局、输入方法编辑器及语音和手写识别程序。

写字板和记事本允许利用其他语言创建文档,但是字处理程序可以包括其他特性(如拼写检查程序),从而有助于用多种语言创作文档。

如果向其他人发送文档,收件人的计算机上也必须安装有相同的语言,这样才能阅读和编辑文件。

子任务 2　更改区域日期、时间、货币格式

可以通过"控制面板"中的"区域和语言选项"更改 Windows 中日期、时间、货币金额、大数字以及含小数的数字的显示格式。

改变日期、时间格式的步骤如下。

（1）打开"控制面板"，如图 2-16 所示。

（2）双击"区域和语言选项"图标，打开"区域和语言选项"窗口，如图 2-17 所示。

（3）在"当前格式"栏上选择匹配的项目或自定义各项的格式。

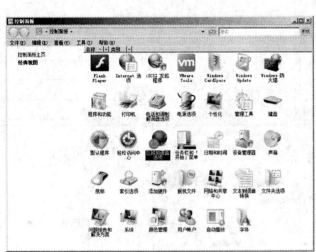

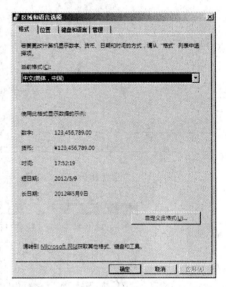

图 2-16　"控制面板"窗口　　　　　　　　图 2-17　"区域和语言选项"窗口

子任务 3　管理文字输入方法

Windows 安装程序默认会安装上适当的几种输入方法，可以根据自己的日常使用习惯定制输入方法，如把不常用的输入方法删除或把要使用的输入方法安装上等。

1. 添加和删除输入法步骤

在"区域和语言选项"窗口的"键盘和语言"选项卡上（如图 2-18 所示），单击"更改键盘"按钮，在"文本服务和输入语言"窗口（如图 2-19 所示）的"常规"选项卡上通过"添加(D)"、"删除(R)"等按钮来进行输入法的管理。

具有属性的输入方法可以通过更改输入方法的属性来定制相应的输入方法。在"文本服务与输入语言"窗口（如图 2-19 所示）里单击选中相应的输入方法，单击亮起的"属性"按钮即可打开属性设置窗口，如图 2-20 所示，完成后单击"确定"按钮退出或单击其他选项卡完成相应的设置。

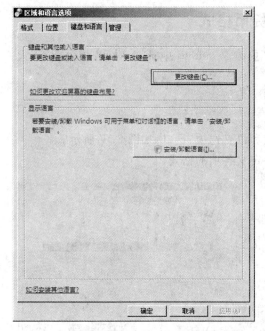

图 2-18　"键盘和语言"选项卡

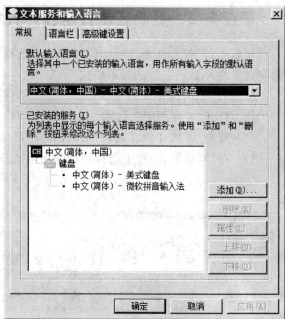

图 2-19　"文本服务和输入语言"窗口

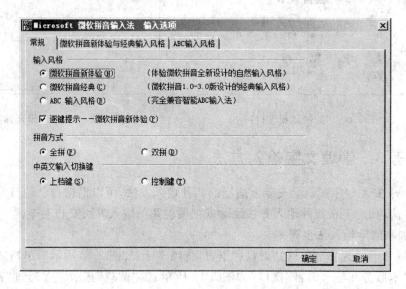

图 2-20　微软拼音输入法属性窗口

2. 语言栏和高级键设置

通过设置可以定制语言栏是否显示在桌面上或定义打开相应输入方法的快捷键等。

（1）设置语言栏步骤：在"文本服务与输入语言"窗口单击"语言栏"选项卡，打开"语言栏"设置窗口（如图 2-21 所示），单击相应的复选框即可完成相应的设置。

（2）定义高级键步骤：在"文本服务与输入语言"窗口单击"高级键设置"选项卡，打开"高级键设置"窗口（如图 2-22 所示），单击选中相应的项然后单击下方"更改键顺序(C)…"按钮设置组合快捷键，在这里也可以选择关闭大写输入状态的按键。

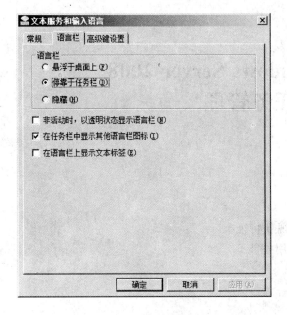

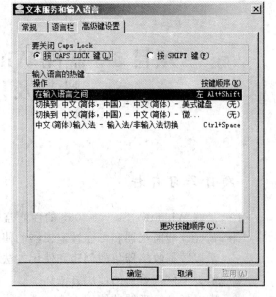

图 2-21   "语言栏设置"窗口   图 2-22   "高级键设置"窗口

项目小结

本项目结合一个小型企业的服务器系统安装案例学习 Windows Server 2008 系统安装和配置的基本技能。了解 Windows Server 2008 系统的版本情况和硬件的需求情况。

实训练习

1. 练习 Windows Server 2008 系统安装。

2. 练习 Windows Server 2008 系统的基本配置。

3. 下载搜狗输入法,进行输入法的管理。

实训目的:掌握 Windows Server 2008 系统安装技能和基本的配置技能。

实训内容:Windows Server 2008 系统安装技能和基本的配置。

实训步骤:

(1) 打开虚拟机,利用安装光盘映像安装一个虚拟机系统。

(2) 安装好进入系统对桌面、虚拟内存等作基本的配置。

(3) 下载搜狗输入法,进行输入法的管理练习。

复习题

1. Windows Server 2008 网络操作系统有哪些版本?

2. 打开系统属性窗口有哪些操作方法?

3. 打开"设备管理器"窗口有哪些操作方法?

项目 3　监视 Windows Server 2008 性能及任务管理

项目学习目标

- 了解 Windows Server 2008 的性能监视新特征。
- 掌握性能监视器和可靠性监视器的使用技能。
- 掌握数据收集器集的创建和使用方法。
- 掌握事件查看器的使用方法。
- 掌握任务管理器的使用方法。

案例情境

某公司是一家中型的公司,在当前的业务系统中,多种服务器上运行着多种应用服务器和应用程序,由于服务器的运行状态比较特殊,必须长时间不间断运行,随着时间的推移,系统运行速度会越来越慢,对客户端的响应越来越迟钝,以致用户对管理员的抱怨声四起。全面把握它们的运行状态是一项比较繁杂的工作,尽管繁杂,由于其异常重要,企业管理者往往需要为此投入巨大的人力和物力,以实现对网络服务器的有效管理。

项目需求

服务器是所有网络应用的基础,而操作系统又是承载和处理大量数据的核心,一旦操作系统性能突然下降,将直接导致企业网络利用率的降低。因此需要一套强大的工具对企业服务器的运行状态进行监视和管理,能够及时反映监控对象的实时状态,以便及时发现问题优化系统。

为了确保及时发现系统运行方面存在的问题和潜在的风险,应在监控运行状态的基础上建立报警机制,这样管理员就可以在第一时间采取应对措施,做到防患于未然。

实施方案

鉴于存在的需求和 Windows Server 2008 系统本身提供了完善的性能监控与报警措施,为企业节约投资,就不再采购第三方的工具。管理员可以通过各种计数器来监视系统运行的状态,使其发生显著变化时向管理员发出警告,或者生成系统日志,以便管理员及时进行处理。

(1)使用资源视图监视一般系统活动;(2)使用性能监视器监视特定系统活动;(3)从性能监视器创建数据收集器集;(4)从数据收集器集创建和计划日志;(5)在性能监视器中查看

日志数据;(6)查看诊断报告;(7)使用可靠性监视器查看系统稳定性计算机是网络中主要的终端设备;(8)使用任务管理器管理任务和进程。

任务 1　了解 Windows Server 2008 性能和可靠性监视器

Windows Server 2008 包含 Windows 可靠性和性能监视器,该监视器是一个 Microsoft 管理控制台(MMC)管理单元,结合了早期独立工具(其中包括性能日志和警报、服务器性能审查程序和系统监视器)的功能。它为自定义数据收集器集和事件跟踪会话提供了图形界面。

它还包含可靠性监视器,可靠性监视器是一个跟踪对系统的更改并将其与在系统稳定性上的更改进行比较,以提供其关系的图形视图的 MMC 管理单元。

子任务 1　了解性能和可靠性监视

一般而言,性能度量计算机完成应用程序和系统任务的速度。物理硬盘的访问速度、所有正在运行的进程的可用内存量、处理器的最高速度或网络接口的最大吞吐量,都有可能限制系统总体性能。

确定硬件性能限制之后,IT 专业人员可以监视单个应用程序和进程,以评估其占用的可用资源量。IT 专业人员可以对应用程序影响和总体容量的性能进行综合分析,以帮助制订部署计划并在需求不断增大时扩大系统容量。

使用 Windows 可靠性和性能监视器,可跟踪应用程序和服务的性能影响,并且可以在超过用户定义的最佳性能阈值时生成警报或执行操作。

系统的可靠性度量系统按配置和预期要求执行操作的频率。当应用程序停止响应、服务停止和重新启动、驱动程序启动失败,或更糟糕的是操作系统出现故障时,可靠性可能会降低。

可靠性监视器向用户展示了一个可以快速查看系统平均稳定性的可视化视图。此外,它还跟踪事件,这将有助于确定导致可靠性降低的原因。通过不仅记录故障(其中包括内存故障、硬盘故障、应用程序故障和操作系统故障),而且记录有关配置系统的关键事件(其中包括安装新的应用程序和操作系统更新),可以查看系统和可靠性发生变化的时间表,并可确定在系统未按预期运行的情况下将系统恢复到最佳可靠性的方法。

子任务 2　了解性能和可靠性监视中新增的功能

Windows Server 2008 中新增了以下几个用于监视性能和可靠性的关键功能。

1. 数据收集器集

在 Windows 可靠性和性能监视器中的一项重要的新功能是数据收集器集,它将数据收集器分组成可重用元素,以便用于不同的性能监视方案。将一组数据收集器存储为数据收集器集后,即可通过单个属性更改对整个数据收集器集应用操作(如计划)。可以计划重复收集数据收集器集以便创建日志,将数据收集器集加载到性能监视器中以便实时查看数据,以及将数据收集器集另存为模板以便在其他计算机上使用。

Windows 可靠性和性能监视器还包含默认数据收集器集模板,以帮助用户立即开始收集性能数据。

2. 用于创建日志的向导和模板

可以通过向导界面向日志文件添加计数器并计划其启动、停止和持续时间。此外,如果将此配置保存为模板,则可以收集后续计算机上的相同日志,而无须重复选择数据收集器和计划进程。在 Windows 可靠性和性能监视器中已集成性能日志和警报功能,以用于任何数据收集器集。

3. 资源视图

新的资源视图屏幕可以实时提供 CPU、磁盘、网络和内存使用情况的图形化概览。通过逐个展开上述受监视的每个元素,可以确定哪些进程正在使用哪些资源。在早期版本的 Windows 中,此特定于进程的实时数据仅以受限制的形式显示在任务管理器中。

4. 可靠性监视器

可靠性监视器计算系统稳定性指数,此指数可以反映意外问题是否降低了系统的可靠性。稳定性指数的时间图可快速标识问题开始发生的日期。随附的系统稳定性报告可提供详细信息,用于帮助解决造成可靠性降低的根源问题。通过逐个对照故障(应用程序故障、操作系统故障或硬件故障)查看对系统所做的更改(安装或删除应用程序和更新操作系统),可以开发出一个策略来快速寻找出错位置。

5. 对所有数据收集(包括计划)的统一的属性配置

为一次性使用或为持续记录活动日志创建数据收集器集时,其创建、计划和修改界面是否相同;如果数据收集器集对于日后的性能监视确实很有用,则无须重新创建它,可以将其作为模板进行重新配置或复制。

6. 用户友好的诊断报告

Windows Server 2003 中的服务器性能审查程序的用户现在可以在 Windows Server 2008 中的 Windows 可靠性和性能监视器中发现相同类型的诊断报告。用户可以更迅速地生成报告并可使用任意数据收集器集收集的数据生成报告。这样,便可以重复报告并评估推荐的更改如何影响了性能或如何修改了报告建议。Windows 可靠性和性能监视器还包含预配置的性能和诊断报告,以便于快速分析和解决问题。

任务 2　使用可靠性和性能监视器

子任务 1　启动 Windows 可靠性和性能监视器

启动 Windows 可靠性和性能监视器可以使用 Microsoft 管理控制台中的计算机管理单元来访问 Windows 可靠性和性能监视器。

启动 Windows 可靠性和性能监视器的步骤。

1. 第一种方式

(1) 单击"开始",右键单击"计算机",然后单击"管理"。

（2）在服务器管理器窗口中，单击"诊断"，单击"可靠性和性能"，如图 3-1 所示。

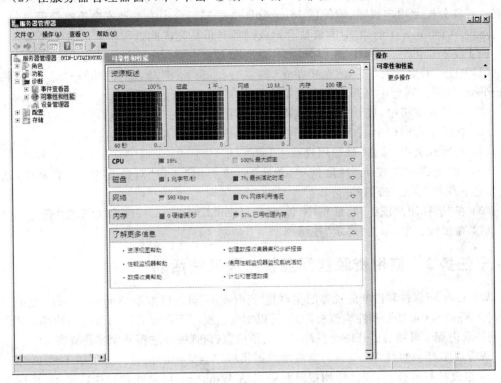

图 3-1　服务器管理器窗口

2. 第二种方式

在"开始"菜单中，单击"管理工具"（找到管理工具等也可在控制面板中），单击"可靠性和性能监视器"（如图 3-2 所示）；也可单击"计算机管理"，在计算机管理控制台中，展开"系统工具"，单击"可靠性和性能"（如图 3-3 所示）。

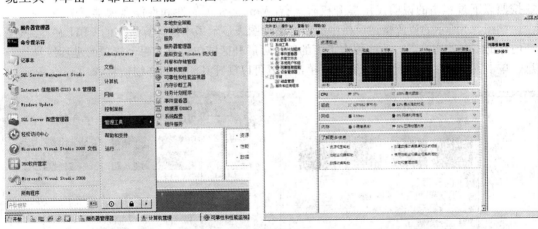

图 3-2　管理工具菜单　　　　　　　　图 3-3　计算机管理控制台

需要注意的是，Performance Log Users 在 Windows Server 2008 中是内置组，以便允许非本地 Administrators 的用户使用许多与性能监视和日志记录有关的功能。根据 Windows Management Instrumentation（WMI）的要求，必须先向 Performance Log Users 组分

配"作为批处理作业登录"用户权限,然后该组成员才能启动数据日志记录或修改数据收集器集。若要分配此用户权限,请使用 Microsoft 管理控制台中的本地安全策略管理单元。

本地 Administrators 组中的成员身份或同等身份是完成此过程所需的最低要求。

向 Performance Log Users 组分配"作为批处理作业登录"用户权限的步骤如下。

(1) 单击"开始",在"搜索"框中单击,输入"secpol. msc",然后按"Enter"键,此时将在 Microsoft 管理控制台中打开本地安全策略管理单元。

(2) 在导航窗格中,展开"本地策略"并单击"用户权限分配"。

(3) 在控制台窗格中,右键单击"作为批处理作业登录"并单击"属性"。

(4) 在属性页中,单击"添加用户或组"。

(5) 在"选择用户或组"对话框中,单击"对象类型"。在"对象类型"对话框中,选择"组",然后单击"确定"按钮。

(6) 在"选择用户或组"对话框中,输入 Performance Log Users,然后单击"确定"按钮。

(7) 在属性页中,单击"确定"按钮。

子任务 2　使用资源视图监视一般系统活动

Windows 可靠性和性能监视器的主页是"资源视图"页。以本地 Administrators 组成员身份运行 Windows 可靠性和性能监视器时,可以实时监视以下资源的使用情况和性能:CPU、磁盘、网络和内存。可通过展开四个资源获得详细信息(包括哪些进程使用哪些资源)。

资源视图显示的是 Windows 内核跟踪提供程序会话中的信息。必须以本地 Administrators 组成员身份登录,或已使用提升权限启动 Windows 可靠性和性能监视器,然后才能使用此提供程序。

如果在运行 Windows 可靠性和性能监视器时提供的凭据不足,则资源视图页不会显示当前系统信息。单击"开始"按钮(工具栏中的绿色箭头)时,将显示消息:"另一个跟踪会话已在使用 Windows 内核跟踪提供程序。控制该会话可能会导致当前所有者停止正常运行。"

选择"控制会话"时,系统将拒绝访问。必须以本地 Administrators 组成员身份登录,或按照以下过程中的说明使用提升权限运行 Windows 可靠性和性能监视器。

如图 3-4 所示的资源概述窗格中的四个滚动图表显示了本地计算机上的 CPU、磁盘、网络和内存的实时使用情况。这些图表下面的四个可展开区域包含有关每个资源的进程级详细信息。单击资源标签以查看详细信息,或单击图表可以展开其相应的详细信息,如图 3-5 所示。

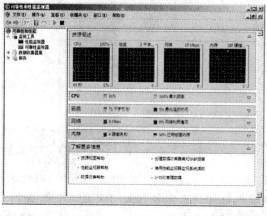
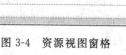

图 3-4　资源视图窗格

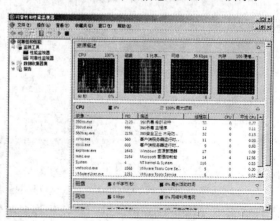

图 3-5　详细信息窗格

可以通过以下操作来更改在资源视图中显示详细信息的方式。

（1）按值排序列：单击列标题标签可以按升序排序，再次单击列标题标签可以按降序排序。

（2）突出显示应用程序实例：当应用程序实例在显示屏中的位置发生变化时，单击应用程序实例行中的任意位置都可使其保持突出显示状态。

CPU 窗格详细信息如下。

（1）CPU 栏：以绿色显示当前正在使用的 CPU 总容量的百分比，以蓝色显示 CPU 最大频率。当计算机未连接到交流电源而要降低电池用量时，某些便携式计算机将减小 CPU 的最大频率。

（2）映像：正在使用 CPU 资源的应用程序。

（3）PID：应用程序实例的进程 ID。

（4）描述：应用程序名称。

（5）线程：应用程序实例中当前活动的线程数。

（6）CPU：应用程序实例中当前活动的 CPU 周期。

（7）平均 CPU：应用程序实例过去 60 秒内产生的 CPU 平均负载，以 CPU 总容量的百分比表示。

磁盘窗格详细信息如下。

（1）磁盘栏："磁盘"以绿色显示当前总的 I/O，以蓝色显示最高活动时间百分比。

（2）映像：正在使用磁盘资源的应用程序。

（3）PID：应用程序实例的进程 ID。

（4）文件：应用程序实例正在读取和/或写入的文件。

（5）读取：应用程序实例从文件读取数据的当前速度（以字节/分为单位）。

（6）写入：应用程序向文件写入数据的当前速度（以字节/分为单位）。

（7）IO 优先级：应用程序的 I/O 任务的优先级。

（8）响应时间：磁盘活动的响应时间（以毫秒为单位）。

网络窗格详细信息如下。

（1）网络栏："网络"以绿色显示当前总的网络流量（以 Kbps 为单位），以蓝色显示正在使用的网络容量百分比。

（2）映像：正在使用网络资源的应用程序。

（3）PID：应用程序实例的进程 ID。

（4）地址：本地计算机与之交换信息的网络地址。这可能以计算机名、IP 地址或完全限定的域名（FQDN）表示。

（5）发送：应用程序实例当前从本地计算机发送到该地址的数据量（以字节/分为单位）。

（6）接收：应用程序实例当前从该地址接收的数据量（以字节/分为单位）。

（7）总计：应用程序实例当前发送和接收的总带宽（以字节/分为单位）。

内存窗格详细信息如下。

（1）内存："内存"以绿色显示当前每秒的硬错误，以蓝色显示当前正在使用的物理内存的百分比。

（2）映像：正在使用内存资源的应用程序。

（3）PID：应用程序实例的进程 ID。

（4）硬错误/分：应用程序实例当前每分钟产生的硬错误数。当引用地址的页面已不在物理内存中而且已被换出，或者可从磁盘上的备份文件使用时，会发生硬错误(也称为"页面错误")。这不属于错误。但是，如果应用程序必须从磁盘而不是从物理内存连续回读数据，则较多数量的硬错误可能说明应用程序的响应时间较慢。

（5）工作集(KB)：应用程序实例当前驻留在内存中的千字节数。

（6）可共享(KB)：可供其他应用程序使用的应用程序实例工作集的千字节数。

（7）专用（KB)：专供进程使用的应用程序实例工作集的千字节数。

子任务 3　使用性能监视器监视特定系统活动

性能监视器以实时或查看历史数据的方式显示了内置的 Windows 性能计数器。可以通过拖放或创建自定义数据收集器集将性能计数器添加到性能监视器。其特征在于包含可供直观查看性能日志数据的多个图表视图，以及可以导出为数据收集器集以便与性能和日志记录功能一起使用的自定义视图。

在本任务中，用户将向性能监视器显示屏中添加性能计数器、实时观察性能计数器，以及了解如何暂停性能监视器显示屏以检查当前系统状态。

启动 Windows 可靠性和性能监视器：在导航树中，依次展开"可靠性和性能"和"监视工具"，然后单击"性能监视器"(如图 3-6 所示)。

使用性能监视器，可以向当前视图中添加特定性能计数器来监视特定的系统活动。

向当前性能监视器视图中添加计数器：在性能监视器图表显示屏上方的菜单栏中，单击"添加"按钮（＋），或右键单击图表中的任意位置并单击菜单中的"添加计数器"，此时将打开"添加计数器"对话框(如图 3-7 所示)。

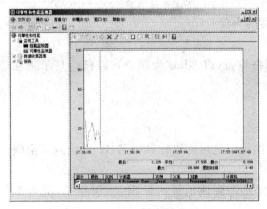

图 3-6　性能监视器窗口　　　　　　　图 3-7　添加计数器窗口

在窗口中选择要添加计数器的计算机、对象和具体的计数器。

在"可用计数器"部分中，选择要在性能监视器显示屏中查看的计数器。针对本示例，建议使用以下关于内存、磁盘、处理器和系统的计数器：

Memory：％ Committed Bytes In Use

Memory：Page Faults/sec

PhysicalDisk：Disk Read Bytes/sec

PhysicalDisk：Disk Reads/sec

PhysicalDisk：Disk Write Bytes/sec

PhysicalDisk：Disk Writes/sec

Processor：％Idle Time

Processor：Interrupts/sec

System：Threads

选择计数器后，单击"确定"按钮。

操作要点如下。

（1）为计数器选择源计算机：从下拉列表选择计算机或单击"浏览"以查找其他计算机。可以从本地计算机或网络中用户拥有访问权限的另一计算机添加计数器。

（2）计算机选择下拉列表显示了分组的可用计数器。可以添加组中的所有计数器，或仅选择要收集的计数器。

（3）显示所选计数器组的描述，选择页面左下角的"显示描述"。当选择其他组时描述将更新。

（4）添加一组计数器：突出显示组名并单击"添加"。突出显示组名之后，可以单击向下箭头以查看包含的计数器。如果单击"添加"之前突出显示列表中的一个计数器，则将仅添加该计数器。

（5）添加个别计数器：单击向下箭头展开组，突出显示计数器，然后单击"添加"。可以通过按住"Ctrl"键并单击列表中的名称从组中选择多个计数器。选择所有要从该组添加的计数器之后，单击"添加"。

（6）搜索计数器实例：突出显示计数器组或展开组并突出显示要添加的计数器，在"选定对象的实例"框下面的下拉列表中输入进程名，然后单击"搜索"。输入的进程名将在下拉列表中显示，以对其他计数器重复搜索。如果未返回任何结果，而且要清除搜索，则必须突出显示另一个组。如果没有计数器组或计数器的多个实例，则搜索功能将不可用。

（7）仅添加计数器的特定实例：突出显示列表中的计数器组或计数器，从"选定对象的实例"框中显示的列表选择所需进程，然后单击"添加"。多个进程可以创建同一计数器，但是选择实例将仅收集由所选进程生成的计数器。除非选择特定实例，否则将收集所有计数器实例。

将计数器添加到性能监视器显示屏之后，就可更改视图以帮助用户标识要查找的信息。计数器显示形式如下。

（1）默认情况下，性能监视器将显示"线型"图。在此显示屏中，数据以滚动形式从左至右显示两分钟，并沿着 X 轴进行标记。通过在很短的时间内对比以前的行为，可以发现每个计数器活动中的更改。将鼠标指针悬停在图表中的某一行上时，可查看该行所代表的计数器的详细信息。

（2）使用工具栏上的下拉菜单，更改当前数据收集器集的显示方式。"直方图条"可实时显示信息，以便用户观察每个计数器活动中的更改。

（3）"报告"显示方式以文本格式显示每个所选计数器的当前值。

在显示屏下方，会使用图表线颜色、图表比例尺、计数器、实例（在本例中，选择了所有实例）、父级（选择所有实例时不可用）、对象和计算机在图例中列出每个计数器。

计数器显示操作步骤如下。

（1）可以通过在每行中选中或清除复选框来切换是否在当前显示屏中显示计数器，而无须从列表中删除计数器（如图 3-8 所示）。

（2）在图例中选择了某行之后，系统将在图例上方的区域中显示有关该计数器的特定信息。

（3）在图例中选择某行时，单击工具栏上的"突出显示"按钮可在图表中突出显示该计数器。若要返回到正常显示状态，再次单击"突出显示"按钮。

（4）若要更改计数器显示方式的属性，在图例中右键单击该行，然后从上下文菜单中选择"属性"，此时将在"数据"选项卡上打开"性能监视器属性"页（如图 3-9 所示）。使用下拉菜单选择首选项。

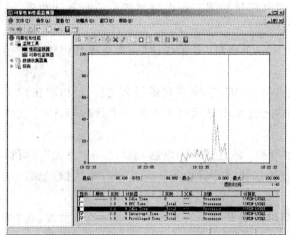

图 3-8　有选择显示计数器

图 3-9　性能监视器属性

（5）若要冻结显示以便检查当前活动，单击工具栏上的"停止"按钮。若要从停止显示的点恢复观察，单击工具栏上的"播放"按钮。若要按收集时间增量移动数据，单击工具栏上的"向前"按钮。在线型图中冻结显示之后又恢复观察时，X 轴所包含的时间长度将发生变化。

子任务 4　从性能监视器创建数据收集器集

实时查看数据收集器只是其中一种使用性能监视器的方式。创建了实时显示有关系统的有用信息的数据收集器组合之后，可以将其另存为数据收集器集，该数据收集器集是 Windows 可靠性和性能监视器中性能监视和报告的构造块。它将多个数据收集点整理到可用于查看或记录性能的单个组件中。

本任务将通过在实时性能监视器视图中选择的计数器创建数据收集器集。

从性能监视器创建数据收集器集的步骤如下。

（1）右键单击性能监视器显示窗格中的任意位置，将启动创建新数据收集器集向导。创建的数据收集器集将包含当前"性能监视器"视图中选定的所有数据收集器。如图 3-10 所示。

或右击"数据收集器"中"用户自定义"，指向"新建"，然后单击"数据收集器集"。根据创建向导建立基于模板的数据收集器集。

（2）输入数据收集器集的名称并单击"下一步"按钮，如图 3-11 所示。

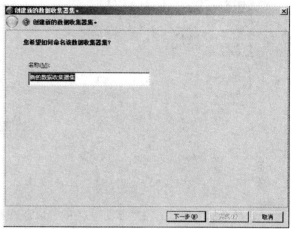

图 3-10　数据收集器集新建向导

图 3-11　数据收集器集的名称

（3）"根目录"将包含由数据收集器集收集的数据。如果想要将数据收集器集的数据存储到其他位置而不是默认位置，则应更改此设置，浏览并选择相应的目录，或输入目录名称。如图 3-12 所示。

如果手动输入目录名称，则不得在目录名结尾处输入反斜杠。单击"下一步"按钮定义运行数据收集器集的用户身份，或者单击"完成"按钮保存当前设置并退出。

（4）单击"下一步"按钮之后，可以将数据收集器集配置为以特定用户身份运行。单击"更改"按钮输入列出的默认用户以外的其他用户的用户名和密码，选定"保存并关闭"或"立即启动该数据收集器集"（如图 3-13 所示），单击"完成"按钮以返回到 Windows 可靠性和性能监视器。

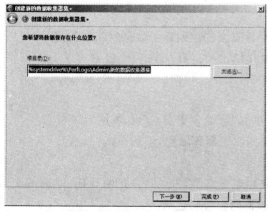
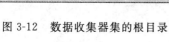
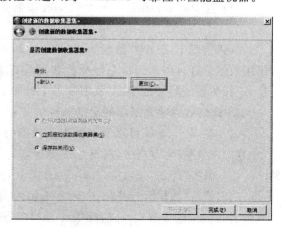

图 3-12　数据收集器集的根目录

图 3-13　运行数据收集器集的身份更改

　　若要查看数据收集器集的属性或进行其他更改,在数据收集器集的用户定义里找到相应的名称,右击菜单里的"属性"(如图 3-14 所示),也可在这里启动这个数据收集器集。打开选定数据收集器集的属性窗口(如图 3-15 所示),进行相应的操作,单击"确定"按钮即可。

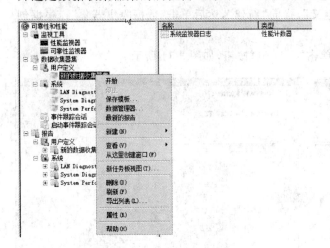
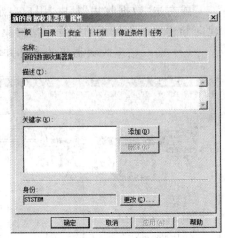

　　　图 3-14　打开数据收集器集属性　　　　　　　图 3-15　数据收集器集属性窗口

　　通过在属性页中单击"帮助"按钮,可以获取有关数据收集器集属性的详细信息。

子任务 5　从数据收集器集创建和计划日志

　　选择了提供有关系统性能的重要信息的数据收集器后,可以将该数据存储为日志,以供日后查看。

　　从 Windows Server 2008 中的数据收集器集创建的日志文件不能向后兼容早期版本的 Windows。但是,在 Windows Server 2008 中可以查看在早期版本的 Windows 中创建的日志。

　　从数据收集器集创建日志的前提条件如下。

　　(1) 正在运行 Windows 可靠性和性能监视器。

　　(2) 至少创建和保存了一个数据收集器集(可以使用在子任务 2 中创建的数据收集器集)。

　　默认情况下,一个数据收集器集将生成一个日志文件。创建了数据收集器集之后,可以使用数据管理过程来为每个数据收集器集配置存储选项以在文件名中包含有关日志的信息、选择覆盖或附加数据,以及限制单个日志的文件大小。

　　1. 计划数据收集器集的启动条件的步骤

　　(1) 在 Windows 可靠性和性能监视器中,展开"数据收集器集"并单击"用户定义"。

　　(2) 在控制台窗格中,右键单击要计划的数据收集器集名称,然后单击"属性"。

　　(3) 单击"计划"选项卡(如图 3-16 所示)。

　　(4) 单击"添加",打开如图 3-17 所示的窗口,以创建数据收集的开始日期、时间或天。当配置新数据收集器集时,应确保此日期在当前日期和时间之后。

图 3-16　指定数据收集器集的属性计划选项卡　　　图 3-17　添加计划窗口

如果不想在某个日期之后收集新数据,则选择"截止日期"并从日历中选择一个日期。

选择截止日期不会停止该日期当天正在进行的数据收集。它将从截止日期之后开始阻止数据收集的新实例。必须使用"停止条件"选项卡配置停止数据收集的方式。

（5）完成时,单击"确定"按钮。

2. 计划数据收集器集的停止条件的步骤

（1）在 Windows 可靠性和性能监视器中,展开"数据收集器集"并单击"用户定义"。

（2）在控制台窗格中,右键单击要计划的数据收集器集名称,然后单击"属性"。

（3）在属性窗口中单击"停止条件"选项卡,打开如图 3-18 所示的窗口。

（4）若要在某个时间段后停止收集数据,则选中"总持续时间"复选框并选择数量和单位。注意,总持续时间必须大于数据采样的间隔,以便查看报告中的所有数据。如果想要无限期地收集数据,请勿选择总持续时间。

（5）通过选中"达到限制后,重新启动数据收集器集"复选框,可以限制将数据收集分段为

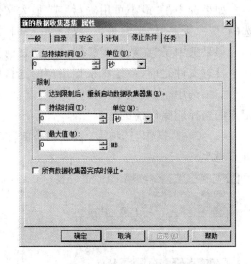

图 3-18　"停止条件"选项卡

单独的日志。如果同时选择了两种限制类型,则达到第一个限制时,将停止或重新开始数据收集。

（6）选择"持续时间"可以配置数据收集写入到单个日志文件的时间段。

（7）选择"最大值"可以在日志文件达到限制时重新启动数据收集器集或停止收集数据。如果已配置总持续时间,它将替代限制。

（8）如果配置了总持续时间,则可以选中"所有数据收集器完成时停止"复选框,以便在

所有数据收集器都记录完最新值之后,才停止数据收集器集。

(9) 完成时,单击"确定"按钮。

保存了计划的属性之后,该管理单元窗口中显示的内容将更改为显示日志的名称、日志所收集数据的类型以及用于存储日志的输出目录和文件名。可以通过双击日志的名称向日志中添加或从其中删除数据收集器,或者更改其文件名、名称格式,以及重新启动数据收集器时是覆盖日志还是附加日志。

注意事项:

(1) 较大的日志文件将使生成报告的时间较长。如果频繁检查日志以查看最新数据,建议使用限制以自动分段日志。可以使用 relog 命令对长日志文件进行分段或合并多个短日志文件。有关 relog 命令的详细信息,请在命令提示符处输入"relog/?"。

(2) 随着数据收集器集所创建的日志文件的增大,生成报告的时间也将相应延长。如果频繁检查日志以查看最新数据,建议使用限制以自动分段日志。可以使用 relog 命令对长日志文件进行分段或合并多个短日志文件。

3. 配置数据收集器集的数据管理的步骤

(1) 在 Windows 可靠性和性能监视器中,展开"数据收集器集"并单击"用户定义"。

(2) 在控制台窗格中,右键单击要配置的数据收集器集的名称,然后单击"数据管理器",打开如图 3-19 所示的窗口。

(3) 在"数据管理器"选项卡上,可以接受默认值或根据数据保留策略进行更改。

如果选中了"最小可用磁盘"或"最大文件夹数"复选框,则在达到限制时,系统将根据所选的"资源策略"("删除最大"或"删除最旧")删除以前的数据。

如果选中了"在数据收集器集启动之前应用策略"复选框,则在数据收集器集创建其下一个日志文件之前,系统将根据用户的选择删除以前的数据。

如果选中了"最大根路径大小"复选框,则在达到根日志文件夹大小限制时,系统将根据用户的选择删除以前的数据。

(4) 单击"操作"选项卡。单击"添加"按钮,打开文件夹操作的窗口,可以接受默认值或进行更改。

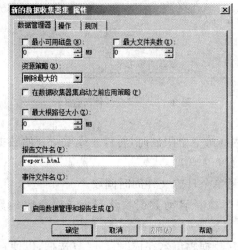

图 3-19　数据管理器窗口

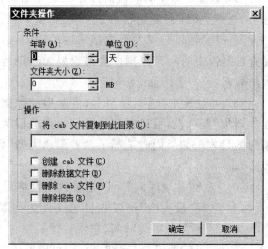

图 3-20　文件夹操作窗口

使用文件夹操作可以选择永久删除数据之前数据的存档方式。

（5）完成更改后，单击"确定"按钮。

数据收集器集"属性"对话框的"数据管理器"选项卡上配置的选项解释如下。

（1）最小可用磁盘：存储日志数据的驱动器上必须具备的可用磁盘空间大小。如果选择该选项，则在达到限制时，系统将根据用户所选的"资源策略"删除以前的数据。

（2）最大文件夹数：数据收集器集数据目录中可包含的子文件夹数量。如果选择该选项，则在达到限制时，系统将根据用户所选的"资源策略"删除以前的数据。

（3）资源策略：指定达到限制时是否删除最旧或最大的日志文件或目录。

（4）最大根路径大小：数据收集器集（包括所有子文件夹）数据目录的最大大小。如果选择该选项，则此"最大路径大小"将替代"最小可用磁盘"和"最大文件夹数"限制，在达到限制时，系统将根据所选的"资源策略"删除以前的数据。

数据收集器集"属性"对话框的"操作"选项卡上配置的选项解释如下。

（1）存留期：数据文件以天或周为单位的存留期。如果该值为 0，则未使用此标准。

（2）大小：存储日志数据的文件夹大小（MB）。如果该值为 0，则未使用此标准。

（3）Cab：一种表示存档文件格式的 Cab（.cab）文件。可从原始日志数据创建这些文件，并在日后需要时进行提取。根据存留期或大小的标准选择创建或删除操作。

（4）数据：数据收集器集收集的原始日志数据。可以在创建了 .cab 文件之后删除日志数据，以便在仍然保留原始数据备份的同时节约磁盘空间。

（5）报告：Windows 可靠性和性能监视器从原始日志数据生成的报告文件。即使删除了原始数据或 .cab 文件，报告文件也可以保留下来。

子任务 6   在性能监视器中查看日志数据

可以在 Windows 可靠性和性能监视器中以报告形式或以性能监视器数据的形式查看以前收集的日志。

在本任务中，将学习如何在性能监视器显示屏中打开日志数据。性能监视器的实时监视功能中包含的所有显示选项都可用于日志查看功能。

在性能监视器中查看日志数据的前提条件如下。

（1）正在运行 Windows 可靠性和性能监视器。

（2）至少包含一个来自以前创建的数据收集器集中的日志文件。

1. 在性能监视器中查看日志数据的步骤

（1）启动 Windows 可靠性和性能监视器。

（2）在导航树中，依次展开"报告"、"用户定义"和要查看其日志数据的数据收集器集。

如果仅配置了一个数据收集器集且当前正在运行，则需要通过单击"停止"，或右键单击数据收集器集名称并从菜单中选择"停止"来停止该数据收集器集。

（3）在导航窗格中，单击要查看的日志的名称。此时将在报告视图中打开日志数据（如图 3-21 所示）。

（4）单击工具栏的"作为报告的视图数据"按钮，查看诊断报告（如图 3-22 所示）。或者单击"打开数据文件夹"按钮显示日志的物理文件。

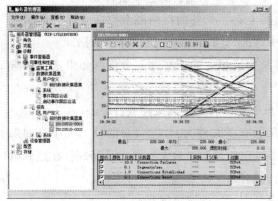

图 3-21　数据收集器集日志报告（一）　　　　　图 3-22　数据收集器集日志报告（二）

（5）在性能监视器中导航日志视图。

默认情况下，将在线型图视图中打开日志数据。在该视图中，图表的 X 轴表示日志包含的总时间。

若要在显示屏中仅查看特定时间帧，在显示屏中单击并拖动鼠标直到突出显示某个区域，然后单击"缩放"按钮或按"Ctrl＋Z"键。

单击窗口工具栏上的按钮可以改变日志报告的信息。

子任务 7　查看诊断报告

Windows 可靠性和性能监视器包含三个默认系统报告，分别用于诊断网络状态、系统健康状况和诊断系统性能问题。

注意：系统诊断报告使用的是 Windows 内核跟踪提供程序，只有本地 Administrators 组的成员才能访问该提供程序。

1. 生成系统诊断报告的步骤

（1）启动 Windows 可靠性和性能监视器。

（2）在导航树中，依次展开"数据收集器集"和"系统"。

（3）单击相应的系统诊断项目，在右侧窗格中可以查看到该诊断的涉及项目（如图 3-23 所示）。

（4）右键单击"系统诊断"并单击"启动"（如图 3-24 所示），此时将开始收集数据。收集完数据并生成报告之后，将在控制台窗格中显示系统诊断报告。

图 3-23　系统诊断项目查看　　　　　　　图 3-24　开始该项的系统诊断

提示：该报告收集数据大约需要 60 秒，和服务器的性能相关，LAN 诊断需要手动停止。另外，还可能需要最多 60 秒来生成报告。

2．查看系统诊断报告的步骤

在导航树中，依次展开"报告"、"系统"和"系统诊断"，然后单击相应的报告名称，右侧窗格显示报告内容（如图 3-25 所示）。

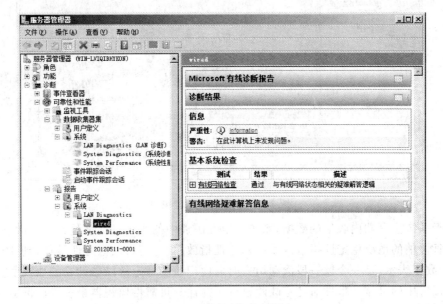

图 3-25　查看系统诊断报告

子任务 8　使用可靠性监视器查看系统稳定性

可靠性监视器是一个 Microsoft 管理控制台（MMC）管理单元，它提供系统稳定性概况和趋势分析，其中包含有关可能影响系统总体稳定性的单个事件的详细信息。该监视器将从安装系统时即开始收集数据。

使用可靠性监视器查看系统稳定性的前提条件如下。

（1）自安装了操作系统之后，计算机已经运行了最短 24 小时。

（2）正在运行 RACAgent 计划任务（默认情况下，在安装了新系统之后会自动运行该任务，除非手动禁止了该任务）。

以下已知问题可能会影响完成此任务的结果。

（1）Windows 安装之后必须运行了至少 24 小时，系统稳定性图表中才会显示数据。

（2）如果在新系统中执行此任务，则只可以查看有关可靠性事件的极少数据。在安装应用程序和添加硬件之后重复该任务，以了解更多信息。

启动可靠性监视器的步骤如下。

（1）启动 Windows 可靠性和性能监视器。

（2）在导航树中展开"监视工具"，然后单击"可靠性监视器"，打开如图 3-26 所示的可靠性监视器窗口。

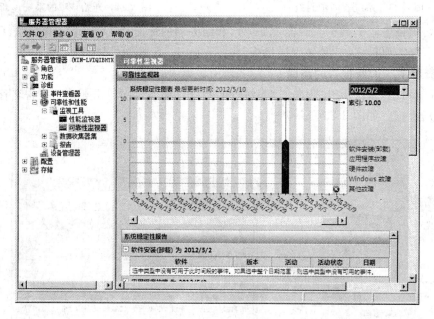

图 3-26　可靠性监视器窗口

基于系统生存期内收集的数据，系统稳定性图表中的每个日期都包含一个散点，以显示针对当日评估的系统稳定性指数。系统稳定性指数用一个从 1（稳定性最低）到 10（稳定性最高）的数字表示，是一个按一段滚动历史时期内记录的指定故障数计算的加权度量。系统稳定性报告中的可靠性事件对特定故障进行了描述。可靠性监视器最多可以保留一年的系统稳定性和可靠性事件的历史记录。系统稳定性图表显示了按日期组织的滚动图表。

系统稳定性图表的上半部分显示的是系统稳定性指数图表。在该图表的下半部分，有 5 行会跟踪可靠性事件，该事件将有助于系统的稳定性测量，或者提供有关软件安装和删除的相关信息。当检测到每种类型的一个或多个可靠性事件时，在该日期的列中会显示一个图标。

（1）对于软件安装和卸载，会出现一个表明该类型成功事件的"信息"图标，或表明该类型失败的"警告"图标。

（2）对于所有其他可靠性事件类型，会出现表明该类型失败的"错误"图标。

如果可以使用超过 30 天的数据，则使用系统稳定性图表底部的滚动栏查找可见范围以外的日期。

系统稳定性报告中记录的可靠性事件如下。

（1）系统时钟更改：在此类别中跟踪对系统时间所作的重要更改。见表 3-1。

表 3-1

数据类型	描述
旧时间	指定时钟更改之前的日期和时间
新时间	指定时钟更改过程中所选的日期和时间
日期	指定发生时钟更改时的日期（根据新时间）

此类别不出现在系统稳定性报告中，但已选择发生重要时钟更改的日期时除外。发生重要时钟更改的所有日期的系统稳定性图表上会显示"信息"图标。

（2）软件安装（卸载）：在此类别中跟踪软件安装和删除（包括操作系统组件、Windows Update、驱动程序和应用程序）。见表 3-2。

表 3-2

数据类型	描述
软件	指定操作系统、应用程序名称、Windows Update 名称或驱动程序名称
版本	指定操作系统、应用程序或驱动程序（此字段不可用于 Windows Update）的版本
活动	表明事件是安装还是卸载
活动状态	表明操作的成功或失败
日期	指定操作的日期

（3）应用程序故障：在此类别中跟踪应用程序故障（包括非响应应用程序的终止或已停止工作的应用程序）。见表 3-3。

表 3-3

数据类型	描述
应用程序	指定已停止工作或响应的应用程序的可执行程序名
版本	指定应用程序的版本号
故障类型	表明应用程序停止工作还是停止响应
日期	指定应用程序故障的日期

（4）硬件故障：在此类别中跟踪磁盘和内存故障。见表 3-4。

表 3-4

数据类型	描述
组件类型	表明是硬盘驱动器还是内存出现了故障
设备	表明发生故障的设备
故障类型	表明可能由于磁盘损坏而导致硬盘驱动器故障，或表明由于内存损坏而导致内存故障
日期	指定硬件故障的日期

(5) Windows 故障:在此类别中跟踪操作系统和启动故障。见表 3-5。

表 3-5

数据类型	描述
故障类型	表明事件是启动故障还是操作系统崩溃
版本	表明操作系统和 Service Pack 的版本
故障详细信息	提供故障类型的详细信息,故障类型可以是: 操作系统故障,指示停机代码; 启动故障,指示原因代码
日期	指定 Windows 故障的日期

(6) 其他故障:在此类别中跟踪影响稳定性且未归入上述类别的故障,包括操作系统意外关闭。见表 3-6。

表 3-6

数据类型	描述
故障类型	表明系统被中断性关闭
版本	表明操作系统和 Service Pack 的版本
故障详细信息	表明未正常关闭计算机
日期	指定其他故障的日期

任务 3　使用任务管理器

任务管理器显示计算机上当前正在运行的程序、进程和服务。可以使用任务管理器监视计算机的性能或者关闭没有响应的程序。

如果与网络连接,还可以使用任务管理器查看网络状态以及查看网络是如何工作的。如果有多个用户连接到计算机,可以看到谁在连接、他们在做什么,还可以给他们发送消息。

该工具可以提供计算机上正在运行的程序和进程的相关信息,如可以查看正在运行的程序的状态,并终止已停止响应的程序;可以使用多达 15 个参数评估正在运行的进程的活动。并且该工具还可以作为监视计算机性能的关键指示器,如可以查看反映 CPU 和内存使用情况的图形和数据。

子任务 1　启动任务管理器

启动任务管理器有两种比较常用的方式。

(1) 在屏幕最下方的任务栏空白处右键单击鼠标,然后在弹出的快捷菜单中选择"任务管理器"菜单项。

(2) 按组合键"Ctrl＋Alt＋Del",在随后弹出的窗口中单击"任务管理器"按钮。

按以上两种方法均可打开任务管理器窗口,如图 3-27 所示。

若在上述窗口中双击任务管理器的边框区域,可以以"Tiny Footprint Mode"(精简模式,即隐藏了菜单栏和非当前的各个选项卡)显示任务管理器,如图 3-28 所示,再次双击切换为完整模式。

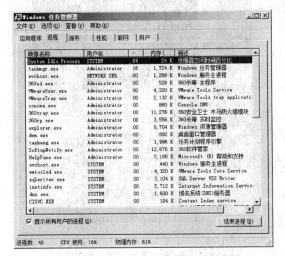

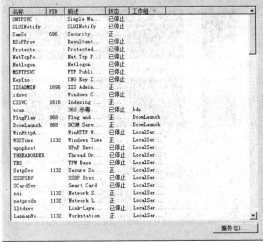

图 3-27   任务管理器标准窗口   图 3-28   任务管理器精简模式

子任务 2   进行简单性能监视

通常情况下,管理员只需了解有关 CPU 和内存的实时数据时,就没必要利用可靠性和性能监视器,使用任务管理器进行简单性能监视是个不错的选择。简单性能监视最大的特点就是灵活易用,占用系统资源少。任务管理器提供的 CPU 利用率、内存使用率等数据对于判断系统的当前状态、初步了解系统繁忙程度等都是非常有用的。

在"Windows 任务管理器"窗口中选择"性能"选项卡,即显示如图 3-29 所示的窗口。任务管理器提供了 CPU 使用和内存使用两个主要的实时图形窗口,以数字和曲线的形式显示当前的 CPU 使用率和内存占用数量。

双击"CPU 使用"窗格,以详细模式显示当前 CPU 占用情况,如图 3-30 所示。

在任务管理器的下面,显示了内存使用的详细信息,包括线程总数、物理内存、内存使用以及核心内存使用情况。这些数据为排错和性能分析提供了可靠依据。例如,CPU 和内存使用率经常性居高不下,则系统内可能存在占用系统资源比较多的进程,可以在"进程"选项卡中观察进程的运行状态。

如果需要观察详细的系统资源使用情况,单击下部的"资源监视器"按钮,打开可靠性和性能监视器的资源监视器窗口。

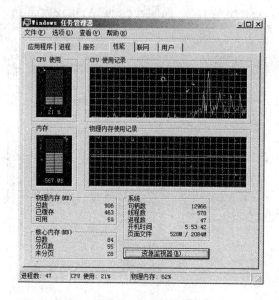

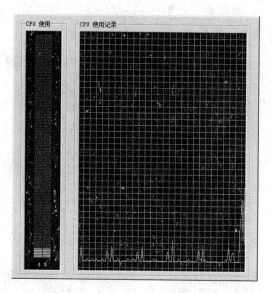

图 3-29　任务管理器性能窗口

图 3-30　任务管理器 CPU 使用窗口

子任务 3　管理服务

　　在"Windows 任务管理器"窗口中选择"服务"选项卡，即显示如图 3-31 所示的窗口。可以对系统服务进行简单的管理，在右击对应服务弹出的菜单中可以启动、停止服务，如是正在运行的服务可以转到"进程"选项卡对应的进程上，继续对进程进行管理。

　　如果需要对系统服务进行详细的管理，可以单击窗口下方的"服务"按钮，打开服务管理控制台（如图 3-32 所示），在服务管理控制台中对相应的服务进行详细管理。

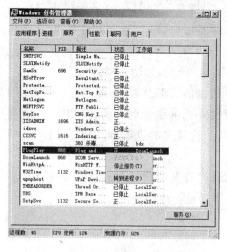

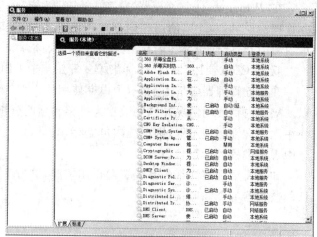

图 3-31　任务管理器"服务"选项卡

图 3-32　服务管理控制台

子任务 4　管理进程

　　在"Windows 任务管理器"窗口中选择"性能"选项卡，即显示如图 3-33 所示的窗口。

选中某个进程，右击，在弹出的菜单中可以打开进程所在的文件夹位置、结束进程（也可以单击窗口下方"结束进程"按钮）、结束进程树、调试、设置进程优先级等。

窗格里的详细信息可以自定义，单击任务管理器菜单"工具"，单击"选择列"（如图 3-34 所示）来选择需要显示的进程信息。

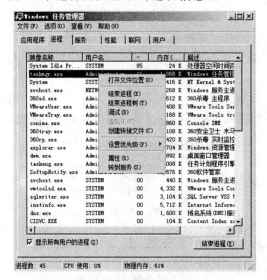

图 3-33　任务管理器"进程"选项卡　　　　图 3-34　任务管理器"进程"选择列

可以单击详细信息窗格的列标题以对进程排序，按照次序观察进程的运行状态。通过观察 CPU、内存的使用情况判断进程占用系统资源的具体情况。

子任务 5　管理应用程序

在"Windows 任务管理器"窗口中选择"应用程序"选项卡，显示的是当前系统正在运行的所有程序，包括程序名称和状态两个部分，如图 3-35 所示。

对相应的应用程序进行管理，可以右击相应任务项，弹出菜单（如图 3-36 所示），单击菜单项进行相应操作。

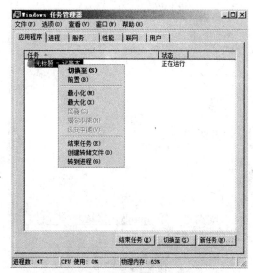

图 3-35　任务管理器应用程序选项卡　　　　图 3-36　应用程序任务管理

1. 结束任务

若某个应用程序已经终止或占用系统资源太多就可以考虑强制结束该任务。首先在任务列表中选中该任务,再单击窗口右下角的"结束任务"按钮或者单击右键菜单的"结束任务"。

注:该操作将导致被结束的应用程序中未保存数据或所作的更改丢失。

2. 切换任务窗口

如果用户想从任务管理器窗口切换到某一正在运行程序的窗口,可以在任务列表中选中该任务,再单击窗口右下角的"切换至"按钮或者单击右键菜单的"切换至",此时将切换到该运行程序的窗口。

3. 查找对应的进程

如需查找对应的进程,单击右键菜单的"转到进程"即可转到进程选项卡定位到对应的进程。

4. 添加新任务

可在任务管理器中启动新的程序,执行新的任务。具体操作是单击窗口下方的"新任务"按钮,此时将打开"创建新任务"窗口,如图 3-37 所示。

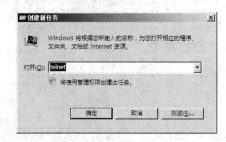

在命令编辑窗口输入要执行的命令和路径,或者单击"浏览"按钮选择要执行的文件,最后单击"确定"按钮。此时应用程序窗口中将看到新加的任务。

图 3-37　创建新任务窗口

子任务 6　管理当前用户和查看网络连接状况

在"Windows 任务管理器"窗口中选择"用户"选项卡,即显示如图 3-38 所示的窗口,可以对选中的系统用户进行"断开"或"注销"或"发送消息"操作。

在"Windows 任务管理器"窗口中选择"联网"选项卡,即显示如图 3-39 所示的窗口,观察网络连接的运行情况。

图 3-38　任务管理器"用户"选项卡

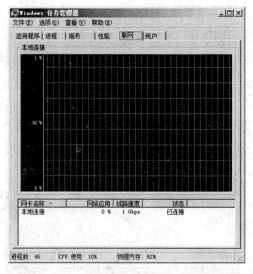

图 3-39　任务管理器"联网"选项卡

项目小结

本项目讲解了 Windows Server 2008 的系统可靠性、性能监视器的使用以及任务管理器的使用，通过这些系统工具可以监控系统的运行状态，对系统性能瓶颈作出评估。可以通过系统诊断工具得到评估网络、系统、性能的诊断报告；通过可靠性监视器对软件、硬件的可靠性作出评估；通过任务管理器简单查看系统 CPU、内存的实时运行状态，管理服务、进程和应用程序，观察网络的运行状态以及对当前登录的用户进行简单管理。

实训练习

实训目的：掌握数据收集器集在 Windows 系统性能管理中的应用和任务管理器的使用。

实训内容：使用系统默认的系统性能数据收集器集监视系统运行状态，记录并分析几分钟内的性能变化趋势；使用任务管理器进行进程管理和应用程序管理。

实训步骤：

(1) 尝试利用多种方式打开"可靠性和性能监视器"中的"数据收集器集"窗口。

(2) 在"系统"分支中找到 System Performance(系统性能)数据收集器集。

(3) 启动 System Performance(系统性能)数据收集器集。

(4) 运行几分钟后，在"报告"中查看记录的系统性能历史数据。

(5) 将收集到的性能状态数据导入"性能监视器"中，查看性能变化趋势。

(6) 尝试多种方式打开 Windows 任务管理器，在任务管理器中启动一个记事本任务，转到对应的进程，通过进程管理关闭记事本任务。

复习题

1. Windows 任务管理器有哪些作用？
2. 有哪几种方式启动 Windows 任务管理器？
3. 如何利用性能监视器监视系统中的重要资源？
4. Windows Server 2008 系统诊断包括哪几种？

项目 4　管理 Windows Server 2008 系统本地用户和组

项目学习目标

- 了解 Windows Server 2008 中用户账户和组账户的作用。
- 了解系统的预定义用户账户和组账户。
- 掌握用户账户的管理。
- 掌握组账户的管理。
- 了解使用用户账户和组账户的原则。

案例情境

这是一家集生产、销售、管理、售后服务于一体的综合性企业，办公用计算机 300 多台，服务器 3 台。目前，大部分计算机都是运行在不同的工作组中。

同一部门或子网的客户端计算机之间的网络通信不受限制，可以根据需要自由进行。如果客户端需要访问服务器，则需要凭借合法的用户账户和密码实现。根据计算机用户身份和职能的不同，分别为其对应的用户账户赋予了不同的访问权限。例如，普通职工用户只能访问企业中相对公开的公共资源，而管理员用户则可以访问和管理企业内部数据。

项目需求

安装完操作系统并完成操作系统的环境配置后，管理员应规划一个安全的网络环境，为用户提供有效的资源访问服务。Windows Server 2008 通过建立账户（包括用户账户和组账户）并赋予其合适的权限，来保证使用网络和计算机资源的合法性，以确保数据访问、存储和交换服务的安全需要。

大部分用户对计算机网络通信原理和基本管理的知识甚少，因此企业网络的用户管理应兼顾易用、安全、灵活等多方面的需求。不同需求的用户可能需要多个与之对应的用户账户，这些用户账户之间应尽量统一，以便于用户记忆和识别，此外，有的还需要电子邮件账户、企业办公自动化账户等。在保障用户应用的同时，应确保其用户账户的安全，例如，通知用户妥善保管其用户账户密码，避免在公开场合登录用户账户等。

"组"是网络管理中非常实用的工具。在企业网络的用户管理中，管理员可以通过对用户账户进行编组处理，在权限分配和网络管理时，直接对用户组操作，即可应用到组中所有的用户账户，既增强了网络管理的条理性，又可以简化操作。

本地用户和组需要妥善保管，由于客户端用户对计算机操作系统和用户管理的了解有限,因此管理员可以向其提供简单的用户管理操作指导,如设置用户名、登录密码设置、资源共享方法等。

实施方案

鉴于该企业网络用户管理方面的需求,从以下方面着手解决。

1. 建立用户账户

用户账户是用户管理的目标,为了管理员便于识别用户账户并实现与用户的对应,命名用户账户时应遵循如下原则:对于每个使用者,通常都是使用其"姓"的全称加"名"的简称,如用户"李晓慧"的用户账户名为 lihc,如果使用简称之后有"重名"的现象,可以对重名的用户使用全称或者加序号标识,如 lihc01 或 lihuicong;对于公共用户账户,应根据其用户群体共有的特性命名用户账户,如"第一生产车间"用户对应的用户账户名为"chej01"等。

2. 设置用户信息

创建用户账户时应尽量完善用户信息,包括用户姓名、手机、电话、办公室、电子邮箱地址等,必要时还可以为其设置简单的描述信息。

3. 用户账户日常管理

用户账户和组的日常管理包括新建用户账户、重命名、禁用、重置账户密码、加入组等。

4. 建立组账户

组账户主要是为管理授权使用的,把享有相同权限的用户账户加入到同一组里,减少具体的管理工作量。命名组账户时应遵循如下原则:使用组的成员共有属性来命名,如部门名称。例如,把销售部的用户账户设为一组,命名为"sales"。

5. 组成员管理

组的成员可以是用户或其他的组嵌套,可以在建立组账户时添加组成员,也可建立组账户后对组成员进行添加、删除的管理操作。

6. 保护用户账户密码安全

密码使用是账户的最后一道防线。据统计,大约 70% 以上的安全隐患是由于密码设置不当引起的。因此,设置用户账户密码时,应严格遵守安全密码设置原则,设置安全级别较高的密码,并定期更换密码。

系统也提供了相应的密码策略来管理密码。通过设置本地策略的账户密码策略对系统密码的使用作出恰当的设置。

任务 1　管理本地用户账户

子任务 1　了解本地用户账户

1. 概述本地用户账户

用户账户是计算机操作系统的基本安全组件,计算机操作系统通过用户账户来识别使用者的身份,让有使用权限的用户能够通过对应的用户账户登录计算机操作系统,访问本地计算机资源或从网络访问该计算机的共享资源。指派不同用户账户拥有不同的权限,可以使用用户执行不同的计算机管理任务。所以每台运行 Windows Server 2008 系统的计算机,都需要用户账户才能登录使用计算机。在登录过程中,Windows Server 2008 系统要求用户指定或输入用户账户和密码,当计算机比较用户输入的用户账户和密码与系统安全数据库中的用户信息一致时,才能使用用户登录到本地计算机或从网络上获取对资源的访问权限。

2. 进一步理解用户账户的概念

这个问题看上去有点莫名其妙,但是在本地计算机上(或 Windows 网络域中),用户账户的定义与自动过程、网络对象(设备和计算机)和人都有关系。人类用户利用机器或网络来完成工作,但是网络或过程中需要调用其他对象的任何过程、机器或技术也被 Windows 操作系统看做用户。Windows Server 2008 安全子系统并不会区别人类和使用其资源的设备,它只识别相应的账户。其实用户账户就是计算机操作系统中或网络中表示使用者的一个标识。

3. 了解本地用户账户的适用范围及存储

用户账户在 Windows Server 2008 中共有两类:本地用户账户和域用户账户。本地用户账户是指登录到本地 PC、工作站、服务器的用户账户;域用户账户是指通过网络登录到域的用户账户。

本地用户账户的适用范围仅限于某台计算机。每台 PC、工作站、独立的服务器或成员服务器上都拥有本地用户账户,并存放在该机的数据库(SAM)中。Windows Server 2008 中对用户账户的安全管理使用了安全账户管理器(SAM,Security Account Manager)的机制,安全账户管理器对账户的管理是通过安全标识进行的,安全标识在账户创建时就同时创建,一旦账户被删除,安全标识也同时被删除。安全标识是唯一的,即使是相同的用户名,在每次创建时获得的安全标识都是完全不同的。因此,一旦某个账户被删除,它的安全标识就不再存在了,即使用相同的用户名重建账户,也会被赋予不同的安全标识,不会保留原来的权限。

安全账户管理器的具体表现就是%SystemRoot%\system32\config\sam 这个文件。sam 文件是 Windows Server 2008 的用户账户数据库,所有用户的登录名及口令等相关信息都会保存在这个文件中。

4. 了解预定义账户

安装 Windows Server 2008 后,不论是独立机器或成员服务器,还是支持活动目录的域控制器,操作系统都将建立默认账户。在独立机器(服务器或工作站)上,默认账户是针对本地域的本地账户,并被存放在 SAM 中。

默认的账户包括管理账户,它使你能够登录、管理网络或本地计算机,同时 Windows Server 2008 还安装了内置计算机或 Guest 账户以及匿名 Internet 用户账户。有些账户默认为禁用,必须被显式地激活。

一旦可行就重新命名管理账户是一个很好的做法,这样可以达到隐藏其用途以及访问和安全等级的目的。如果仍有安全顾虑,可以审查管理员的行为,确定谁或者何时使用账户。

当用户把一个域控制器(DC)降级为独立服务器时,特别当它是网络上最后一个 DC

时,操作系统将会提示输入本地 Administrator 账户的密码。操作系统能在发生变化后保障可以本地登录和访问计算机。当服务器从域里脱离后,它将机器的控制权返还给特定计算机的账户安全管理器(SAM)。

1) Administrator 账户

无论安装的是 Windows Server 2008 哪一个版本,Administrator 账户都是安装 Windows Server 2008 后创建的第一个用户账户。它创建在本地 SAM 中。

在 Windows Server 2008 及其所有更早的版本中,Administrator 是 CEO。以 Administrator 身份登录,可以访问整个系统和网络,如果没有内置用户的这种功能,建立第一个对象将是不可能的。

然而,Administrator 账户并不安全。随着时间的推移,密码会被传出去,网络都会陷入困境。我们曾经见过大公司的 Administrator 账户密码泄露出去的可怕局面,它甚至允许外来域中的用户进入破坏,而不需要总部里管理信息系统(MIS)人员的密钥。

那么如何才能防止账户滥用? 对于初级用户来说,既不能删除账户也不能禁用账户,因为那样很容易被系统锁到外面,或者成为拒绝服务(DOS)攻击的牺牲品。

但是可以重新命名该账户,或者提供了一个隐藏 Administrator 真实身份和锁定访问的机会。

在新的 Administrator 被添加到域之前,在文档中记录下管理员密码,然后把它锁在一个安全的位置:

(1) 重新命名 Administrator 账户,一旦重新命名了真实账户,就可以创建一个伪账户;

(2) 创建一个新用户作为伪 Administrator,并赋予其向管理员组分配账户的权利或者根本就不给它管理能力;

(3) 终止使用真实 Administrator,锁定密码。

这时可能用户会说"这样仍旧不能阻止别人得到其他管理员账户的密码而滥用账户"。但是现在如果账户成为安全隐患,那么用户能够进行监控、审计、禁用以及删除它们。当然,在特定的情况下删除以及在特定期间里重建管理员都要付出代价。

2) Guest 账户

Guest 账户是在第一次安装 Windows Server 2008 时第二个预建的默认账户,此账户对于那些在任何域中都没有账户或者账户失效的客户和访问者来说十分有用。

Guest 账户并不需要密码,可以给与其访问计算机资源的特定权限。

一些组织并不信任 Guest 账户,他们从一开始就禁用这些账户。如果禁用 Guest 账户,就等于拒绝那些没有账户的用户登录。在高级安全环境中,这个策略可能有效。但是即使在敏感环境中,这些账户也是非常便利的。在取消这种便利、禁用这些账户之前,考虑一下以下这些因素。

(1) 利用 Guest 账户,正在等待用户账户的新用户可以在计算机上完成部分工作。例如,他们可以获取一些开放资源。

(2) 利用 Guest 账户,可以使已经因为某些原因被锁定的用户登录到域,访问企业的 Intranet 和本地资源。锁定问题会并且将经常发生。

当账户被封的原因还在调查之中时,被怀疑有犯罪行为的雇员可能被要求登录到 Guest 账户,这有助于缓解可能的紧张气氛。这将会给用户留下自己仍能登录的印象,但是某些访问权利已经被删除了。

5. 了解安全标识符

安全标识符(SID)是一个可变长度的用来鉴定相对于安全子系统的账户的唯一值。SID 并不等同于对象标识符(OID)。SID 保证账户机器相关权限和许可的唯一性。如果删除某一个账户,然后以同样的名称创建,就会发现原先此账户所有的权限和许可都不见了,因为原有的 SID 随着先前的账户一起被删除了。

创建一个账户时,系统同时会创建一个 SID 并把它存储在 SAM 中,SID 的第一部分识别创建 SID 的域,第二部分成为相关 ID(RID)指的是实际创建的对象(因此和域相关)。

用户登录计算机或域时,SID 重新从数据库中找回放在用户访问凭证中。从登录的那一刻开始,SID 就用来鉴别用户所有与安全相关的行为和交互。

使用 SID 是出于下列目的:

* 鉴别对象所有者;
* 鉴别对象所有者组;
* 鉴别账户用户访问相关的行为。

在安装过程中系统创建众所周知的特定的 SID 用来鉴别内置用户和组。当用户作为客户登录系统时,用户的访问凭证将包括为客户组服务的众所周知的 SID,它将防止客户进行破坏或访问没有权力访问的对象。

6. 了解 SAM 和 LSA 鉴别

Windows Server 2008 SAM 由 Windows 2003 SAM 派生而来,所以它们的工作机制相同,但是它不再在网络域管理中起作用。独立服务器和成员服务器使用 Windows Server 2008 SAM 验证或确认持有本地账户的用户以及自动过程。SAM 仍旧隐藏在注册表中,并在 Windows Server 2008 中起重要作用,而且 SAM 是本地安全鉴别(LSA)中的一个必要组成部分。LSA 验证之所以存在,有下面一些原因。

(1) 处理本地登录请求。

(2) 允许有特殊请求的 ISV(独立软件开发商)和使用 LSA 的客户获得本地验证服务,访问控制应用程序可能利用 LSA 验证磁卡控制访问的持有者等。

(3) 为设备提供特定的本地访问。为了安装某设备或获得系统资源访问,需要获得 LSA 验证。磁带备份设备就是一个很好的例证,它需要获得对本地数据库管理系统或要求本地登录的计算保护程序的验证才能访问。

(4) 提供不同类的本地验证。并不是每一个人都可以利用活动目录鉴别和登录程序,这也并不是一个人想做的,因此 LSA 给这部分用户(过程)提供他们所惯用的或者为 Windows NT 4.0 及更早版本建立的本地登录工具。

当建立独立服务器时,Windows 会创建默认或内置账户。这些账户是被创建存储于本地 SAM 中,两个被创建的本地域分别为 Account 和 Butltin。

当首次安装 Windows Server 2008 时,这些本地域系统都是在机器的 NetBIOS 类型名称之后命名的。如果改变机器名称,则下一次重启服务器时域名称也会变成新机器的名称。也就是说,如果设置一台独立服务器并取名为 LLY,一个名为 LLY 的本地域就会自动创建在本地 SAM 中。同时操作系统将会为这个域创建内置账户,之后就可以在本地域中创建任意本地账户。

子任务 2　建立本地用户账户

用户账户与银行账户类似。没有银行账户，就不能享受银行的服务，如存款、支付账单、借贷和处理金融事务等。如果用户准备工作时不能登录，接下来的情景就如同银行账户突然被冻结了一样。

1. 了解命名用户账户和设置密码的注意事项

1）命名用户账户的要求

如果管理员遵循推荐的用户账户命名规范，可以使自己的工作变得更为轻松。管理员能够并且应当谨慎地规划用户名字空间，发布围绕规范制定的规则和策略，并且始终如一地坚持。没有比接手维护一个不存在命名规范的账户目录更糟糕的事情了。

用户账户的命名规范考虑以下几点。

（1）用户账户名称在创建账户的域中必须是独一无二的。

（2）用户账户前缀最多能包含 20 个大小写字符。登录过程并不区分大小写。然而域（field）保留了大小写的区别，允许用户协助命名规范，如 JohnS 不同于 johns。

（3）下列字符不允许出现在账户名称中：”、<、>、?、＊、/、\、|、;、:、=、,、+、[、]。

（4）可以使用字母和破折号或下画线命名，但要注意，账户名也可能用做电子邮件地址。

2）设置密码的要求

账户不总是必须有密码，这受到本地组策略的控制。许多管理员使用组合大写首字母和数字的方法编制密码，保持它们在整个企业中的一致性。

密码规范考虑以下几点。

（1）密码长度最多可以达到 128 个字符。但是，这并不表示微软希望用户设定需要一整天才能输入完毕的密码。然而智能卡或非交互式登录设备可以使用那种长度的密码。

（2）创建的密码不能少于 5 个字符，本书推荐最少为 8 个字符。

（3）密码中不允许含有”、<、>、?、＊、/、\、|、;、:、=、,、+、[、]这些字符。

密码管理对每一个人来说都是一件需要很强责任心的事情。通常大多数管理员把密码列表放在各种数据库文件和帮助文档中。因为用户会经常发现他们被无缘无故地锁在计算机、域和资源之外，为了帮助用户解决故障，管理员经常需要登录到用户账户上“体验”一下出了什么毛病。许多管理员采用这种方式查找并检修故障，因为在用户环境中查找故障十分有效。以其他身份运行（RunAs）服务就是一个管理用户账户和查找检修故障的有用工具。

密码的发布和管理问题在各种平台上均相似，尤其在 NetWare 和 Windows NT 以及 Windows Server 2008 上。在给予用户密码时，有以下 3 种适合的形成策略的方式。

（1）指定密码。

（2）让用户自己选择密码。

（3）给部分用户指定密码，其余用户自设密码。

以上 3 种方式各有利弊，不同的公司可以根据情况自己选择其中一项。

如果选择了第一种方式，必须采用一种易于管理人员记忆的密码命名方案（和开放领域中的一样安全），或者在安全数据库中输入用户密码。

然而前者并不真正安全,因为很容易判断出管理员使用的是哪种方案。制作密码的通用方法是将用户名的大写首字母和社会保障号、驾照号码或其他形式的号码的一部分相结合,如 Zh0934。由于一个方案下建立的账户就有几千个,所以要更改它们是件可怕的事。

第二种方式允许用户自己选择密码。这种方法较为放心但是充满了危险。首先,一些用户在机器上或文件夹中存放了大量敏感资料,而他们设定的密码通常很容易被破译。许多用户选择 12345678 作为密码,当被问起时,他们解释说这省事,打算以后再更改密码。

其次,在公司的网络上让用户自选密码,可能造成不便。在寻找维修故障时,管理员通常不得不通过电话(所有人都能听到)或者电子邮件询问密码。那样,因为密码主人不在岗位或者 Windows Server 2008 拒绝此密码,管理员需要重新设置密码的情况有时也会出现。

最好的策略是选择第三种方式,为大多数用户指定密码,并允许经由挑选的用户(证明自己需要保密的用户)自己设置密码。

产生安全的密码,而不是明显地只取首字母的缩写词。把密码记录在一个安全的位置,或者是难以侵入的数据库管理系统,如加密的 Microsoft Access 数据库文件,或者是 SQL Server 表格。这种选择的另一个弱点就是给予新用户密码时,通常密码在到达最终用户前会几经周转,因此用户需要创建临时密码指定方案。所以最好让大部分用户自设密码。

2. 创建用户账户

安装完后首先要做的第一件事就是创建用户账户。以普通用户的身份使用计算机有利于保护系统,防止误操作破坏系统的完整性。

用户账户的管理在计算机管理控制台完成,打开计算机管理控制台的步骤如下。

(1) 单击"开始"→"控制面板",双击"管理工具"图标打开"管理工具"窗口(如图 4-1 所示),双击"计算机管理"打开计算机管理控制台(如图 4-2 所示)。

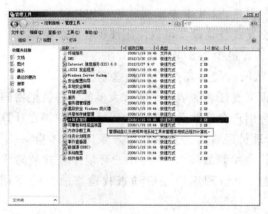

图 4-1　管理工具窗口　　　　　　　　图 4-2　计算机管理控制台

(2) 或者单击"开始"→"管理工具",在"管理工具"菜单中(如图 4-3 所示),单击"计算机管理",打开计算机管理控制台。

(3) 在计算机管理控制台中,单击"本地用户和组",在"用户"项上右键单击,在弹出的菜单(如图 4-4 所示)中单击"新用户",或单击"用户"项后在右侧的明细窗口的空白位置右键单击,在弹出的菜单中单击"新用户",如图 4-4 所示。

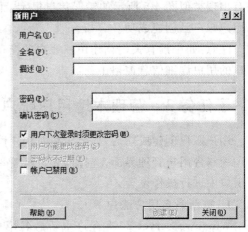

图 4-3　管理工具菜单　　　　　　　　图 4-4　新用户创建窗口

（4）在"新建用户"窗口里输入唯一的用户名和全名，描述部分输入对用户账户的必要说明；在密码栏和确认密码栏填写初始密码。

用户名：在此处输入标识用户账户的名称。用户名不能与被管理的计算机上的其他用户名或组名相同。用户名最多可以包含除下列字符外的 20 个大写字符或小写字符："／＼［］：；｜＝，＋＊？＜＞＠。用户名不能只由句点（.）或空格组成。

全名：在此处输入用户的完整名称。最好是建立全名的标准，以便总是以姓（Liang Dawei）或名（Dawei Liang）开头。

描述：在此处输入描述用户账户或用户的任何文本。

密码：在此处输入最多 14 个字符的密码。密码区分大小写。

确认密码：在此处再次输入密码以确认该密码。

下部的复选框说明如下。

- "用户下次登录时须更改密码"：选中后会要求用户账户在第一次登录时设置新的密码，用于由管理员设置简单的密码后用户自己设置复杂的密码。
- "用户不能更改密码"：选中后用户不能更改密码，只能由管理员进行更改，用于公用用户账户，本项和前面项不能同时选中。
- "密码永不过期"：选中后本用户账户会忽略密码策略，安全子系统不再根据密码策略监视、提醒此账户密码的更新情况。
- "账户已禁用"：用于临时禁止此用户账户登录。
- 当维护此账户时，会出现"账户已锁定"项，此项由系统根据用户账户的安全策略自动设置和解除，用于防止非法猜测此账户密码，输错一定次数后此账户锁定一定的时间间隔，之后解除，防止连续猜测密码，非法利用此账户侵入系统。

（5）选择完成后单击"创建"按钮，如

图 4-5　创建用户账户的错误提示信息

没有出现类似图 4-5 所示的错误信息提示,而是清空各栏(可以继续创建新用户账户),则表示用户账户已创建成功。

注意:如果没有关闭创建用户账户的窗口,则本次创建的用户账户不会显示在用户管理窗口的用户详细信息窗格中。

子任务 3　管理本地用户账户

用户账户创建成功后,如果需要对用户账户进行管理,需要打开如图 4-3 所示的计算机管理控制台用户管理界面,选择需要进行管理的用户账户,在对应用户账户的右键菜单或属性窗口中进行操作设置。

1. 重新命名用户账户

Windows Server 2008 允许重新命名用户账户,因为 SID 不会改变。用户要做的只是改变这个对象的某些属性值。

步骤如下:在计算机管理控制台的用户明细窗口,右键单击需要重新命名的用户账户,在弹出的菜单里单击重命名,如图 4-6 所示;或者直接单击用户名进行重命名,如图 4-7 所示。

图 4-6　用户账户右键菜单

图 4-7　重命名用户账户

2. 重新设置密码

当用户账户的密码由于某些原因泄露或者被粗心的使用者遗忘后,需要管理员及时重新设置密码。

步骤:在图 4-6 所示窗口的菜单里单击"设置密码",在密码设置窗口中输入新的密码,确认即可。

3. 删除用户账户

当用户账户确认不再使用后就可以进行删除操作。

步骤:在图 4-6 所示窗口的菜单里单击"删除"后,在确认窗口里确认即可删除此账户。

从常识上说,删除账户不能犹豫不决。一旦账户被删除,就不能再收回。SID 可以被追逐,但不能恢复。因此缺少恢复被删除文件这个特征,所以作为活动对象的用户账户和 SID 就永远丢失了。

可以考虑把特定期限(如 6 个月)内被禁用的账户删除。然而,建议除非有充足的理由删除账户,否则就保持其禁用状态。因为被删除的用户账户的使用人员通常会在 6 个月后返回,做类似的工作。这样就不得不再次恢复同样的用户账户,使其拥有与原用户账户相同的权限和许可、组成员资格等。所以,删除账户是无益之举。

4. 禁用用户账户或设置账户的全名和描述

如果想使一个账户失效,可以禁用此账户。

步骤:在如图 4-6 所示的窗口中单击账户的右键菜单"属性",打开用户账户的属性窗口,在"常规"选项卡窗口(如图 4-8 所示),选中"账户已禁用"即可。如需更改用户账户的全名和描述也在此完成,设置后单击"确定"按钮。

5. 维护用户账户所属的组

在"隶属于"选项卡可以维护用户账户所属的组(如图 4-9 所示)。

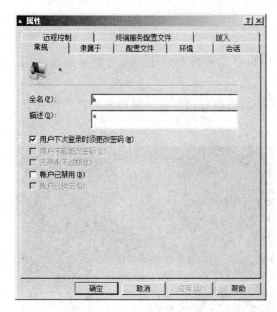

图 4-8　用户账户属性

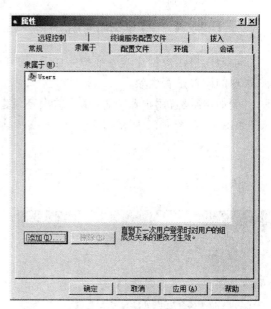

图 4-9　"隶属于"选项卡

隶属于:列出用户账户是其成员的组。

添加:单击此按钮,选择要将该用户账户添加到的组。

删除:从选定的组中删除用户。

6. 维护配置文件

在"配置文件"选项卡可以维护用户账户登录的配置(如图 4-10 所示)。

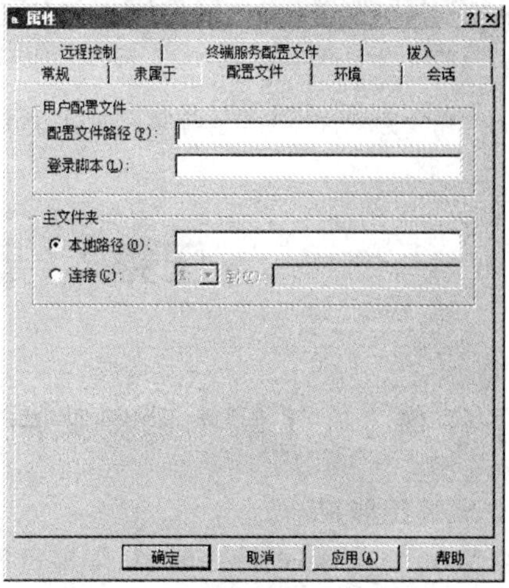

配置文件路径:在此处输入用户账户的用户配置文件路径。若要为选定的用户账户启用漫游或强制用户配置文件,用以下格式输入网络路径:\\server name\profiles folder name\user name,如 \\puma\profiles\davidp。

若要分配强制用户配置文件,用以下格式输

图 4-10　"配置文件"选项卡

入网络路径:\\server name\profiles folder name\user profile name,如 \\puma\profiles\clerks。

若要分配强制用户配置文件,还必须将预配置好的用户配置文件复制到此处指定的位置。

登录脚本:在此处输入登录脚本的名称,如果登录脚本位于默认登录脚本路径的子目录中,在文件名称前加上相对路径。

例如,若要指定存储在 \\ComputerName\Netlogon\FolderName 中的 Startup.bat 登录脚本,输入 FolderName\Startup.bat。

本地路径:将本地路径指定为主文件夹,输入本地路径,如 c:\users\rajeshp。

连接:将共享的网络目录指定为此用户的主文件夹,在菜单中选择驱动器号。

目的:在此处输入此用户的主文件夹的网络路径。

例如,可以指定驱动器 J,然后输入\\airedale\users\dorenap。

子任务 4 验证本地用户账户

本地用户账户创建或者维护完成后,就可以用来登录系统使用了。通过登录来验证用户账户的设置是否生效。

例如,当设置用户账户为"用户首次登录之前必须更改密码",登录时出现修改密码的窗口(如图 4-11、图 4-12 所示)。

图 4-11 用户账户首次登录必须更改密码窗口

图 4-12 设置新密码窗口

任务 2 管理本地组账户

子任务 1 了解本地组账户

1. 概述组账户

在 Windows Server 2008 中,管理员能够科学地创建和使用组,组的唯一用途是作为安全主体提供和控制对计算机和网络资源的访问。

组只是一个管理用户账户的容器。然而,组最重要的作用是用户可以把许可授权给它,而不必对每一个用户都授予许可。甚至唯一的管理员账户也被放进若干个组中,来获得对敏感资源和信息的访问。

2. 了解预定义组

当安装 Windows Server 2008 操作系统中的特定组件和特征时,系统会安装预定义组。仅仅安装操作系统带有的各项服务,并不能自动地同时安装所有的组。预定义组一般已经赋予了特别的管理或访问权力和权限。

组的创建是为了方便管理用户账户,它们有着广泛的用途。当计划在进行中时(计划永远不会完成),可能处于严密的安全需要创建新组。下面列出的预定义组并不全面,可以在"本地用户和组"管理单元列表中找到更多的组。同时,许多第三方应用软件也会创建对它们自己有特效的附加组。一些组件应用软件如数据库管理系统、CRM 和 ERP 就是很好的例子。

下面提供位于组文件夹中的默认组的描述,也列出了每个组的默认用户权利,这些用户权利是在本地安全策略中分配的。

1) Administrators

此组的成员具有对计算机的完全控制权限,并且他们可以根据需要向用户分配用户权利和访问控制权限。Administrator 账户是此组的默认成员。当计算机加入域中时,Domain Admins 组会自动添加到此组中。因为此组可以完全控制计算机,所以向其中添加用户时要特别谨慎。

拥有以下权利:

- 从网络访问此计算机;
- 调整进程的内存配额;
- 允许本地登录;
- 允许通过终端服务登录;
- 备份文件和目录;
- 跳过遍历检查;
- 更改系统时间;
- 更改时区;
- 创建页面文件;
- 创建全局对象;
- 创建符号链接;
- 调试程序;
- 从远程系统强制关机;
- 身份验证后模拟客户端;
- 提高日程安排的优先级;
- 装载和卸载设备驱动程序;
- 作为批处理作业登录;
- 管理审核和安全日志;
- 修改固件环境变量;

- 执行卷维护任务;
- 配置单一进程;
- 配置系统性能;
- 从扩展坞中取出计算机;
- 还原文件和目录;
- 关闭系统;
- 获得文件或其他对象的所有权。

2) Backup Operators

此组的成员可以备份和还原计算机上的文件,而不管保护这些文件的权限如何。这是因为执行备份任务的权利要高于所有文件权限。此组的成员无法更改安全设置。

拥有以下权利:

- 从网络访问此计算机;
- 允许本地登录;
- 备份文件和目录;
- 跳过遍历检查;
- 作为批处理作业登录;
- 还原文件和目录;
- 关闭系统。

3) Cryptographic Operators

已授权此组的成员执行加密操作。

没有默认的用户权利。

4) Distributed COM Users

允许此组的成员在计算机上启动、激活和使用 DCOM 对象。

没有默认的用户权利。

5) Guests

该组的成员拥有一个在登录时创建的临时配置文件,注销时此配置文件将被删除。来宾账户(默认情况下已禁用)也是该组的默认成员。

没有默认的用户权利。

6) IIS_IUSRS

这是 Internet 信息服务(IIS)使用的内置组。

没有默认的用户权利。

7) Network Configuration Operators

该组的成员可以更改 TCP/IP 设置,并且可以更新和发布 TCP/IP 地址。该组中没有默认的成员。

没有默认的用户权利。

8) Performance Log Users

该组的成员可以从本地计算机和远程客户端管理性能计数器、日志和警报,而不用成为 Administrators 组的成员。

没有默认的用户权利。

9) Performance Monitor Users

该组的成员可以从本地计算机和远程客户端监视性能计数器,而不用成为 Administrators 组或 Performance Log Users 组的成员。

没有默认的用户权利。

10) Power Users

默认情况下,该组的成员拥有不高于标准用户账户的用户权利或权限。在早期版本的 Windows 中,Power Users 组专门为用户提供特定的管理员权利和权限执行常见的系统任务。在此版本 Windows 中,标准用户账户具有执行最常见配置任务的能力,如更改时区。对于需要与早期版本的 Windows 相同的 Power User 权利和权限的旧应用程序,管理员可以应用一个安全模板,此模板可以启用 Power Users 组,以假设具有与早期版本的 Windows 相同的权利和权限。

没有默认的用户权利。

11) Remote Desktop Users

该组的成员可以远程登录计算机。

拥有的权利:允许通过终端服务登录。

12) Replicator

该组支持复制功能。Replicator 组的唯一成员应该是域用户账户,用于登录域控制器的复制器服务。不能将实际用户的用户账户添加到该组中。

没有默认的用户权利。

13) Users

该组的成员可以执行一些常见任务,如运行应用程序、使用本地和网络打印机以及锁定计算机。该组的成员无法共享目录或创建本地打印机。默认情况下,Domain Users、Authenticated Users 以及 Interactive 组是该组的成员。因此,在域中创建的任何用户账户都将成为该组的成员。

拥有以下权利:

- 从网络访问此计算机;
- 允许本地登录;
- 跳过遍历检查;
- 更改时区;
- 增加进程工作集;
- 从扩展坞中取出计算机;
- 关闭系统。

14) Print Operators

组成员可以在打印服务器上创建、删除和管理打印共享点。他们也可以关闭打印服务器。

系统安装是同时创建几个特殊组或称为系统组,这些组不能被编辑、禁用或删除,也没有添加成员的权限,它的成员由系统随时添加和删除。它们可以从共享文件、文件夹和许可列表中移走,但是在"本地用户和组"管理单元中并不可见。Windows Server 2008 把需要及时提供给安全子系统的对象存储在这些组中。

（1）Everyone(每一个人组)：这个组意思是正在使用计算机和网络的每一个人。只需允许这个对象共享，所有用户就可以访问这个对象，即使是一个来自于遥远星球的外星操作系统的账户。只要他们存在，就能够访问这个对象，因此建议将 Everyone 组从用户资源中删除，而使用 Users 组(包括 Domain user)。无论何时得到命令把某人从公开的共享资源中删除，只需把他从 Domain User 的 Users 组中剔除即可。

（2）Interactive(交互组)：成员为所有正在使用计算机的本地用户账户。

（3）Network(网络组)：在网络上和计算机相连的所有用户，Network 组和 Interactive 组结合形成了 Everyone 组。

（4）System(系统组)：这个组包括特定的组、账户和操作系统所依赖的资源。

（5）Creator Owner(创建者拥有者组)：这个组包括拥有者和(或)文件夹、文件和打印作业的创建者。

子任务 2　建立本地组账户

创建组账户步骤如下。

（1）打开计算机管理控制台，展开"本地用户和组"管理单元，右键单击"组"，如图 4-13 所示；或单击"组"后在右侧组的明细窗口空白位置右键单击。

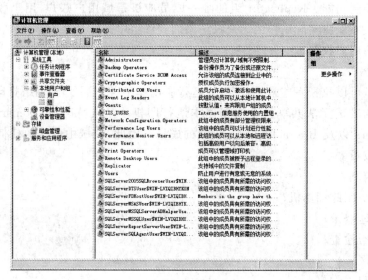

图 4-13　组管理窗口

（2）在弹出的菜单里单击"新组"，如图 4-14 所示。在新建组窗口中(如图 4-15 所示)输入组名和关于组的描述即可，如果需要管理组的成员，单击右下角"添加"按钮，添加成员；单击"删除"按钮删除选定的成员。

图 4-14　计算机管理控制台"组"　　　　　　　　　　图 4-15　新建组

子任务 3　管理本地组账户

本地组创建完成后,需要管理本地组的成员时有两种方式。

第一种是在用户账户属性窗口的"隶属于"选项卡上,单击左下角的"添加"按钮,打开选择组窗口,如图 4-16 所示,在输入对象名称框中输入组名,多个组名用";"分隔。

如果不直接输入组名而是选择组名,可以单击选择组窗口左下角的"高级"按钮,打开选择组的高级窗口(如图 4-17 所示),单击"立即查找(N)..."按钮查找存在的组,在查找结果列表上选中相应的组账户,双击或单击后单击"确定"按钮。

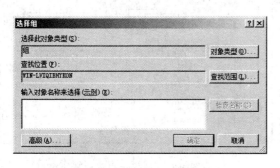

图 4-16　选择组窗口　　　　　　　　　　图 4-17　选择组的高级窗口

第二种是在组账户的属性窗口里添加成员,成员可以是用户账户或者系统组。步骤如下。

(1)在组账户明细窗口中的相应组账户上单击右键,在弹出的菜单中单击"添加到组"或"属性",如图 4-18 所示。

（2）打开组账户的属性窗口，如图 4-19 所示。在此能够看到已经存在的成员，添加成员要单击左下角的"添加(D)..."按钮，打开选择用户窗口，如图 4-20 所示。

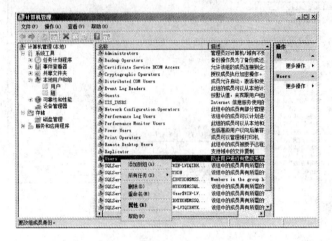

图 4-18　打开组账户的属性

图 4-19　组账户属性

（3）在选择用户窗口中输入要添加的用户账户或组账户，多个账户之间用";"分隔。

（4）如果需要查找用户账户或系统组账户，单击图 4-20 左下角的"高级(A)..."按钮，打开选择用户的高级窗口(如图 4-21 所示)，单击"立即查找(N)..."按钮查找存在的用户账户和组账户，在查找结果列表上选中相应的用户账户或组账户，双击或单击后单击"确定"按钮。

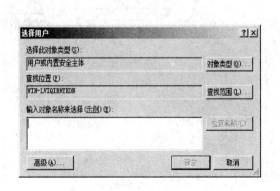

图 4-20　选择用户账户窗口

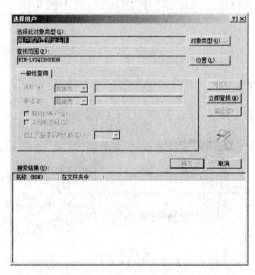

图 4-21　选择用户账户高级窗口

子任务 4　验证组账户权限的继承

新建立的用户账户默认属于 Users 组，登录后桌面如图 4-22 所示，默认情况下，所有需要管理权利运行的任务都需要账户权利许可确认(如图 4-23 所示)。

图 4-22　普通用户账户登录桌面　　　　图 4-23　服务程序的运行权限许可界面

当把新建立的普通账户加入到 Administrators 组之后,再次登录就会自动打开服务器管理器界面(如图 4-24 所示),行使服务器管理的权利。

图 4-24　登录后默认打开的服务器管理器窗口

验证了用户账户通过加入相应的组后就获得了相应的权利(或者成为权限)。

任务 3　了解管理用户账户和组账户的基本原则

管理用户账户要求很高,它需要管理员具有果断的性格。被大家认可能管理一个小组(如 25 人)不是一件难事,但是随着用户数量的增加,任务会变得越来越复杂,需要借助于网络完成工作。因此管理员或用户管理者的生活是一项永不终止的对容忍力、自信、专心和领悟力的训练,管理员对管理技能的悟性越少,能够削减的工作就越多。

子任务 1　了解委托责任

管理策略和更改控制的最好方法是邀请部门领导和小组负责人参加进来。考虑到这一点,进行委托时应该考虑以下几项。

(1) 各部门领导是否需要新职责? 它们是否有太多的负担而回避管理自己的组的意见? 他们是否有足够的权限去管理同级人员?

(2) 如果策略规定他们必须参与,那么新的主动权下的管理是否能执行策略?

一旦部门领导同意参与管理各自的组,他们是否必须把管理职责委托给需要一些管理培训的人员?

(3) Windows Server 2008 下改变用户和组的管理尤为重要,因为随着管理权限的转移,权限变得分散起来,甚至在中心位置也是如此。因此,非常有必要建立一个由人力资源部、信息系统安全委员会和网络管理员组成的许可申请委员会或用户访问申请委员会。

(4) 一旦新用户被清除,负责新用户工作的小组或个人应该收到来自人力资源部的用户和组账户申请。一封电子邮件或表格送到信息系统安全委员会的人员那里,他负责根据用户的基本需要,在它们被指派的组织单位中设置建立用户的运转步骤。信息系统安全委员会的人员能够获得公司里使用的所有资源的敏感信息。例如,他知道在某台服务器上何种共享代表什么,或者如何提供对 As400、远程访问服务器的访问等。

(5) 雇员和小组负责人也可以促进或请求对他们掌管的工作人员配置文件和权限进行更改。例如,如果一名用户升职或被指派新的管理职责,他(她)可能需要把特定的只读权利改为全面控制,或者删除、复制和移动文件的权利。这些申请者不需要知道自己处于哪个组中。人力资源部的管理员的工作是帮助部门让一名新雇员清除原有公司雇员的记录,并尽可能高效地使新雇员获得其工作所需要的全部资源。

(6) 信息系统安全委员会检查列表或账户申请和设置表格可能包含以下内容。

* 用户 ID(登录):jeffrey. shapiro@mcity. org
* 密码:依据系统或策略建立
* 设备:打印机、驱动器、扫描仪等
* 共享点:文件夹或目录共享
* 应用软件:能够使用哪些应用软件
* 工具:帮助、训练、设置工作站等
* 登录时间:登录日期和时间段
* 信息传递:电子邮件、语音邮件、传真邮件
* 组织单位或组:由人力资源部指派
* 描述用户需要和任何特殊情况

一旦完成这个列表(或长或短),就可交给各自组织单位中的负责用户账户创建的网络管理员或工程师。他不会询问怎样或者为何要建立该账户,以及指派了什么;他只管创建用户。

子任务 2　了解用户和组管理战略

什么是 TCO? 它代表 Total Cost of Ownership(总拥有成本)。简单地说,它表示计算

机、网络、应用软件即一个完整的 IT 部门的总成本。一旦获得财产,就必须对其进行管理、维护,所有维持系统运行的功能都会使 TCO 增大。

几乎所有此处所论述的项目都会影响 TCO。两种最基本的考虑是:管理组,而不是管理用户;拒绝新组的申请。

1. 管理组,而不要管理用户

不合理的用户管理会使 TCO 底线增高,所以无论在什么地方,都不要以个人身份去管理访问、安全需求和用户特权。但有时可能会有如下情况:管理员别无选择,只有提供给用户"直接"访问资源的权利,而不能首先把该用户添加到组中。如果这样做了,要尽可能保持这种状态的暂时性。然后尽快把这个用户添加到组中,消除单独的指派。

2. 拒绝新组的申请

需要学习的第一条规则是当处理新组申请时,要尽可能顽固和武断。每创建一个新组,就从以下方面增加了 TCO。

(1) 增加了网络和系统通信量。新组需要许可访问资源,需要活动目录中的存储空间,还需要被复制到域控制器和全局目录中等。

(2) 为少许需求创建组是一种浪费。如果两个组需要访问同一资源,如打印机,为何要允许两个组访问资源呢? 只保留一个组,或者把所有需要同一级别访问的用户添加到这个组中,或者进行嵌套。

(3) 给自己添加了记载和维护组的工作。

为了减轻负担,在创建新组前,首先做以下工作。

(1) 核查内置组是否满足需要。为每一个小设备都创建一个组没有意义。例如,如果一个打印机对象容许所有访问,就没有必要为其创建另一个组(除非有特定的审计或安全需要)。

(2) 核查自己或他人以前创建的组是否能满足需要。十有八九会发现很多组已变为多余的,因为创建新组时,人们并不检查是否适合他们的组已经存在。

子任务 3　决定所需的访问和特权

从申请表格中,管理员应该能够确定用户或组的需要,用来决定采取何种组创建或管理的行动。如果发现必须返向申请人询问更多的信息,那就是表格做得不好或是申请人没有遵守协议。为了确定需求,需要以下信息。

(1) 访问应用程序和库:如果应用程序在服务器中或者用户是终端服务客户,它们将需要访问包含有应用程序的文件夹和共享资源。它们也需要访问策略和脚本文件夹、主目录、专门路径、附件(如对于 SQL 服务器)等。

(2) 访问数据:应用程序和用户需要访问数据,包括数据库表、独立数据文件、电子表格、FTP 站点、存储等。确定所需的数据以及如何才能更好地进行访问。

(3) 访问设备:用户和应用程序需要访问打印机、通信设备,如传真服务器和调制解调器池、扫描仪、CD 转换器等。所有的网络设备都被当做对象,对它们的访问也有许多控制。

(4) 通信:用户需要邮件服务器、语音信箱上和组件应用程序中的账户。

(5) 特权和登录权限:用户需要特定的权限和权利以便在最短的时间内有效地执行任务。

通常,很容易满足申请,例如,用户 A 需要一个账户,他需要被放入 B 组访问 C 共享资源。A 需要电子邮件,并且必须能够在白天或夜晚的任何时间拨号到 RAS 中去等。这并不是一个困难的申请,但是处理复杂的申请时,就需要得到尽可能多的信息。

子任务 4　确定安全等级

申请表格中关于用户及其访问资源所需的安全等级内容应当清晰。如果数据端是珍贵或者非常敏感的,则需要考虑核查对象,跟踪文件和文件夹访问等。所要保护的资源的等级和时间长度取决于每一个组织的需要。例如,可能考虑短期密码、限制登录时间、限制登录地点等。

子任务 5　保护资源和减轻本地组负担

组管理的最佳实践是从处理 Windows NT 的经验继承而来的。首先创建"门卫"组,它是控制资源访问的本地组,它还能为范围宽广的甚至控制严密的目的列出需要列出的资源。然后在本地组中嵌套全局组和通用组(如果在本地模式下),用以提供二级访问控制和许可。

创建门卫组织的实践有利于职责授权和实行分散管理模式,当然这种分散仍然是安全和可以控制的。指派人员管理本地组,他只需在接受申请时接纳全局组和通用组,然后把全局组的成员资格指派给部门或组织单位管理员。

项目小结

本项目结合一个小型企业的案例学习了 Windows Server 2008 系统本地用户账户和组账户的管理基本技能,了解了 Windows Server 2008 系统管理用户账户和组账户的基本原则。

实训练习

实训目的:掌握 Windows Server 2008 系统本地用户账户和组账户的管理基本技能。
实训内容:Windows Server 2008 系统本地用户账户和组账户的建立和维护。
实训步骤:
(1) 尝试利用多种方式打开"计算机管理控制台"窗口。
(2) 在"用户和组"中找到用户和组。
(3) 分别建立用户账户和组账户。
(4) 对新建立用户账户和组账户进行基本的配置管理。
(5) 观察系统预定义的用户账户和组账户,了解怎样规范管理工作。

复习题

1. 什么是本地用户账户? Windows Server 2008 系统有哪些预定义的用户账户?
2. 预定义的组账户有哪些? 各有什么权限指派?
3. 观察实际的系统,特殊组或称系统组有哪些? 它们的成员管理有什么特殊?
4. 什么是委托责任?
5. 组的创建和成员管理需要考虑的因素有哪些?

项目 5 管理 Windows Server 2008 文件和文件夹资源

项目学习目标

- 了解和使用 NTFS 权限。
- 了解 NTFS 权限的几种重要特性。
- 掌握共享文件夹的创建与访问。
- 掌握共享权限的设置。
- 掌握文件的压缩属性和加密属性的设置。
- 掌握磁盘的配额管理。

案例情境

这是一家集生产、销售、管理、售后服务于一体的综合性企业,办公用计算机 300 多台,服务器 3 台。组建企业网络的主要目的就是实现资源共享,以便各部门之间更好地协作,但这些必须建立在确保信息安全的基础上。目前,该企业网络在文件资源管理方面存在的主要问题就是管理混乱,存在诸多安全隐患。例如,网络中部署的文件服务器未能被很好地利用,客户端搜索资源的第一目标是 Internet,而并非局域网中的文件服务器。另外,文件服务器上的共享资源访问权限管理过于宽松,为了确保文件资源的安全,应针对不同的用户账户分配不同的访问权限。

项目需求

专业的文件资源管理系统固然可以解决企业网络在文件管理方面存在的问题,但需要投入的人力、物力也是相当惊人的。由于 Windows Server 2008 系统本身就以高安全性见长,直接借助系统本身提供的 NTFS 权限配置,即可确保服务器本地文件资源的访问安全。对于文件服务器上的共享资源,则可以通过配置共享资源访问权限或者共享访问权限结合 NTFS 权限,以确保其安全。

利用这些手段,文件能够被安全地访问和有效地存储。利用 NTFS 权限来限制对文件资源的访问,利用共享权限限制对共享资源的访问,利用 NTFS 文件系统的高级特性设置文件的加密和压缩的存储属性,以及利用磁盘配额监视和控制单个用户使用的磁盘空间量。

实施方案

在企业网络中,文件资源管理的目标是在确保存储安全的基础上实现全企业数据资源的交流和共享。鉴于企业网络在文件资源管理方面存在的问题,可以通过如下方案解决。

对企业网络中的文件资源进行分类。分别为每一类文件配置 NTFS 权限,根据用户或用户组管理职能的不同,赋予其不同的权限访问。例如,个人信息文件夹仅允许其对应的用户账户访问。

为共享文件夹配置共享的访问权限。共享文件夹权限主要针对于通过网络方式访问共享资源的用户账户,通常情况下对普通用户只赋予"读取"权限即可,必要情况下,可以赋予部分管理员用户"更改"权限,切记不要轻易赋予用户"完全控制"权限。

对于特殊文件资源综合配置 NTFS 权限和共享访问权限。有些用户账户既可以登录文件服务器又可以通过网络访问文件服务器的共享资源,由于用户以本地登录方式登录到文件服务器时,对其配置的共享访问权限将失效,因此可以同时为其分配 NTFS 访问权限,充分确保文件资源的访问安全。

针对用户对于服务器磁盘空间的利用率比较高,但是用户大部分存放的资料文件,资料文件的压缩率是比较高的,通过设置用户文件夹的压缩属性对用户使用的空间进行透明的压缩使用,既节省了磁盘空间,用户又不需要额外的操作;只是对大文件访问时有微小的延时,原因就是系统进行自动的压缩和解压缩操作。

针对个人用户在服务器上存放保密级别较高的资料,可以通过加密文件系统(EFS)来进行保护,就是设置特定文件或文件夹的加密属性。

由于服务器的存储空间限制,不允许用户无节制地存放文件。Windows Server 2008 系统的 NTFS 文件系统提供了磁盘配额管理机制,可以提醒和限制用户对磁盘空间的占用。

任务 1　管理文件和文件夹权限

子任务 1　了解文件和文件夹权限

1. 什么是 NTFS

Windows 2000 的系列产品中添加了与 Windows 98 及以前的 Windows 版本不同的一个特性,那就是 NTFS 权限。由于有了这个特性,在 Windows 2000 系列的操作系统中就可以实现文件夹及文件级别的安全控制,这不同于 Windows 以前版本中的账号和密码。在以前的版本中,只要具有了账号和密码,就可以对计算机完全控制,而无法实现对某个账户只允许读取某个文件夹或者某个文件的更具体的限制。而在 Windows 2000 以后的产品中,利用 NTFS 文件系统就可以做到这一点。那么 NTFS 是什么? 它又是如何实现这些功能的? 这将在本章中逐步进行介绍。

NTFS(NT File System)文件系统,是一种硬盘上存储信息的格式,它规定了计算机对文件和文件夹进行操作处理的各种标准和机制。它具有文件系统最基本的功能,同时又比以往的文件系统具有更高的性能。NTFS 文件系统是随着 1996 年 7 月的 Windows NT 4.0 诞生的,但直到 Windows 2000,其在个人用户中间才得以推广,跨入了主力文件系统的行列。当前的 Windows XP/2003 和 NTFS 早已是"如胶似漆"了。除了 NTFS 外,FAT16 和 FAT32 也是目前比较常见的文件系统,但是它们分别支持的操作系统不同,大致可总结如下:

- FAT16 支持 Windows 95/98/me/NT/2000/2003 系列/XP,DOS;
- FAT32 支持 Windows 95/98/me/2000 系列/XP;
- NTFS 支持 Windows NT/2000/2003/2008 系列/XP。

NTFS 是微软 Windows NT 内核的系列操作系统支持的,一个特别为网络和磁盘配额、文件加密等管理安全特性设计的文件系统。NTFS 以簇为单位来存储数据文件,但 NTFS 中簇的大小并不依赖于磁盘或分区的大小。簇尺寸的缩小不但降低了磁盘空间的浪费,还减少了产生磁盘碎片的可能。NTFS 支持文件的加密和权限管理功能,可为用户提供更高层次的安全保证。

NTFS 文件系统与 FAT16 和 FAT32 相比具有几下几点重要的优势。

- 数据的可恢复性

由于 NTFS 对关键文件系统的系统信息采用了冗余存储,即使磁盘上的某个扇区损坏时,NTFS 仍可以访问该卷上的关键数据。另外,NTFS 文件系统还采用了基于事务处理模式的日志记录技术(Transaction Logging and Recovery Techniques),成功保证了 NTFS 卷的一致性,实现了文件系统的可恢复性。

- 文件与文件夹级别的安全性

NTFS 文件系统能够将访问控制权限指派到文件(文件夹)级别,使得用户对系统资源的使用限制做得更具体。同时,它还提供了一种文件系统的加密技术(EFS),在不需要任何第三方软件的情况下就可以为 NTFS 文件系统中的文件进行加密。

- 增强的存储管理能力

更好的伸缩性使扩展为大驱动器成为可能。NTFS 的最大分区或卷比 FAT 的最大分区或卷大得多,当卷或分区大小增加时,NTFS 的性能不会降低,而在此情形下的 FAT 的性能会降低。同时,NTFS 分区还支持磁盘配额,可以监视和控制单个用户使用的磁盘空间的量。此外,NTFS 分区还具有压缩功能,包括压缩或解压缩驱动器、文件夹或者特定文件。

- 用户权限的累加性

在 NTFS 分区上,可以针对某一系统资源为用户和组分配权限。如果一个用户被分配多种权限或属于多个组,则该用户对该资源的权限可以按照一定的规则进行累加,从而得出最终的有效权限。

2. NTFS 权限的定义

权限是一种被赋予的职能权利范围。NTFS 权限是 NTFS 文件系统提供的权限,这也是 NTFS 优于其他文件系统的一个重要表现。NTFS 权限是 Windows 系统应用权限的一种重要手段,它是为了更好地管理对系统资源的访问和使用,降低了非法使用系统资源的风险。因此可以这样理解 NTFS 权限的概念:它是一种被授予给用户或组的对某种系统资源的访问类型。通过获得相应的权限,用户就获得了某种操作许可。例如,某用户获得了对某个文件的读权限,则该用户就可以查看该文件的内容。

NTFS 权限可以从两个方面理解:首先,它像交给用户的一把钥匙,有了它用户就可以执行某种操作;其次,它又像一把锁,锁住了该指定权限之外的任何其他操作。正如上面提到的那个例子一样,在用户获得了对文件执行读操作的同时,又限制了该用户对这个文件的任何其他操作。

NTFS 权限对 Windows 系统的安全性起了很大的保障作用,它的分配和使用主要涉及两种事物,即附加权限的对象和获得权限的对象。附加权限的对象可以是系统中任何受保护的系统资源,如文件、文件夹、打印机、共享、活动目录对象或注册表对象等。附加在每一个对象上的权限是不同的,这主要取决于对象的类型,在本章的其他章节将有详细介绍。但是有些权限是大部分对象共有的,如读权限、修改权限和删除权限。获得权限的对象是指权限被指派的目的地,它可以是本机上的系统用户和组,也可以是机器所在域中的域用户和组,或者是某些特殊标识符等。

子任务 2   设置文件和文件夹权限

1. 文件与文件夹的标准权限和特殊权限

根据权限设置的详细程度可以将 NTFS 权限分为标准权限和特殊权限两种。标准权限是几种常用的系统权限,而特殊权限是标准权限的细化或补充。这两类权限都可以用于NTFS 磁盘分区上的文件或文件夹的权限设置,只是两者稍有不同。

1)标准权限介绍

NTFS 文件系统中可以对文件设置 5 种标准权限:"完全控制"、"修改"、"读取及运行"、"读取"和"写入"。对文件夹可以设置 6 种标准权限,除上面 5 种权限外还有一个"列出文件夹目录"权限。如图 5-1 和图 5-2 所示。

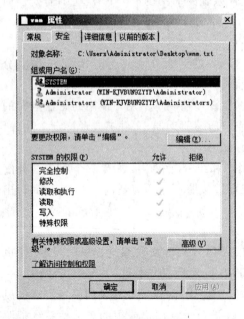

图 5-1   文件的标准权限

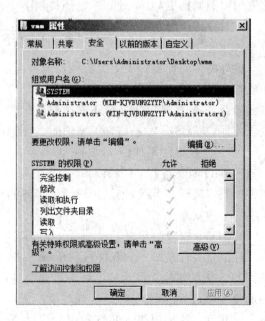

图 5-2   文件夹的标准权限

图 5-1、图 5-2 分别显示了 NTFS 分区中文件和文件夹的标准权限名称,其具体解释如表 5-1、表 5-2 所示。

表 5-1　文件标准权限的内容

NTFS 文件的标准权限	允许用户进行的操作
完全控制	对文件拥有所有的 NTFS 权限,可以执行任何操作
修改	除了具有写入、读取和运行权限外,还可以修改文件数据、修改文件名、删除文件
读取和运行	读取文件内容、运行应用程序
读取	读取文件内的数据,查看文件的属性、拥有者和权限设置
写入	覆盖文件的内容,修改文件属性,查看文件拥有者和权限设置

表 5-2　文件夹标准权限的内容

NTFS 文件夹的标准权限	允许用户进行的操作
完全控制	对文件夹拥有所有的 NTFS 权限,可以执行任何操作
修改	删除文件夹,重命名子文件夹,包含写入、读取和执行权限
读取和运行	读取和列出文件夹内容权限
列出文件夹目录	查看文件夹内的文件及子文件夹的名称
读取	查看当前文件夹下的文件和子文件夹,查看文件夹的属性、拥有者和权限设置
写入	创建新的文件和文件夹,修改文件夹属性,查看文件夹拥有者和权限设置

2) 特殊权限介绍

在图 5-1 和图 5-2 列出的文件和文件夹的标准权限的图示中的最下面都有一个"特别的权限",它表示还可以为文件和文件夹设置一些更特殊的权限。

在 Windows 系统中提供了一些特殊的 NTFS 权限,作为这几种标准权限的补充和细化。例如在特殊 NTFS 权限中把标准权限中的"读取"权限分为"读取数据"、"读取属性"、"读取扩展属性"和"读取权限"四种更加具体的权限。

在图 5-1 或图 5-2 所示的对话框中单击"高级"按钮,将弹出"×××的高级安全设置"对话框,如图 5-3 所示。

在该对话框的"权限"选项卡中显示了当前文件或文件夹的相关用户及其所持有的标准权限。若要查看某个标准权限对应的是哪些特殊权限,或对某标准权限进行更加详细的权限设置,单击"编辑"按钮,进入"×××的权限项目"对话框,如图 5-4 所示。在该对话框中列出了所有的特殊权限选项,可以通过单击允许或拒绝复选框,来设置该特殊权限的有效性。

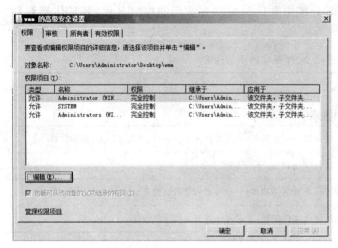 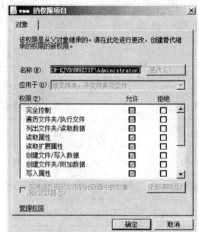

图 5-3   高级安全设置对话框   图 5-4   权限项目对话框

从图 5-4 可以看出任何一个标准权限都是这些特殊权限的组合,接下来将详细介绍这些特殊 NTFS 权限的功能。

(1) 完全控制

拥有以下所有的权限,对文件或文件夹可以执行任何操作。

(2) 遍历文件夹/运行文件

"遍历文件夹"可以让用户即使在无权访问某个文件夹的情况下,仍然可以切换到该文件夹内。这个权限设置只适用于文件夹,不适用于文件。只有当组或用户在"组策略"中没有赋予"绕过遍历检查"用户权力时,对文件夹的遍历才会生效。默认情况下,everyone 组具有"绕过遍历检查"的用户权力,所以此处的"遍历文件夹"权限设置不起作用。"运行文件"让用户可以运行程序文件,该权限设置只适用于文件,不适用于文件夹。

(3) 列出文件夹/读取数据

"列出文件夹"让用户可以查看该文件夹内的文件名称与子文件夹的名称。"读取数据"让用户可以查看文件内的数据。

(4) 读取属性

该权限让用户可以查看文件夹或文件的属性,如只读、隐藏等属性。

(5) 读取扩展属性

该权限让用户可以查看文件夹或文件的扩展属性。扩展属性是由应用程序自行定义的,不同的应用程序可能有不同的设置。

(6) 创建文件/写入数据

"创建文件"让用户可以在文件夹内创建文件。"写入数据"让用户能够更改文件内的数据。

(7) 创建文件夹/附加数据

"创建文件夹"让用户可以在文件夹内创建子文件夹。"附加数据"让用户可以在文件的后面添加数据,但是无法更改、删除、覆盖原有的数据。

（8）写入属性

该权限让用户可以更改文件夹或文件的属性，如只读、隐藏等属性。

（9）写入扩展属性

该权限让用户可以更改文件夹或文件的扩展属性。扩展属性是由应用程序自行定义的，不同的应用程序可能有不同的设置。

（10）删除子文件夹及文件

该权限让用户可以删除该文件夹内的子文件夹与文件，即使用户对这个子文件夹或文件没有"删除"的权限，也可以将其删除。

（11）删除

该权限让用户可以删除该文件夹与文件。即使用户对该文件夹或文件没有"删除"的权限，但是只要他对其父文件夹具有"删除子文件夹及文件"的权限，还是可以删除该文件夹或文件。

（12）读取权限

该权限让用户可以读取文件夹或文件的权限设置。

（13）更改权限

该权限让用户可以更改文件夹或文件的权限设置。

（14）取得所有权

NTFS 磁盘分区内，每个文件与文件夹都有其"所有者"，系统默认是建立文件或文件夹的用户，就是该文件或文件夹的所有者，所有者永远具有更改该文件或文件夹的权限能力。"取得所有权"的权限可以让用户夺取文件夹或文件的所有权。

Windows 系统中的文件或文件夹的所有者是可以转移的，是由其他用户来实现转移的。转移者必须有以下权限：

- 拥有"取得所有权"的特殊权限；
- 拥有"更改权限"的特殊权限；
- 拥有"完全控制"的标准权限；
- 任何一个 Administrators 组的用户，无论对该文件或文件夹拥有哪种权限，他永远具有夺取所有权的能力。

2. 设置文件与文件夹的 NTFS 权限

可以将文件和文件夹的标准权限和特殊权限指派给用户或组，用来实现一定的操作限制。

1）标准权限的设置

将文件或文件夹的标准权限指派给用户或组的步骤大致如下。

（1）找到要进行权限设置的文件或文件夹，右键单击，然后选择属性。

（2）打开对象的属性窗口后，选择安全选项卡，在此对话框中列出了现有用户和组的权限设置情况，如图 5-5 所示。

（3）默认情况下已经存在 Administrators、System、Administrator 三个组的权限。由于它们的权限是继承了上一层的权限，不能直接修改，若要更改则要单击"高级"按钮，在权限设置选项卡中清除"允许将来自父系的可继承权限传播给该对象"，

（4）添加用户。在上图中单击"添加"按钮弹出对话框如图 5-6 所示。

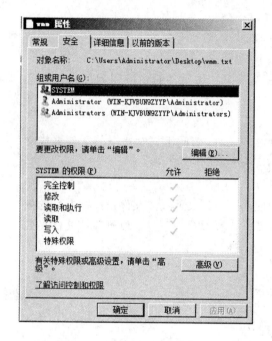

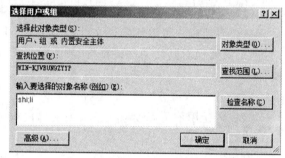

图 5-5　文件安全选项卡　　　　　　　图 5-6　选择用户或组

在该对话框中输入要添加的用户或组,可以单击"检查名称"按钮检验所输入的用户名或组名是否正确,单击"确定"按钮后返回如图 5-5 所示的对话框,此时在用户列表中可以看到刚才添加的用户和组,如图 5-7 所示。

(5)设置权限。在图 5-7 对话框的上部分选中新添加的用户(组),在下部分选择为该用户指定的权限名,单击它所对应的"允许"按钮或"拒绝"按钮分配权限,表示允许该用户执行权限相对应的操作,或不允许执行相应的操作。

(6)删除用户及其权限。在图 5-7 中选中某个用户(组)后,单击"删除"按钮。

(7)以新添加的权限用户(如本例中用户 shi)登录计算机,可以验证刚才设置权限的有效性。

(8)上面的步骤是以文件为例说明标准权限的设置过程,为文件夹设置标准权限的步骤相同,只是在安全选项卡中列出的权限名稍有不同。

2)特殊权限的设置

将文件或文件夹的特殊权限指派给用户或组的步骤大致如下。

(1)在图 5-7 的文件属性对话框的"安全"选项卡中单击"高级"按钮,打开权限的高级安全设置对话框如图 5-8 所示。

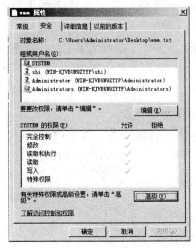
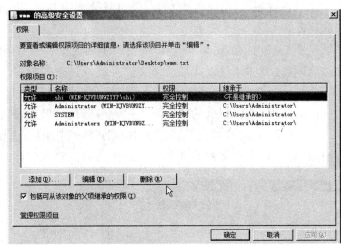

图 5-7　文件属性对话框　　　　图 5-8　权限高级安全设置

（2）为现有的标准权限重新指派特殊权限。选中某个标准权限单击"编辑"按钮进入图 5-9，在该对话框中指派特殊权限项。可以单击"全部清除"按钮，清除已分配的特殊权限后，重新分配权限项。

（3）在图 5-8 中可以单击"添加"按钮，添加新的用户和他的特殊权限。

（4）在图 5-8 中可以单击"删除"按钮，删除现有权限用户。

（5）以新添加的权限用户登录计算机，验证特殊权限的有效性。

（6）上面的步骤是以文件为例说明特殊权限的设置过程。为文件夹设置特殊权限的步骤相同，只是在权限项列表中的特殊权限名不同。

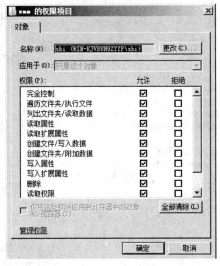

图 5-9　特殊权限

子任务 3　管理文件和文件夹权限

1. NTFS 权限的重要特性

在 Windows 系统中应用 NTFS 文件系统进行权限管理有以下几点重要特性（原则）值得注意，利用它们才能计算出组合后的有效权限。

1）NTFS 权限的继承性

NTFS 权限的首要特性就是继承性，它是指对父文件夹（上层目录）设置权限后，在该文件夹中创建的新文件和子文件夹将继承这些权限。

如果在查看文件(文件夹)的权限时复选框为灰色,则表示该权限是从父文件夹继承过来的权限。如图 5-10 所示。

在图 5-10 中的 Administrators 用户组的完全控制权限的"允许"按钮均为灰色,并且不允许修改,这表明该权限就是从父文件夹继承过来的权限。

文件(夹)从父文件夹继承权限可以简化权限的设置过程,但如果不希望与父文件夹具有相同的权限设置,那么就应该阻止这种继承性的发生,具体操作如下。

(1) 在图 5-10 中单击"高级"按钮,则进入权限的高级设计窗口如图 5-8 所示,在图 5-8 中清除"允许将来自父系的可继承权限传播给该对象",此时将弹出对话框如图 5-11 所示。

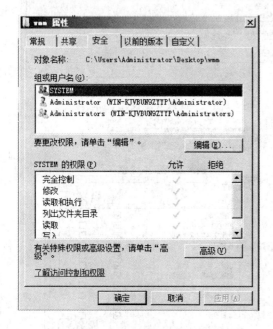

图 5-10　安全选项卡

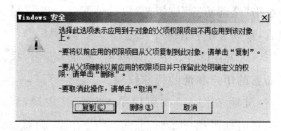

图 5-11　打破继承对话框

(2) 在该窗口中若选择"复制"按钮表示:允许将来自父文件夹的可继承权限传播给该子对象,也就是说子对象获得了父对象继承过来的权限。同时子对象可以对这些权限进行修改,返回到图 5-10 后,可以看到这些权限不再是灰色的。

(3) 在该窗口中若选择"删除"按钮表示:删除所有从父文件夹继承过来的权限,只保留不是继承过来的那些权限。

(4) 单击"取消"按钮可以撤销本次操作。

2) NTFS 权限的累加性

如果一个用户同时在两个组或者多个组内,而各个组对同一个文件有不同的权限,那么这个用户对这个文件有什么权限呢? 简单地说,当一个用户属于多个组的时候,这个用户会得到各个组的累加权限,但是一旦有一个组的相应权限被拒绝,此用户的此权限也会被拒绝,这是由于拒绝权限的优先级较高引起的。

例如,有一个用户 user1,如果 user1 属于 group1 和 group2 两个组,group1 组对某文件有读取权限,group2 组对此文件有写入权限,user1 自己对此文件有修改权限,那么 user1 对此文件的最终权限为"读取＋写入＋修改"权限。

又如，用户 user2 同时属于组 group3 和 group4，而 group3 对某一文件或目录的访问权限为"只读"型的，group4 对这一文件或文件夹的访问权限为"完全控制"型的，则用户 user2 对该文件或文件夹的访问权限为两个组权限累加所得，即"只读"＋"完全控制"＝"完全控制"。实际上就是取其权限最大的那个。

总之，用户对资源的有效权限是分配给该个人用户账户和用户所属的组的所有权限的总和，拒绝权限除外。

3）NTFS 权限的优先性

NTFS 权限的优先性包含两个子特性：一是文件的访问权限优先其所在目录的权限，也就是说文件权限可以越过目录的权限，不顾上一级文件夹的设置；二是"拒绝"权限优先其他权限，也就是说"拒绝"权限可以越过其他所有权限。

（1）文件权限高于文件夹权限

NTFS 文件权限相对于 NTFS 文件夹权限具有优先权，假设用户能够访问某一文件，那么即使该文件位于该用户不具有访问权限的文件夹中，也可以进行访问。

注：条件是该文件没有继承它所属的文件夹的权限，否则上述结论不成立。

例如，用户 User1 对文件夹 Folder1 不具有访问权限，但对该文件夹下的文件 File1. txt 具有访问权限，但没有继承 Folder1 的权限。用户 User1 利用资源管理器无法打开 Folder1 文件夹，因此也无法访问文件 File1. txt，因为该用户对 Folder1 没有访问权限。但是若在运行框中输入文件的完整的路径来访问，如 e:\Folder1\File. txt，则可以打开该文件，因为用户对文件有直接访问权限。

（2）拒绝权限高于其他权限

拒绝权限分为显示拒绝和隐式拒绝。隐式拒绝是指在指派权限时未分配某些权限给用户，则这些权限对于该用户来说就是隐式拒绝权限，即不拥有这些访问权限。隐式拒绝权限的优先级最低，不会覆盖任何其他权限。显示拒绝是指选中某个权限项后面的"拒绝"框，表示不允许执行该权限指定的操作。显示拒绝的优先权最高，它能够抑制与其相对应的权限不被执行。

若一个组的成员有权访问文件夹或文件，但是该组被拒绝访问，那么该用户本来具有的所有权限都会被锁定而导致无法访问该文件夹或文件。也就是前面所说的权限累加性将失效。

例如，用户 User2 同时属于 Group1 组和 Group2 组。User2 用户对文件 File2 具有读取权限，Group1 组对文件 File2 具有写入权限，Group2 组对文件 File2 具有拒绝写入权限，则该用户就只有读取权限。

4）NTFS 权限的交叉性

交叉性是指当同一文件夹在为某一用户设置了共享权限的同时又为用户设置了该文件夹的访问权限，且所设权限不一致时，它的取舍原则是取两个权限的交集，也即最严格、最小的那种权限。例如，目录 A 为用户 User1 设置的共享权限为"只读"，同时目录 A 为用户 User1 设置的访问权限为"完全控制"，那用户 User1 的最终访问权限为"只读"。

关于共享权限的内容将在任务 2 中详细介绍。

2. 复制和移动操作对 NTFS 权限的影响

将文件（夹）复制或移动到某一目的文件夹时，NTFS 权限的变化将遵循以下原则。

　　(1) 文件从某文件夹复制到另一个文件夹时:由于文件的复制,相当于产生一个新文件,因此新文件的权限继承目的地的权限。

　　(2) 文件从某文件夹移动到另一个文件夹时,它分两种情况:

　　① 如果移动到同一磁盘分区的另一个文件夹内,则仍然保持原来的权限;

　　② 如果移动到另一个磁盘分区的某个文件夹内,则该文件将继承目的文件夹的权限。

　　(3) 将文件移动或复制到目的地的用户,将成为该文件的所有者。

　　(4) 文件夹的移动或复制与文件的移动或复制原理相同。

　　(5) 将 NTFS 磁盘分区的文件或文件夹移动或复制到 FAT/FAT32 磁盘分区下,NTFS 磁盘分区下的安全设置全部取消。

　　(6) 只有 Administrators 组内的成员才能有效地设置 NTFS 权限。

任务 2　管理共享文件夹

子任务 1　了解共享文件夹

　　资源共享是计算机网络的重要功能之一。在 Windows 系统中文件和文件夹资源可以共享以方便网络中的其他用户访问。共享文件夹是指已经被设置成共享的文件夹,它可以包含应用程序、公共数据、用户的个人资料等。

　　文件夹被共享后其里面的所有文件都被共享,但文件不能单独设置为共享,必须被包含在某个文件夹中。当复制或移动一个共享文件夹时其共享属性也会受到影响。复制一个共享文件夹时,会创建一个内容完全一样的新文件夹,它不会被共享,但原来文件夹的共享属性不变。当移动一个共享文件夹时,原来的共享属性将消失。

　　共享文件夹与普通文件夹相比,从图标上看是一个手托的文件夹图标。共享名可以与文件夹名相同也可以不同,并且一个文件夹可以具有多个共享名。有时,为了隐藏某一共享资源使其在“网上邻居”上不可见,可以在其共享名的后边加“＄”,如 C＄、D＄、print＄、ADMINS＄等。

子任务 2　创建共享文件夹

　　创建共享文件夹和驱动器必须是具有特殊权限的用户组成员才能完成。例如,在 Windows 的域控制器上必须是 Administrators(管理员组)或 Server Operators(服务器操作员组)的成员来完成;在 Windows 的成员服务器上必须是 Administrators(管理员组)或 Power Users(超级用户组)的成员来完成;普通用户在默认情况下没有共享资源的权利。

　　创建共享文件夹的操作比较简单,最常用的有三种方式。

　　1) 使用计算机控制台创建

　　单击“开始”,选择管理工具的“计算机管理”菜单项即可打开计算机管理窗口,如

图 5-12 所示。

在该窗口中的左侧选中"共享文件夹"选项，右侧将显示当前系统中已共享的所有资源，进一步展开"共享"子项，则右侧将显示已经共享的所有共享文件夹和驱动器的信息。

右击"共享"子项，选中"新建共享"，打开"共享文件夹向导"窗口。用户可以在该向导的引导下逐步完成操作。首先选择需要共享的文件夹路径和文件夹名，然后再为该共享资源输入共享名，最后设置相应的共享权限即可。

2）使用共享和存储管理

单击"开始"，选择管理工具的"共享和存储管理"菜单项，右键单击"共享和存储管理"，选择"设置共享"，浏览要共享的文件夹或驱动器，打开如图 5-13 所示的对话框。

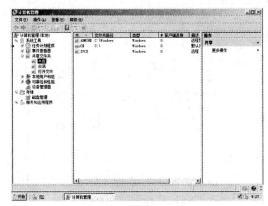

图 5-12　计算机管理

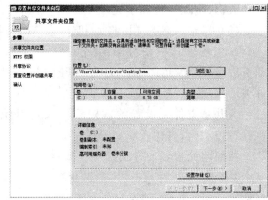

图 5-13　共享窗口

然后选择"下一步"按钮，进行 NTFS 权限的设置，由于前边的内容已论述 NTFS 权限的设置，此处默认单击"下一步"按钮，再单击"下一步"按钮，可进行共享协议的设置等。

3）使用命令行

除了在图形窗口下创建共享以外，还可以利用 Net Share 命令行创建、删除或显示共享资源。它的命令格式是：

NET SHARE sharename＝ drive:path [/USERS:number ｜ /UNLIMITED] [/RE-MARK:"text"]

该命令行中的参数如下：

- 输入不带参数的 net share 显示本地计算机上所有共享资源的信息；
- sharename 是用户指定的共享名；
- drive:path 指定共享目录的绝对路径；
- users:number 设置可同时访问共享资源的最大用户数；
- unlimited 不限制同时访问共享资源的用户数；
- remark:"text"添加关于资源的注释，注释文字用引号引住。

例如，net share aa1＝e:\ aa /users:5 /remark:"my first sharename"，则该命令为 e 驱动器的 aa 文件夹创建了一个共享为 aa1，同时访问用户最大量为 5，并设置相应的注释信息。

子任务 3　管理共享文件夹

1. 共享权限的设置

共享权限是指通过网络访问共享资源时需要的权限,对于本地登录系统的用户不起作用。共享权限分为以下三种。

(1) 读取权限:允许具有该权限的网络用户查看文件名和子文件夹名、文件中的数据和属性、运行应用程序。

(2) 更改权限:允许具有该权限的网络用户向共享文件夹中创建文件和子文件夹、修改文件中的数据、删除文件和子文件夹。

(3) 完全控制权限:将本机上的 Administrators 组的默认权限分给网络用户,包含读取和更改权限,并允许用户更改 NTFS 文件和文件夹的权限。

为共享文件夹设置共享权限可以利用计算机管理控制台,具体操作如下。

按照前面提到的方法打开管理控制台,选中某个共享文件夹后,右键单击选择“属性”,打开属性窗口后,再选择“共享”标签,单击“高级共享”,勾选“共享文件夹”选项,单击“权限”,如图 5-14 所示。

图 5-14　共享权限窗口

在上述窗口中可以修改现有用户的共享权限,也可以单击“添加”按钮添加新的网络用户及其共享权限,还可以选中某个用户删除其共享权限。具体操作同 NTFS 权限设置过程。

2. 共享权限和 NTFS 权限的组合

在 NTFS 文件系统的分区中,如果某一文件夹在为某一用户设置了共享权限的同时又为该用户设置了 NTFS 的本地访问权限,但设置的权限不一致,那么该用户对该文件夹的最终有效权限是什么? 要回答这个问题可以从以下两个方面考虑:

- 如果该用户从本地机登录访问该文件夹,则只有本地的 NTFS 权限有效;
- 如果该用户从网络中的其他机器登录访问该文件夹,则本地的 NTFS 权限和共享权限共同起作用,最终的有效权限取两个权限的交集,即最严格、最小的那种权限。

当然如果是 FAT 和 FAT32 文件系统中的文件夹,只有共享权限没有 NTFS 本地权限,也就是说如果用户从本机登录访问文件夹时不受任何权限的影响,但从网络登录访问共享文件夹时只受到共享权限的影响。

注意:一个文件夹的共享权限默认是“Everyone 组具有只读的权限”,如果希望具有其他的共享权限,必须进行修改或添加新的共享权限。

子任务 4　共享文件夹的访问与发布

1. 共享文件夹的访问

创建了共享文件夹后,可以从网络中的其他计算机远程访问,常用的访问方法如下。

1) 使用网上邻居进行访问

从所登录的计算机上打开网上邻居,此时将列出当前机器能连接到的所有计算机列表,然后双击共享文件夹所在的计算机图标,将出现该计算机中的所有共享的资源列表,最后单击所需要的共享文件夹即可。

使用这种方法比较直观、操作简单,但速度比其他方法要慢。因为在查找目标计算机时使用的是广播的形式,尤其是网络中的计算机数量较多时,这种方法效率更低。

2) 使用 UNC 路径进行访问

UNC (Universal Naming Convention)即通用命名规则,也叫通用命名标准、通用命名约定,是网络中资源的通用命名格式。它的语法是:\\servername\sharename 格式,其中 servername 是服务器名,sharename 是共享资源的名称。例如,\\TeacherComputer\Resource 表示计算机 TeacherComputer 中的 Resource 共享资源。

UNC 名称中可以包括共享名称下的下一级文件或目录路径,格式为 \\servername\sharename\directory\filename,如\\TeacherComputer\Resource\DataFile 文件。

3) 映射网络驱动器进行访问

对于经常访问的共享资源可以将其映射为本地的一个网络驱动器,这样用起来更方便、快捷。具体操作是:右键单击"计算机",选择"映射网络驱动器"菜单项,将出现如图 5-15 所示的对话框。

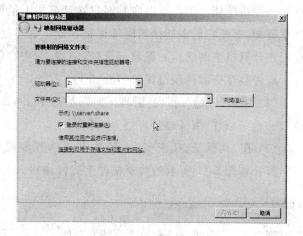

图 5-15　映射网络驱动器

在图 5-15 中选择网络驱动器的盘符,再输入所需要的共享资源的 UNC 路径,单击"完成"按钮即可。

2. 共享文件夹的发布

利用上述的三种方法可以访问到共享文件夹,但它们都有一个共同的缺点:作为使用者必须很清楚地了解共享资源的详细路径才可以。本节将介绍一种更方便的方式即发布共享资源,这样用户可以不知道资源具体所在的物理存储位置就可以访问到共享资源,而且即使共享资源的具体物理位置发生变化,对于用户来说也不受影响。

发布共享文件夹的常用方法有以下两种。

1) 使用计算机管理控制台发布

打开计算机管理控制台后,依次展开"系统工具"→"共享文件夹",右键单击要发布的共享名,然后选择"属性",打开属性窗口后,再选择"发布"选项卡,选中"在活动目录中发布这个共享"前面的复选框,最后单击"确定"按钮。

2）使用活动目录管理工具发布

打开活动目录（Active Directory）用户和计算机工具，在控制台树中，右键单击要在其中添加共享文件夹的容器，选择"新建"，然后单击"共享文件夹"，输入文件夹和网络路径的名称，并单击"确定"按钮即可。

当发布了一个共享文件夹后，它会变成计算机账号内的一个子对象。如果想在"活动目录用户和计算机"中查看到相应的内容，需要先选择"查看"菜单中的"将用户、组和计算机作为容器"选项，然后找到相应的计算机账号来查看已经发布的共享文件夹。

任务 3　配置脱机文件使用

子任务 1　配置共享资源的脱机可用性

使用"共享和存储管理"，可以配置共享文件夹或卷中的文件和程序是否可脱机使用以及如何脱机使用。用户可以在其客户端计算机上借助"脱机文件"功能使用服务器上存储的共享资源，即使它们未连接到网络也是如此。为了使共享网络资源可脱机使用，"脱机文件"在用户计算机上的磁盘的保留部分（本地缓存）中存储这些共享资源的版本。

配置共享资源的脱机设置步骤如下。

（1）单击"开始"，指向"管理工具"，然后单击"共享和存储管理"，打开如图 5-16 所示的窗口。也可以在"服务器管理器"中打开。

（2）在"共享"选项卡下，右键单击要为其配置脱机设置的共享文件夹，然后单击"属性"，打开如图 5-17 所示的共享文件夹属性窗口。

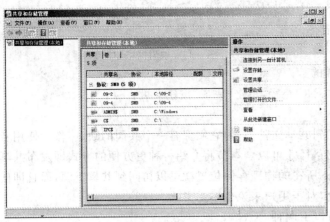

图 5-16　共享和存储管理

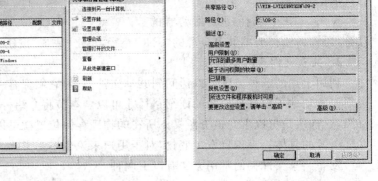

图 5-17　共享文件夹属性

（3）在"共享"选项卡上，单击"高级"按钮，打开如图 5-18 所示的高级属性窗口。

（4）在高级属性窗口的"缓存"选项卡上（如图 5-18 所示），根据需要配置脱机设置，然后单击"确定"按钮。

可以为每个共享资源选择以下脱机可用性选项之一。

① 仅用户指定的文件和程序可以脱机使用。这是设置共享资源时的默认选项。使用此选项时,默认情况下文件或程序都不能脱机使用,而且用户可以控制在未连接到网络时要访问哪些文件和程序。

② 用户从共享中打开的所有文件和程序均可自动脱机使用。当用户访问共享文件夹或卷并打开其中的文件或程序时,该文件或程序将自动可供该用户脱机使用。未打开的文件和程序不能脱机使用。

如果选中"已进行性能优化"复选框,则通过客户端计算机从共享资源中运行的

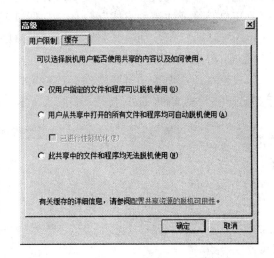

图 5-18　缓存选项卡

可执行文件(EXE、DLL)将自动在该客户端计算机上缓存。下次客户端计算机需要运行这些相同的可执行文件时,它将访问本地缓存,而不是服务器上的共享资源。此选项对于承载应用程序的文件服务器特别有用,因为它可以减少网络流量并提高服务器可伸缩性。

注意:

• 必须在客户端计算机上启用"脱机文件"功能,文件和程序才能自动缓存。

• "已进行性能优化"选项不会对 Windows Vista 客户端计算机造成任何影响。

③ 此共享中的文件和程序均无法脱机使用。此选项将阻止客户端计算机上的"脱机文件"功能创建共享资源中的文件和程序的副本。

警告:创建共享资源时,默认情况下允许脱机可用性,这意味着可以将安全的共享资源脱机存储在可能不安全的计算机上。为了获得最佳安全性,请不要允许用户脱机存储文件。如果允许脱机存储,应确保在 NTFS 文件系统上使用共享权限或访问控制适当地设置权限。

Administrators 中的成员身份或等效身份是完成此过程所需的最低要求。

子任务 2　配置客户端脱机时使用网络文件

即使在网络文件夹不可用时,也可以访问存储在网络文件夹中的文件。可以通过使文件夹在脱机时可用来执行此操作。使网络文件夹脱机时仍可用时,Windows 会将该文件夹中的所有文件复制到您的计算机。存储在计算机上的这些网络文件的副本称为脱机文件。任何时候 Windows 网络文件不可用,会自动使用脱机文件。这样即使在丢失到网络文件夹的连接时,也可以继续处理这些网络文件而不被中断。再次连接到网络文件夹时,Windows 会自动将计算机上的文件与网络文件夹中的文件同步。

设置 Windows XP 客户端的脱机文件夹,在 Windows 98/2000/NT/Vista/7/2008 中也都包含这种功能,设置过程类似。

首先,需要看一下"用户账户"里面的"快速切换"打开没有,因为在"快速切换用户"状态

下,不能够使用脱机文件夹了。关闭的方法是:在"控制面板"打开"用户账户"的对话框,在
"更改用户登录或注销的方式"窗口中(如图 5-19 所示)消除"使用快速用户切换"前的复选
框,单击"应用选项"按钮确认,然后关闭"用户账户"窗口。

接着,打开"我的电脑"窗口。单击打开窗口上的"工具"菜单,并选择"文件夹选项..."
命令,或者在控制面板中打开文件夹选项窗口。在"文件夹选项"对话框中,单击"脱机文件"
标签,打开"脱机文件"选项卡,如图 5-20 所示。

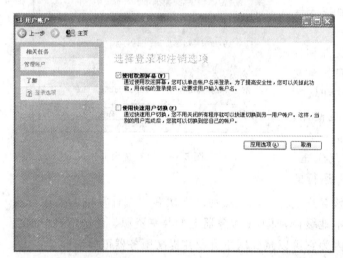
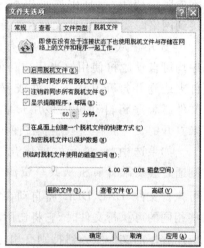

图 5-19　更改用户登录或注销的方式　　　　图 5-20　"脱机文件"选项卡

单击选中选项卡中的"启用脱机文件"的复选框后,该选项卡中的其他选项将显示为"可
选",可以作适当选择。禁用脱机文件时把"启用脱机文件"的复选框对勾去掉即可。

(1)"登录时同步所有脱机文件"和"注销时同步所有脱机文件"的选项选中后,计算机
在每次登录和注销时,就会自动进行同步,登录和注销时间会加长,使得每次关机和注销成
为一件非常令人心烦的事情,而且意义不大,所以建议不要选中。

(2)"显示提醒程序,每隔"选项,对处于网络连接不稳定的用户倒是有一点用处,当然
您如果是在一个网络连接良好的环境中,这个完全可以不选,因为每次要同步时,无须提醒
手动就可以完成。这里用户也可以根据自己的需要设置提醒时间的间隔,设为 120 分钟是
比较合适的。

(3)"在桌面上创建一个脱机文件的快捷方式"选项比较实用,用户可以直接从桌面上
进入脱机文件,非常方便,所以建议选中该选项。

(4)设置"供临时脱机文件使用的磁盘空间"大小是一件比较重要的事情。它的设置需要
考虑两个方面的因素:启动磁盘(安装系统的磁盘,一般为 C 盘)的现有空余空间和需要脱机的
文件的大小,根据这两个方面的情况拖动滑块设置一个比较合适的大小,以保存文件。

(5)"删除文件..."和"查看文件"按钮,在使用了脱机文件夹后可以对其中的文件进行
查看和删除。

(6)"高级"按钮可以设置当某一个设置了脱机文件夹的计算机脱机以后,如关机、死机、掉
线时,计算机将采取什么动作,这个按钮的实际用处其实也不是很大,用户可以不必深入了解。

设置好上面的选项,并确认保存设置退出以后,用户就可以在局域网中使用脱机文件夹了。

在 Windows 7 和 Windows 2008 系列产品中脱机文件设置单独放在控制面板中,双击"脱机文件",如图 5-21 所示,在脱机文件配置窗口中单击"禁用脱机文件"或"启用脱机文件"按钮即可。

图 5-21　Windows 7 脱机文件设置

子任务 3　配置脱机时使用的网络文件夹或文件

在客户端打开需要脱机使用的文件或文件夹,然后在该文件或文件夹上单击右键,在弹出的菜单中选中"允许脱机使用"命令(如图 5-22 所示),可能会出现脱机使用设置向导,根据需要设定选项,确认同步后(如图 5-23 所示),文件夹或者文件上将出现一个箭头符号,表明已经可以脱机使用了。

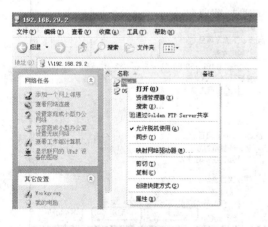
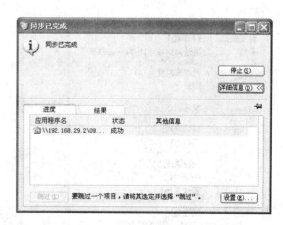

图 5-22　允许脱机使用文件夹或文件　　　　图 5-23　脱机文件同步完成

如果被选中的文件夹包括子文件夹,在脱机操作时将出现如图 5-24 所示的对话框,确认是否让所有的子文件夹在内都可以作为脱机使用。

同步更新的时间到了,就可以使用"同步"功能将脱机文件夹里的文件进行同步更新了。单击"我的电脑"窗口中的"工具/同步"可打开"同步管理器",可以在其中选择需要同步的项目,然后单击"同步"按钮,如图 5-25 所示。

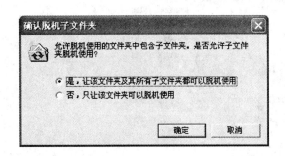

图 5-24　确认脱机使用　　　　　　　　　　图 5-25　同步管理器

也可随时在需要同步的文件夹或文件的右键菜单中单击"同步"(如图 5-26 所示)。

在同步管理器窗口单击"设置"按钮,打开同步设置窗口(如图 5-27 所示),可以设定选定项目的同步规划,如"登录注销"、"空闲状态"或按照计划。

图 5-26　文件或文件夹的同步　　　　　　　图 5-27　同步设置

　　按照上面的方法,用户可以将网络计算机中的任何一个文件设置为脱机文件,或者是将某一个文件夹中的所有文件设置为脱机文件。这样,在回家工作前,就可以容易地带着整个网络回家,完成工作之后,又可以轻松将其同步到公司。在网络连接不稳定的环境中,"网络断线"再也不会影响用户的工作和情绪了。

任务 4　设置文件(文件夹)的存储属性

子任务 1　设置文件(文件夹)的压缩属性

1. NTFS 压缩属性简介

　　NTFS 文件系统提供了对文件和文件夹压缩的高级特性,这样在不使用任何第三方压缩工具的情况下也可以方便地进行压缩操作,从而节省了存储空间的占用。NTFS 压缩属性的特征如下。

　　(1)该压缩属性只有 NTFS 文件系统具有,FAT 和 FAT32 分区中的文件(夹)只能通过其他方式压缩。

　　(2)NTFS 文件系统对磁盘空间的计算是基于非压缩文件的尺寸计算的。如果复制或移动一个压缩文件到 NTFS 分区时,系统会根据压缩前的文件大小来决定目标位置能否存储该资源。

　　(3)NTFS 压缩属性和 EFS 加密属性不能同时设置。NTFS 压缩属性和 EFS 加密属性都是 NTFS 文件系统提供的高级存储管理功能,但不能同时设置。有关 EFS 文件系统的加密设置将在子任务 2 中介绍。

　　(4)NTFS 压缩后的文件(夹)的读写性能下降。当打开一个压缩文件时,Windows 会将它自动解压,当关闭这个文件时,Windows 又会重新将它压缩。

　　(5)文件夹和里边的文件及子文件夹的压缩属性可以单独设置。利用 NTFS 压缩属性来压缩文件夹可以不影响里边的文件与子文件夹,它们的压缩属性可以单独设置。

　　(6)NTFS 压缩后的文件(夹)名称颜色会发生变化,区别于普通的文件(夹)。

2. 设置 NTFS 压缩属性

　　打开资源管理器,找到要进行压缩的文件(夹),右键单击选择"属性"菜单项,然后在常规选项卡中单击"高级"按钮,在"压缩或加密属性"复选框中选中"压缩内容以便节省磁盘空间",如图 5-28 所示,最后单击"确定"按钮。

　　如果当前被压缩的是文件,则确定后即可完成操作,如果当前被压缩的是文件夹,则单击"确定"按钮后,会出现如图 5-29 所示的窗口,要求用户选择压缩操作是否影响该文件夹下的文件及子文件夹。

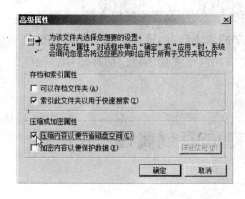 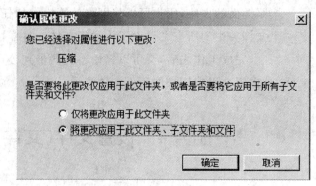

图 5-28　高级属性窗口　　　　　　　图 5-29　确认属性更改窗口

3．移动和复制操作对压缩属性的影响

利用 NTFS 压缩属性对文件(夹)压缩后,当对其进行复制或移动时,它的压缩属性也会发生相应的变化,其原则如下。

(1) 当复制压缩后的文件(夹)到某一 NTFS 分区(可以与原分区相同也可以不同)下的文件夹时,文件(夹)副本将继承目标文件夹的压缩属性。

(2) 当复制压缩后的文件(夹)到某一非 NTFS 分区下的文件夹时,文件(夹)副本的压缩属性将丢失。

(3) 当移动压缩后的文件(夹)到同一 NTFS 分区下的文件夹时,其压缩属性保持不变。

(4) 当移动压缩后的文件(夹)到不同的 NTFS 分区下的文件夹时,其压缩属性继承目标文件夹的压缩属性。

(5) 当移动压缩后的文件(夹)到非 NTFS 分区下的文件夹时,其压缩属性丢失。

子任务 2　设置文件(文件夹)的加密属性

1．NTFS 加密属性简介

NTFS 文件系统提供了一种对文件和文件夹的加密特性,来保证资源的安全性。加密文件系统(EFS)是 NTFS 5.0 的新特性之一,提供了一种核心文件加密技术,该技术用于在 NTFS 分区中存储已加密的文件。加密后的文件和文件夹对于加密的用户来说是透明的,不需解密就可以直接使用,但其他用户即使具有完全控制权限的用户也不能对加密文件执行任何操作。如试图执行打开、复制、移动或重命名操作的时候都会收到拒绝访问的消息。

2．设置 NTFS 加密属性

对 NTFS 分区中的文件和文件夹进行加密属性的设置操作比较简单,常见的方法有两种。

1) 使用资源管理器加密

打开资源管理器,找到要进行加密的文件(夹),右键单击选择"属性"菜单项,然后在常规选项卡中单击"高级"按钮,在"压缩或加密属性"复选框中选中"加密内容以便保护数据",如图 5-30 所示,最后单击"确定"按钮。

如果当前被加密的是文件,则确定后即可完成操作,如果当前被加密的是文件夹,则单击"确定"按钮后会出现如图 5-31 所示的窗口,要求用户选择加密操作是否影响该文件夹下的文件及子文件夹。

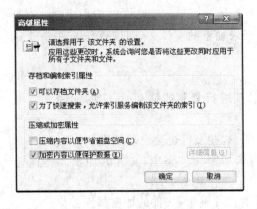

图 5-30　高级属性

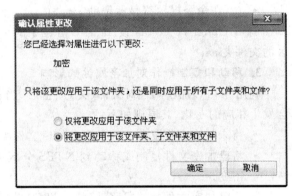

图 5-31　确认属性更改窗口

2) 使用 cipher 命令加密

使用 cipher 命令也可以加密 NTFS 分区中的数据,具体格式如下:cipher[{/e|/d}][/s:dir][/a][/l][/f][/q][/h][/k][/u[/n]][PathName[…]]|[/r:PathNameWithoutExtension]|[/w:PathName]

其参数的内容如下。

- 在不含带参数的情况下使用,则 cipher 将显示当前文件夹及其所含文件的加密状态。
- /e 加密指定的文件夹。文件夹做过标记后,使得以后添加到该文件夹的文件也被加密。
- /d 将指定的文件夹解密。文件夹做过标记后,使得以后添加到该文件夹的文件也被加密。
- /s:dir 在指定文件夹及其全部子文件夹中执行所选操作。
- /a 执行文件和目录操作。
- /l 即使发生错误,仍然继续执行指定的操作。
- /f 对所有指定的对象进行加密或解密。默认情况下,cipher 会跳过已加密或已解密的文件。
- /q 只报告最基本的信息。
- /h 显示带隐藏或系统属性的文件。默认情况下,这些文件是不加密或解密的。
- /k 为运行 cipher 的用户创建新的文件加密。如果使用该选项,cipher 将忽略所有其他选项。
- /u 更新用户文件的加密密钥或将代理密钥恢复为本地驱动器上所有已加密文件中的当前文件(如果密钥已经改变)。该选项仅随/N 一起使用。
- /n 防止密钥更新。使用该选项可以查找本地驱动器上所有已加密的文件。
- pathname 指定样式,文件或文件夹。
- /r:PathNameWithoutExtension 生成新的恢复代理证书和私钥,然后将它们写入文件(该文件的名称在 PathNameWithoutExtension 中指定)。

- /w:PathName 删除卷上的未使用部分的数据。
- /? 在命令提示符显示帮助。

例如,cipher /e D:\aa 设 aa 为 D 分区中的一个未加密的文件夹,则该命令指加密 D 分区的文件夹 aa。

3. 移动和复制操作对加密属性的影响

利用 NTFS 加密属性对文件(夹)加密后,当对其进行复制或移动时,它的加密属性也会发生相应的变化,其原则如下。

- 将未加密文件复制或移动到已加密文件夹中,这些文件也会自动加密。
- 将已加密文件复制或移动到 NTFS 分区的未加密文件夹中,文件的加密属性保持不变。
- 将已加密文件复制或移动到非 NTFS 分区的文件夹中,文件的加密属性丢失。
- 重命名加密文件后,文件的加密属性不变。
- 只有加密用户本人才可以对其加密的文件(夹)执行复制和移动操作。

子任务 3　设置磁盘配额

1. 了解磁盘配额

NTFS 的另一个新特性是支持磁盘配额的功能,可以实现对用户使用的磁盘空间进行按需分配。在采用 NTFS 文件系统格式的驱动器上,通过启用磁盘配额管理功能来实现对用户使用磁盘空间的限制。

磁盘配额是一种基于用户和分区的文件存储管理。通过磁盘配额管理,管理员就可以对本地用户或登录到本地计算机中的远程用户所能使用的磁盘空间进行合理的分配,每一个用户只能使用管理员分配到的磁盘空间。磁盘配额对每一个用户是透明的,当用户查询可以使用的磁盘空间时,系统只将配额允许的空间报告给用户,超过配额限制时,系统会提示磁盘空间已满。

磁盘配额是以文件所有权为基础的,也就是根据用户拥有的所有文件所占用的磁盘空间来计算用户磁盘空间的使用情况,并且和文件所在的位置无关。文件的所有权通过文件的安全信息中的安全标识符进行标识,如果用户取得驱动器中某个文件的所有权,他已经使用的磁盘空间要加上该文件所占的空间,该文件原所有者的磁盘空间占有量将被减少。

2. 启用和禁用磁盘配额

以系统管理员或管理员组成员的身份登录 Windows 系统后,在采用 NTFS 文件系统格式的分区上单击鼠标右键,选择"属性"菜单项,即可打开磁盘分区的属性窗口,在该窗口中出现一个新的标签页,即"配额"。选择"配额"标签页后,即可打开磁盘配额窗口,如图 5-32 所示。

在上述窗口中可以实现以下操作。

1) 启用/禁用配额管理功能

选中"启用配额管理"按钮可以启动该分区的磁盘管理功能,取消该选项后磁盘配额管理将被禁用。

当启动磁盘配额后,Windows 系统将计算到那个时间点为止在该驱动器复制文件、保存文件或取得文件所有权的所有用户使用的磁盘空间。然后根据计算的结果将配额限度和配额警告级别应用于当前所有用户,以及从那个时间点开始使用驱动器的用户。然后,可以根据需要为某个或多个用户设置不同的配额或禁用磁盘配额。也可以为那些还没有在驱动器上复制文件、保存文件和取得文件所有权的用户设置配额。

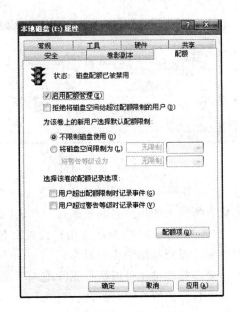

图 5-32　磁盘配额

2) 设置新用户的默认配额限制

当启用磁盘配额后该设置可以为系统中新建的用户设置一个默认的磁盘配额限制,它包含两个选项:"不限制磁盘使用"和"将磁盘空间限制为"两个选项。前者是指不限制新建用户的磁盘空间,后者限制可以使用的磁盘空间大小并设置两个值磁盘配额限度和磁盘配额警告级别。磁盘配额限度指定了允许用户使用的磁盘空间容量。警告级别指定了用户接近其配额限度的值。

例如,可以把用户的磁盘配额限度设为 30 MB,并把磁盘配额警告级别设为 25 MB。这种情况下,用户可在驱动器上存储不超过 30 MB 的文件。如果用户在驱动器上存储的文件超过 25 MB,则系统将会发出警告并可以以将磁盘配额记录为系统事件。

3) 达到配额量后拒绝分配磁盘空间

如果选中"拒绝把磁盘空间给超过配额限度的用户"选项,当用户已经使用的磁盘空间达到了配额限度时,用户会收到"磁盘空间不足"的错误提示,系统将不再继续分配新的磁盘空间给用户。如果不想拒绝用户对驱动器的访问,但想跟踪每个用户对磁盘空间的使用情况,启用磁盘配额而且不限制磁盘空间的使用是非常有用的。

4) 设置配额记录选项

该设置包括"用户超过配额限度时记录事件"和"用户超过警告级别时记录事件"两个选项。如果选中前者,系统将在用户使用的磁盘空间超过磁盘空间限制值时记录系统日志。如果选中后者,系统将在用户使用的磁盘空间超过警告等级时记录系统日志。

3. 添加和删除配额项

系统管理员可以执行添加配额项操作,为当前某个用户重新设置磁盘配额的限制值。具体操作如下。

(1) 在如图 5-32 所示的窗口中单击"配额项(Q)…"按钮,打开如图 5-33 所示的窗口,显示现有的配额条目。

(2) 在图 5-33 中单击"新建配额项"按钮或菜单,即可打开选择用户窗口,如图 5-34 所示。

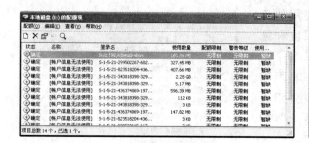

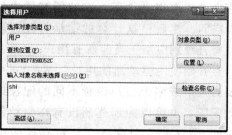

图 5-33　配额项窗口　　　　　　　　　图 5-34　选择用户窗口

（3）在图 5-34 中输入或选择要进行磁盘配额限制的用户名，可以单击"检查名称"按钮来检查所输入的用户名的正确性。单击"确定"按钮后，弹出如图 5-35 所示的窗口。

（4）在图 5-35 中为所选用户设置磁盘空间限制值和警告等级，最后单击"确定"按钮后即可完成添加新配额项的操作。

系统管理员也可以执行删除配额项操作。如果该配额项的用户在系统中不具有任何文件或文件夹的所有权，则可以直接删除该配额项；否则不可以直接删除，这种情况下将弹出对话框如图 5-36 所示。

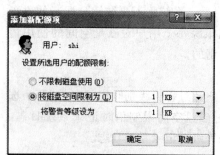

图 5-35　添加新配额项　　　　　　　　图 5-36　删除配额项窗口

在该对话框中将配额项用户具有所有权的文件进行处理：删除、取得所有权或移动到其他文件夹。

- 删除：从系统中将所选文件删除，不能删除文件夹。
- 取得所有权：以当前用户的身份夺取所选文件的所有权。
- 移动到其他文件夹：将所选文件移动到指定的文件夹中，不能移动文件夹。

只有对该用户的所有文件执行以上任何一种操作后，该配额项才能删除，否则不能删除该配额项。

4. 导入和导出配额项

可以利用导入或导出功能将某个分区的磁盘配额项导出到文件中，也可以将文件中的配额项导入到另外一个分区中。具体操作如下。

1）导出配额项

在已启动磁盘配额功能的分区中，打开配额项列表（如图 5-33 所示），选中某个配置项，单击"配额"→"导出"，输入文件名即可。

2）导入配额项

在要导入配额项的磁盘分区中，打开配额项列表（如图 5-33 所示），单击"配额"→"导入"，选择导入文件名即可。在配额项列表中可以看到刚才导入的配额项。

项目小结

本项目结合一个小型企业的案例学习了 Windows Server 2008 系统文件和文件夹的管理，通过 NTFS 权限和共享权限来保护文件资源的访问安全需求。了解了如何部署安全的文件服务器，如何使用共享文件夹和脱机使用网络文件资源，如何对特定的资源进行高级别的加密保护，怎样对服务器存储空间进行有效利用；掌握了 NTFS 压缩属性的使用和磁盘配额的配置。

实训练习

实训目的：掌握 Windows Server 2008 系统文件和文件夹管理的基本技能。

实训内容：Windows Server 2008 系统文件和文件夹的权限管理和文件夹的共享设置。

实训步骤：

（1）设置文件和文件夹的共享权限。

（2）设置共享文件夹，并进行脱机文件使用设置和验证。

（3）假设系统中有 U1、U2、U3、U4 四个用户，有 group1 和 group2 两个用户组，U1 和 U2 属于用户组 group1，U3 和 U4 属于用户组 group2，系统中有两个文件夹 File1 和 File2。如果 U1、U2 对 File1 有只读的权利，U3、U4 对 File1 有完全控制的权利，U1、U3 对 File2 有写入的权利，U2、U4 对 File2 有读取和运行的权利，在系统中实现这些权利的分配，并对权限的作用进行验证。

（4）复制或移动文件夹 File1 和 File2，观察复制或移动对权限设置的影响。

复习题

1. 什么是 NTFS？什么是 NTFS 权限？
2. NTFS 权限的几种重要特性是什么？
3. 复制和移动具有 NTFS 权限的文件（夹）对其权限有什么影响？
4. 在 NTFS 分区创建一个共享文件夹，并为用户 U1 分配 NTFS 权限为完全控制，共享权限为只读，那么该用户的最终权限是什么？
5. 了解加密属性的工作机制。

项目 6　安装和管理打印服务

项目学习目标

- 掌握打印机的安装与共享。
- 掌握打印驱动程序的管理。
- 掌握打印机的共享权限设置。
- 掌握打印任务的管理。
- 掌握打印服务器的管理。
- 了解与配置打印池。

案例情境

这是一家文印服务企业,办公用计算机 30 多台,服务器 3 台,打印设备 50 台,主要为市内公司企业提供文件的打印装订服务,每天有大量的文档需要处理,有紧急的任务,也有不太紧急的任务,还有少量的预约业务。公司内部有少量的文件打印,有时也有领导交办的紧急文件处理业务。

项目需求

对于这样一个文印服务企业,需要有效地管理这些打印设备,使它们高效地完成工作。当有紧急的任务时需要及时处理。Windows Server 2008 系统提供了打印服务功能,通过建立打印服务器可以有效地管理这些打印设备,通过网络让客户端充分利用打印资源。通过管理逻辑打印机、打印队列、打印任务,让各项业务有条不紊地进行。针对企业中大量的打印设备部署打印服务器进行管理。

实施方案

鉴于该企业网络打印机管理方面的需求,从以下方面着手解决。

1) 安装与共享打印机

通过打印机的共享,就不必每台计算机都直接连接打印设备了,这样能够有效地利用打印设备资源。

2) 设置打印机的共享权限

针对不同的用户分配不同的打印权限,实现有区别的打印服务管理。

3) 打印任务管理

通过对打印任务进行有效管理,可以高效地满足公司的各种打印需求。

4)对企业中大量的打印机管理部署打印服务器

5)配置打印池

打印池是一台逻辑打印机,它通过打印服务器的多个端口连接到多台物理打印设备上。处于空闲状态的物理打印设备就可以接收发送到逻辑打印机的下一份文档。这对于打印量很大的网络非常有帮助,因为它可以减少用户等待文档的时间。使用打印池还可以简化管理,因为可以从服务器上的同一台逻辑打印机来管理多台打印机。

任务 1 安装与共享打印机

子任务 1 了解打印机的类型和支持的客户端类型

1. 了解打印机类型

根据连接到计算机的接口类型,可以将打印机分为本地打印设备和网络接口打印设备。

本地打印设备是指通过串口或并口或 USB 接口等用线缆直接连在计算机的对应的物理端口上。这种打印设备距离计算机的远近由线缆的长度来决定,一般在中小型企业中较为普及。

网络接口打印设备是指打印设备上有网卡,拥有自己的 IP 地址,通过网线连到网络中。此类打印设备打印速度快,距离计算机的远近由网络环境的需求来决定。一般在大型企业应用广泛。

2. 了解 Windows 2008 Server 支持的客户端类型

将物理打印设备安装在 Windows 2008 Server 的计算机上,使其成为一台打印机服务器,可以有效地管理网络中的各种打印任务。它允许连接的打印客户端类型如下。

* Microsoft 客户端:安装 Windows 系列的操作系统客户端机器。
* NetWare 客户端:安装 Netware 网络操作系统的客户端机器。
* Macintosh 客户端:安装 Macintosh 操作系统的苹果机客户端。
* Unix 客户端:安装 Unix 操作系统的客户端机器。
* 支持 IPP 的客户端:支持 Internet Printing Protocol(简称 IPP)的客户机。只要输入 IPP 打印机的网址便可获取远程打印机的列表。

子任务 2 安装与共享本地打印机

在 Windows 2008 Server 的计算机上可以安装一台具有本地串口或并口的打印设备,并将其设置为共享打印机。具体步骤如下。

(1)将本地打印设备正确地连接到计算机上,并打开设备的电源(注:学生在做实验的时候,如果没有打印设备可以省略此步)。

(2)打开"控制面板",选择"打印机",双击后可进入打印机窗口,如图 6-1 所示。

(3)在图 6-1 中显示了当前已安装的打印机图标,并在窗口的左侧列出了各种打印机任务供用户选择。

（4）在窗口左侧单击"添加打印机"按钮，弹出"添加打印机向导"，单击"下一步"按钮进入如图 6-2 所示的窗口。

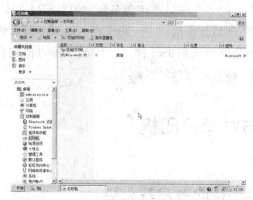

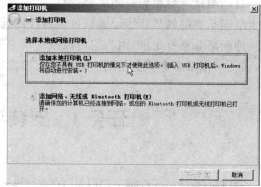

图 6-1　打印机窗口　　　　　　　　　　图 6-2　本地或网络打印机窗口

（5）在图 6-2 中选中"添加本地打印机"选项，单击"下一步"按钮后进入图 6-3 所示界面。

（6）在图 6-3 中选中"使用现有的端口"，从下拉组合框中选择所需的端口号，单击"下一步"按钮后，安装打印机软件，如图 6-4 所示。

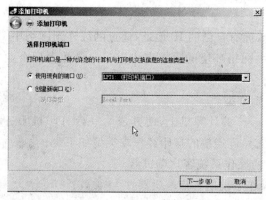

图 6-3　选择打印机端口　　　　　　　　图 6-4　选择打印机驱动程序

（7）在图 6-4 中要根据打印设备的实际情况选择合适的生产厂商和打印机型号，单击"下一步"按钮开始安装打印机所需的软件。

（8）连续单击"下一步"按钮后，出现共享打印机窗口，如图 6-5 所示。

（9）在图 6-5 中可以将这台打印机共享，并给出共享名。

（10）继续单击"下一步"按钮后，可完

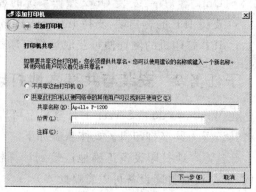

图 6-5　打印机共享

成整个安装过程。

子任务 3 安装网络接口打印机

在 Windows 2008 Server 的计算机上也可以安装一台具有网络接口的打印设备,其步骤和上述安装本地打印机的过程类似,只是在图 6-3 中选择创建新端口,并从下拉列表中选择 Standard TCP/IP Port。在后面的步骤中正确填写网络接口打印机的 IP 地址即可完成安装过程。

子任务 4 Windows 客户端连接共享打印机

作为网络中的 Windows 客户端可以连接到某一被共享的本地打印机,实现远程打印的功能。具体操作如下。

(1)打开"添加打印机向导"后,选中"网络打印机或连接到其他计算机的打印机",则进入如图 6-6 所示窗口。

(2)进入上述窗口后,可以选择要连接的共享本地打印机或某一网络接口的打印机,有以下 3 个选项。

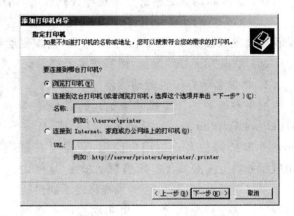

图 6-6 指定打印机窗口

* 浏览打印机:查看网络中所能连接到的共享打印机列表,从中选择一台进行连接。
* 连接到这台打印机:在文本框中输入共享打印机的 UNC 路径。
* 连接到 Internet、家庭或办公网络上的打印机:在文本框中输入网络接口打印机的 URL 地址。

(3)继续单击"下一步"按钮即可完成操作。

子任务 5 管理打印机驱动程序

打印机驱动程序是计算机程序用来与打印机和绘图仪通信的软件。打印机驱动程序将计算机发送的信息翻译为打印机可以理解的命令。通常,打印机驱动程序是不跨平台兼容的,所以必须将各种驱动程序安装在打印服务器上,才能支持不同的硬件和操作系统。例如,如果要运行 Windows XP,并且将打印机共享给运行 Windows 3.1 的用户,则可能需要安装多个打印机驱动程序。一般情况下,打印机驱动程序由三种类型的文件组成。

* 配置或打印机接口文件:当配置打印机时,显示"属性"和"首选项"对话框。该文件具有 .dll 扩展名。
* 数据文件:提供关于特定打印机功能的信息,包括它的分辨率,是否可以两面打印以及它可以接受的纸张大小。此文件可以使用 .dll、.pcd、.gpd 或 .ppd 扩展名。
* 打印机图形驱动程序文件:将设备驱动程序接口(DDI)命令翻译为打印机可以理解的命令。每个驱动程序翻译不同的打印机语言。例如,文件 Pscript.dll 翻译

PostScript 打印机语言,该文件具有 .dll 扩展名。

这些文件通常带有帮助文件,它们协同使用才有可能进行打印。例如,当安装新的打印机时,配置文件将查询数据文件,并显示可用的打印机选项。当打印时,图形驱动程序文件查询选定的配置文件,以便创建合适的打印机命令。

对于打印机驱动程序的日常管理主要包括更新打印机驱动程序和为不同的客户端安装多种打印机驱动程序。

1. 更新打印机驱动程序

(1) 在打印机和传真窗口中选中某一打印机,右键单击,选择"属性"。

(2) 在打印机的属性窗口中,选择"高级"选项卡,单击"新驱动程序"。

(3) 在弹出的"添加打印机驱动程序向导"中安装新的或经过更新的打印机驱动程序版本。

(4) 如果新的或更新的驱动程序在列表上,则单击合适的打印机制造商和打印机型号。

(5) 如果打印机驱动程序不在列表中,或从打印机制造商收到新的或更新的打印机驱动程序光盘或磁盘,单击"从磁盘安装"。输入驱动程序位置的路径,然后单击"确定"按钮。

(6) 单击"下一步"按钮,然后按屏幕指示完成打印机驱动程序的安装。

2. 添加多种打印机驱动程序

网络中如果将打印机共享给运行其他版本 Windows(Windows 95、Windows 98 或 Windows NT 4.0)的客户端用户使用,则需要在打印机服务器上安装其他打印机驱动程序,这样用户才可以连接到打印机,否则系统将提示缺少驱动程序。这主要是因为打印机驱动程序不能跨平台兼容造成的。添加多种打印机驱动程序的步骤如下。

(1) 打开打印机属性窗口后,选择"共享"选项卡。

(2) 单击"其他驱动程序"按钮,弹出如图 6-7 所示窗口。

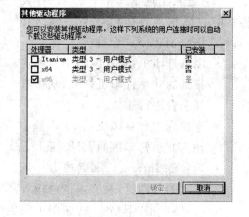

图 6-7　其他驱动程序窗口

(3) 在图 6-7 中,选中需要的附加环境和操作系统有关的复选框,然后单击"确定"按钮。

子任务 6　设置后台打印文件夹位置

默认情况下,后台打印文件夹位于 systemroot\System32\Spool\Printers。但是,该驱动器中也有 Windows 系统文件。由于这些文件被操作系统频繁地访问,Windows 和打印功能的性能都会因此而降低。

如果打印服务器只是以较低的通信量为一两台打印机提供服务,则使用后台打印文件夹的默认位置就可以,不会影响打印性能。但是,对于大量的打印需求、支持多打印机或支持大量打印作业,就应该重新定位后台打印文件夹的位置。要达到最佳效果,应该将后台打印文件夹移到有专用控制器的驱动器中,以减少打印对操作系统其余部分的影响。

更改后台打印文件夹位置的具体操作如下。

(1) 在控制面板中双击"打印机和传真"图标。

(2) 在"文件"菜单上,单击"服务器属性",然后单击"高级"选项卡。

(3) 在"后台打印文件夹"文本框中,为该打印服务器输入新的默认后台打印文件夹的路径和名称,然后单击"应用"按钮或"确定"按钮。

(4) 停止并重新启动打印后台处理程序服务,或重新启动服务器。

任务 2　设置打印机的共享权限

子任务 1　了解打印机的共享权限

打印机在网络中被共享后,具有四个级别的共享权限,供连接到它的远程用户使用。默认情况下,所有连接到打印机的用户都具有打印权限。

(1) 打印:用户可以连接到打印机,并将文档发送到打印机。默认情况下,"打印"权限将指派给 Everyone 组中的所有成员。

(2) 管理打印机:用户可以执行与"打印"权限相关联的任务,并且具有对打印机的完全管理控制权。用户可以暂停和重新启动打印机、更改打印后台处理程序设置、共享打印机、调整打印机权限,还可以更改打印机属性。默认情况下,"管理打印机"权限将指派给 Administrators 组和 Power Users 组的成员。

默认情况下,Administrators 组和 Power Users 组的成员拥有完全访问权限,也就是说,这些用户拥有打印、管理文档以及管理打印机的权限。

(3) 管理文档:用户可以暂停、继续、重新开始和取消由其他所有用户提交的文档,还可以重新安排这些文档的顺序。但是,用户无法将文档发送到打印机或控制打印机状态。默认情况下,"管理文档"权限指派给 Creator Owner 组的成员。

当用户被指派"管理文档"权限时,用户将无法访问当前等待打印的现有文档。此权限只应用于在该权限被指派给用户之后发送到打印机的文档。

(4) 拒绝权限:在前面为打印机指派的所有权限都会被拒绝。如果访问被拒绝,用户将无法使用或管理打印机,或者更改任何权限。

以上介绍的是几种常见的打印机共享权限,这些共享权限默认情况下分配给 6 组用户,具体分配情况见表 6-1。

表 6-1　打印机共享权限的分配

组	打印	管理文档	管理打印机
Administrators	X	X	X
Creator Owner		X	
Everyone	X		
Power Users	X	X	X
Print Operators	X	X	X
Server Operators	X	X	X

137

每个权限都由一组允许用户执行特定任务的特殊权限组成。表 6-2 总结了与每种打印安全权限关联的访问级别。

表 6-2　打印机共享权限的特定任务

允许的任务	打印	管理文档(只适用于文档)	管理打印机
打印	X		X
管理打印机			X
管理文档		X	
读取权限	X	X	X
更改权限	X	X	X
取得所有权		X	X

子任务 2　设置共享权限

指派打印机的共享权限操作比较简单,具体步骤如下。

(1) 打开共享打印机的属性窗口。

(2) 选择"安全"选项卡,如图 6-8 所示。

(3) 在图 6-8 中选择某个用户后,选中某个权限的"允许"按钮,将该权限分配给该用户。

(4) 单击"添加"按钮,可以添加新的用户,然后为其分配权限。

(5) 单击"删除"按钮,可以将当前被选中的用户及其权限删除。

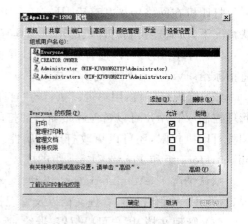

图 6-8　"安全"选项卡

(6) 还可以单击"高级"按钮,设置更详细的打印权限。

任务 3　管理打印任务

子任务 1　设置打印机优先级

网络中的用户在使用同一台共享打印机时,默认情况下他们的打印任务会按照发送到打印机的先后顺序打印出来。如果当前有一个长作业正被打印,则其他的短作业或紧急作业都必须等待,这显然是不合理的。比较简单的解决办法是设置打印任务的优先级。可以将紧急作业或短作业设置为高优先级,长作业设置为较低的优先级。当然实际工作中,优先级的设置还要看具体情况,合理安排优先等级。

为用户的打印任务直接设置优先等级比较困难,通常的做法是为同一台物理打印设备创建若干个逻辑打印机,然后分别设置这些逻辑打印机的优先级,再将打印任务发送到不同等级的逻辑打印机上,从而控制了打印任务的优先性。在实施过程中要具体做好两点。

- 需要为同一个打印设备创建多个逻辑打印机。多个逻辑打印机使用同一个端口,这个端口可以是一个本地端口,也可以是一个远程打印设备的端口。
- 多个逻辑打印机的优先级不同,创建与每个逻辑打印机相关的用户组。如果一个组的用户希望获得优先打印的权利,可以为他们使用的逻辑打印机设置一个较高的优先级。

总体来说,设置打印任务优先级的具体操作如下。

（1）为同一物理打印设备添加多个逻辑打印机,将它们共享并设置优先级。

① 在“打印机”窗口中,单击“添加打印机”按钮,按照添加打印机的步骤添加若干个逻辑打印机。需要注意的是,这些逻辑打印机选择的同一台物理打印设备和相同的端口。

② 添加打印机的过程中可以将其共享,或者添加完成后,右击打印机的图标选择“共享”。

③ 分别打开每个逻辑打印机的属性窗口,选择“高级”选项卡,在“优先级”文本框中输入它们的优先级。如图 6-9 所示。

（2）创建若干个用户组,并将某个逻辑打印机分配给这些用户组使用。

① 根据逻辑打印机的等级,分别在计算机管理工具中创建几个用户组。具体操作可参见用户管理的章节。

② 将这些用户组分别添加到某个逻辑打印机的用户中,并为其分配相应的使用权限。具体操作可参见任务 2 的子任务 2。

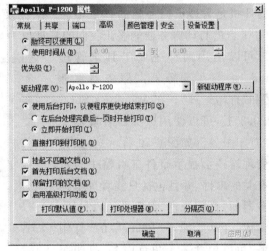

图 6-9 优先级设置窗口

（3）将当前用户添加到某个用户组,然后把打印任务发送到具有使用权限的逻辑打印机,最后再根据该逻辑打印机的优先级发送到物理打印设备。

① 如果某个用户的打印任务比较紧急,可以将该用户添加到优先级高的逻辑打印机的用户组中,从而可以实现优先打印作业的目的。

② 如果某个用户的打印任务不紧急或是一个长任务,可以将该用户添加到优先级较低的逻辑打印机的用户组中。

子任务 2 创建打印任务计划

实际工作中,某些打印任务较长的文档或特定类型的文档不宜占用白天工作的时间打印,可以将其安排到工作以外的其他时间让其自行打印。要实现此目的,可以创建打印任务计划,安排合理的打印时间,自动完成打印任务,具体操作如下。

（1）打开“打印机”窗口。

（2）选中要设置打印计划的打印机图标,右击选择“属性”。

（3）选择“高级”选项卡,然后选择“使用时间从”,在后边的文本框中输入打印的起始时间和终止时间(见图 6-9)。

(4) 将打印任务发送给设置好时间的逻辑打印机。注意,该用户应该对这台打印机具有打印的权限才可以。

任务4　使用打印管理控制台

子任务1　安装打印服务角色

不同于个人用户,在大型的企事业单位中往往会有数量可观的打印机,如何有效管理这些打印机是管理员们面临的一个难题。毫无疑问,在局域网中部署基于 Windows Server 2008 平台的打印服务器能够让我们的管理更为高效和便捷。

可以使用两种主要工具来管理 Windows 打印服务器:"服务器管理器"和"打印管理"。在 Windows Server 2008 上,可以使用服务器管理器安装"打印服务"(如图 6-10 所示)。服务器管理器还会显示事件查看器中与打印有关的事件,并且包括只能管理本地服务器的"打印管理"管理单元的实例。

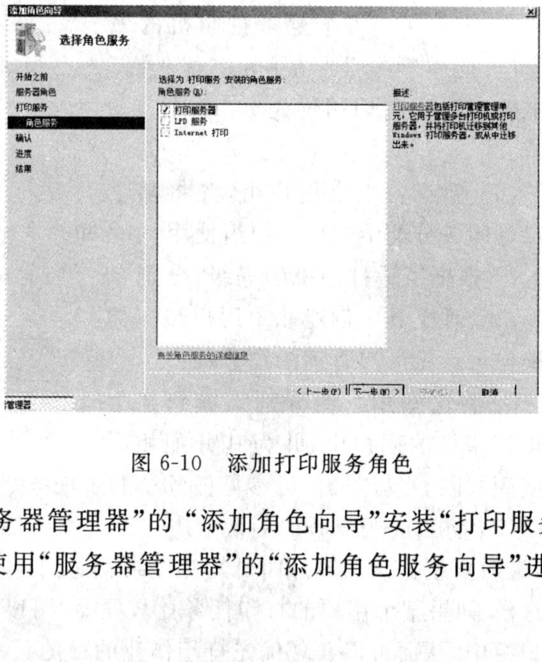

Windows Server 2008 中的"打印服务"角色包含三个角色服务:打印服务器、LPD 服务、Internet 打印。

这些角色服务共同提供 Windows

图 6-10　添加打印服务角色

打印服务器的所有功能。可以在使用"服务器管理器"的"添加角色向导"安装"打印服务"角色时添加这些角色服务。也可以以后使用"服务器管理器"的"添加角色服务向导"进行安装。

1) 打印服务器

打印服务器是"打印服务"角色一项必须的角色服务。该服务将"打印服务"角色添加到"服务器管理器"中,并安装"打印管理"管理单元。"打印管理"用于管理多个打印机或打印服务器,并从其他 Windows 打印服务器迁移打印机或向这些打印服务器迁移打印机。共享了打印机之后,Windows 将在具有高级安全性的 Windows 防火墙中启用"文件和打印机共享"例外。

2) LPD 服务

Line Printer Daemon (LPD) 服务安装并启动 TCP/IP 打印服务器 (LPDSVC) 服务,该服务使基于 UNIX 的计算机或其他使用 Line Printer Remote (LPR) 服务的计算机可以通过此服务器上的共享打印机进行打印。还会在具有高级安全性的 Windows 防火墙中为端口 515 创建一个入站例外。

此服务不必进行任何配置。但是,如果停止或重新启动"打印后台程序"服务,"TCP/IP

打印服务器"服务也将停止,并且不会自动重新启动。

若要使用运行 Windows Vista 或 Windows Server 2008 的计算机通过使用 LPD 协议的打印机或打印服务器进行打印,可以使用网络打印机安装向导和标准 TCP/IP 打印机端口。但是,必须安装 Line Printer Remote(LPR)端口监视器功能,才能通过 UNIX 打印服务器进行打印。为此,请使用下列方法:在 Windows Server 2008 的"服务器管理器"中,单击"添加功能",选中"LPR 端口监视器"复选框,然后单击"确定"按钮。

3)Internet 打印

Windows Server 2008 中的"Internet 打印"角色服务创建一个由 Internet 信息服务(IIS)托管的网站。此网站使用用户可以执行下列操作。

(1)管理服务器上的打印作业。

(2)使用 Web 浏览器,通过 Internet 打印协议(IPP)连接到此服务器上的共享打印机并进行打印(用户必须安装 Internet 打印客户端)。

若要使用"Internet 打印"创建的网站管理服务器,请打开 Web 浏览器并浏览至 http://servername/printers,其中 servername 是打印服务器的 UNC 路径。

若要安装 Internet 打印客户端,请使用下列任一方法:

(3)在 Windows Vista 中:在"控制面板"中,依次单击"程序和功能"、"打开或关闭 Windows 功能",展开"打印服务",再选中"Internet 打印客户端"复选框,然后 单击"确定"按钮。

(4)在 Windows Server 2008 中:在"服务器管理器"中,单击"添加功能",选中"Internet 打印客户端"复选框,然后单击"确定"按钮。

子任务 2 使用"打印管理"管理单元

"打印管理"管理单元(如图 6-11 所示)可以从 Windows Server 2008 的计算机上的"管理工具"文件夹中访问,也可以在"服务器管理器"中的打印服务角色下访问。可以使用该管理单元安装、查看和管理组织中的所有打印机和 Windows 打印服务器。

"打印管理"提供有关网络上的打印机和打印服务器状态的最新详细信息。可以使用"打印管理"同时为一组客户端计算机安装打印机连接并远程监视打印队列。"打印管理"可以帮助用户使用筛选器找到出错的打印机,还可以在打印机或打印服务器需要关注时发送电子邮件通知或运行脚本。在提供基于 Web 的管理界面的打印机上,"打印管理"可以显示更多数据,如墨粉量和纸张量。

在"打印管理"管理单元中可以通过自定义筛选器查找符合条件的打印机,如图 6-12 所示,以方便对打印机管理。

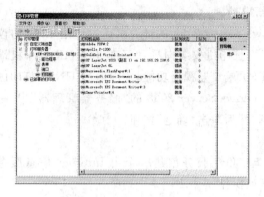

图 6-11 "打印管理"管理单元

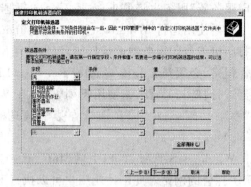

图 6-12 筛选器定义

右击相应的打印机,通过右键菜单,可以管理共享、暂停打印、打印测试页等,如图 6-13 所示。

也可以在下部对相应打印机的打印任务进行管理(如图 6-14 所示),对打印任务进行暂停、重新打印(重新启动)、取消,单击"属性"对任务进行更细致的管理。打印任务属性设置如图 6-15 所示。

图 6-13 打印机右键菜单

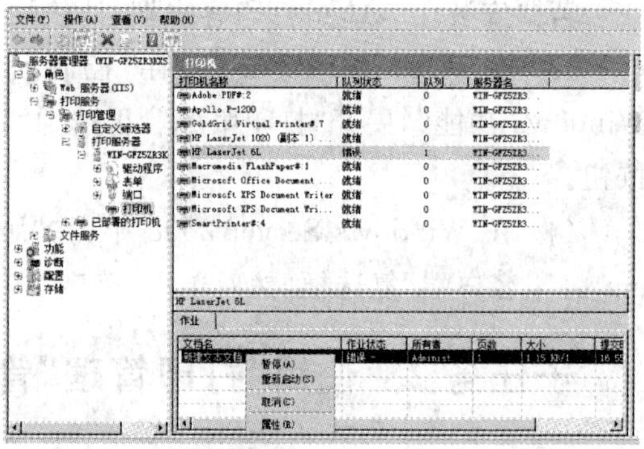

图 6-14 打印任务管理

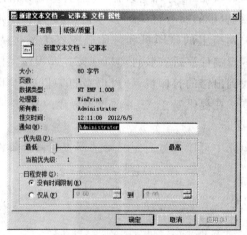

图 6-15 打印任务属性设置

任务 5 配置打印池

子任务 1 了解打印池

用户的工作环境中,如果物理打印设备比较充足,为了方便、有效地管理这些设备,使用户的打印任务尽快完成;可以将它们配置成打印池。打印池可以将打印作业自动分发到下一台可用的物理打印设备上,不需要用户或管理员的手工选择。

打印池是一台逻辑打印机,它通过打印服务器的多个端口连接到多台物理打印设备上,处于空闲状态的物理打印设备就可以接收发送到逻辑打印机的下一份文档。这对于打印量很大的网络非常有帮助,因为它可以减少用户等待文档的时间。使用打印池还可以简化管理,因为可以从服务器上的同一台逻辑打印机来管理多台打印机。

使用创建的打印池,用户打印文档时不再需要查找哪一台打印机目前可用。逻辑打印机将检查可用的端口,并按端口的添加顺序将文档发送到各个端口。应首先添加连接到快速打印机上的端口,这样可以保证发送到打印机的文档在被分配给打印池中的慢速打印机前以最快的速度打印。

在配置打印池之前,应考虑以下两点:

- 池中的所有打印机必须使用同样的驱动程序;
- 由于用户不知道发出的文档由池中的哪一台打印机打印,因此应将池中的所有打印机放置在同一地点。

子任务 2 配置打印池

配置打印池的具体步骤如下。

(1) 打开"打印机和传真"窗口。

(2) 右键单击要使用的打印机图标,然后单击"属性"。

(3) 在"端口"选项卡上选中"启用打印机池"复选框,如图 6-16 所示。

(4) 单击打印机池连接的每台打印机的端口,单击"确定"按钮或"应用"按钮。

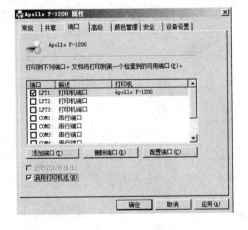

图 6-16 配置打印池窗口

项目小结

本项目结合一个小型企业的案例学习了 Windows Server 2008 系统打印机的配置与管理,使学生掌握 Windows Server 2008 打印服务器的基本管理技能。

实训练习

实训目的：掌握 Windows Server 2008 系统共享权限的设置与管理基本技能。

实训内容：Windows Server 2008 系统共享打印机的设置与管理，打印池的配置。

实训步骤：

（1）在 Windows Server 2008 系统中添加本地打印机，使其成为网络打印机。

（2）在打印服务器上添加用户"PrintA"和"PrintB"，设置"PrintA"的权限为打印，设置"PrintB"的权限为打印、管理打印机和管理文档，然后分别设置"PrintA"的打印优先级为1，"PrintB"打印优先级为99。

（3）添加另外一台打印机到打印池，启用并行口（LTP2），并启用打印机池打印测试文档8份。

（4）管理打印机池内的打印文档，删除要打印的第3个测试文档，暂停第8个测试文档的打印，改变第8个测试文档的打印顺序，立即打印。

复习题

1. 如何安装打印机？尝试在本机安装一台逻辑打印机，并将其共享。

2. 尝试将自己的计算机连接到网络中任意一台共享打印机。

3. 如何更改后台打印文件夹的位置？这样做有什么好处？

4. 打印机的共享权限有哪些？它们一般都分给哪些用户使用？

5. 逻辑打印机和物理打印机的关系是什么？如何利用它们设置打印任务的优先级？试用实验进行验证。

6. 配置打印池的好处是什么？如何将多台物理打印机配置为打印池？

项目 7　配置与管理 DHCP 服务器

项目学习目标

- 了解 DHCP。
- 理解 DHCP 的工作原理。
- 掌握 DHCP 服务的安装。
- 掌握 DHCP 服务器的基本配置方法。
- 理解 DHCP 中继代理的配置。

案例情景

这是一家信息服务企业,办公用计算机 800 多台,服务器 10 台,全部需要联网办公,公司部署了无线网络接入作为有线接入的补充,绝大部分职员不会网络配置。公司只有两个网络管理人员,负责公司网络的运行。

有将近一半数量的笔记本电脑,员工下班会回家联网办公,上班接入公司网络。

随着网络中计算机数量的迅速增多,网络管理员的日常负担越来越重,疲于应付各个部门的人员电脑的联网问题。

项目需求

单纯地依靠手工进行网络配置已经成为了网络管理员的沉重负担,寻求自动网络配置成为解决问题的关键。DHCP 服务能够为网络中的主机自动配置网络参数,从而达到减轻工作量的目的。针对公司的网络情况需要划分多个子网以优化网络的性能。

实施方案

针对企业的需求,部署 Windows Server 2008 DHCP 服务来对网络中的客户端进行网络配置,实现了 IP 地址的集中式管理,从而减少网络管理员的工作量和人为出错的可能性。主要实施步骤如下。

(1) 安装 DHCP 服务。

(2) 创建作用域。根据企业或公司的数量不同,决定需要创建作用域的个数。

(3) 配置保留。对于为特殊用途计算机配置的 IP 地址,应该将其保留,不再分配给网络中的其他计算机。

(4) 配置服务器级别、作用域级别或被保留客户机级别的选项。

(5) 对于台式机较多的网络,应将租约设置得相对较长一些,以减少网络广播。对于笔记本较多的网络,应将租约设置得相对短一些,以便于提高 IP 地址的使用效率。

任务 1　了解 DHCP 的相关概念

在 TCP/IP 网络上,每台工作站在要存取网络上的资源之前,都必须进行基本的网络配置,主要的参数有 IP 地址、子网掩码、默认网关和 DNS 等。配置这些参数有两种方法:静态手工配置和从 DHCP 服务器上动态获得。

手工配置是曾经使用的方法,在一些情况下,手工配置地址更加可靠,但是这种方法相当费时而且容易出错或丢失信息。

使用 DHCP 服务器动态处理工作站的 IP 地址配置,实现了 IP 地址的集中式管理,从而基本上不需要网络管理员的人为干预,关键是节省了工作量和宝贵的时间。

子任务 1　了解 DHCP 服务

DHCP 服务是典型的基于网络的客户机/服务器模式的应用,实现时必须包括 DHCP 服务器和 DHCP 客户机以及正常的网络环境。

DHCP(Dynamic Host Configuration Protocol)的全称是动态主机配置协议,是一个用于简化对主机的 IP 配置信息进行管理的 IP 标准服务。该服务使用 DHCP 服务器为网络中那些启用了 DHCP 功能的客户机动态分配 IP 地址及相关配置信息。

DHCP 负责管理两种数据:租用地址(已经分配的 IP 地址)和地址池中的地址(可用的 IP 地址)。

下面介绍几个相关的概念。

- DHCP 客户机,是指一台通过 DHCP 服务器来获得网络配置参数的主机。
- DHCP 服务器,是指提供网络配置参数给 DHCP 客户的主机。
- 租用,是指 DHCP 客户机从 DHCP 服务器上获得并临时占用该 IP 地址的过程。

子任务 2　了解 DHCP 的工作过程

1. DHCP 客户首次获得 IP 租约

DHCP 客户首次获得 IP 租约,需要经过 4 个阶段与 DHCP 服务器建立联系,如图 7-1 所示。

(1) IP 租用发现。DHCP 客户机启动计算机后,会广播一个 DHCPDISCOVER 数据包,向网络上的任意一台 DHCP 服务器请求提供 IP 租约。

(2) IP 租用提供。网络上所有的 DHCP 服务器均会收到此数据包,每台 DHCP 服务器给 DHCP 客户回应一个 DHCPOFFER 广播包,提供一个 IP 地址。

(3) IP 租用选择。客户机从多个 DHCP 服务器接收到提供后,会选择第一个收到的 DHCPOFFER 数据包,并向网络中广播一个 DHCPREQUEST 数据包,表明自己已经接受了一个 DHCP 服务器提供的 IP 地址。该广播包中包含所接受的 IP 地址和服务器的 IP 地址。

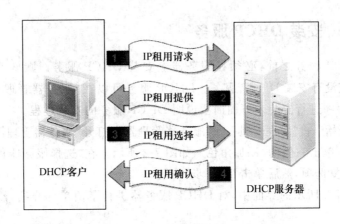

图 7-1 DHCP 的工作过程

（4）IP 租用确认。DHCP 服务器给客户机返回一个 DHCPACK 数据包,表明已经接受客户机的选择,并将这一 IP 地址的合法租用以及其他的配置信息都放入该广播包发给客户机。

2. DHCP 客户进行 IP 租约更新

取得 IP 租约后,DHCP 客户机必须定期更新租约,否则当租约到期,就不能再使用此 IP 地址。具体过程如下。

（1）在当前租期过去 50％时,DHCP 客户机直接向为其提供 IP 地址的 DHCP 服务器发送 DHCPREQUEST 数据包。如果客户机收到该服务器回应的 DHCPACK 数据包,客户机就根据包中所提供的新的租期以及其他已经更新的 TCP/IP 参数,更新自己的配置,IP 租用更新完成。如果没有收到该服务器的回复,则客户机继续使用现有的 IP 地址。

（2）如果在租期过去 50％时未能成功更新,则客户机将在当前租期过去 87.5％时再次向为其提供 IP 地址的 DHCP 联系。如果联系不成功,则重新开始 IP 租用过程。

（3）DHCP 客户机重新启动时,它将尝试更新上次关机时拥有的 IP 租用。如果更新未能成功,客户机将尝试联系现有 IP 租用中列出的默认网关。如果联系成功且租用未到期,客户机则认为自己仍然位于与它获得现有 IP 租用时相同的子网上,继续使用现有 IP 地址。如果未能与默认网关联系成功,客户机则认为自己已经被移到不同的子网上,则 DHCP 客户机将失去 TCP/IP 网络功能。此后,DHCP 客户机将每隔 5 分钟尝试一次重新开始新一轮的 IP 租用过程。

任务 2 安装 DHCP 服务

子任务 1 了解架设 DHCP 服务器的需求

架设 DHCP 服务器应满足下列要求。

• 使用提供 DHCP 服务的服务器端操作系统。

• DHCP 服务器的 IP 地址、子网掩码等 TCP/IP 参数应手工指定。

子任务 2 安装 DHCP 服务

在配置 DHCP 服务之前,必须在服务器上安装 DHCP 服务。默认情况下,Windows Server 2008 系统没有安装 DHCP 服务。DHCP 服务可以在"服务器管理器"或"初始化配置任务"应用程序中进行安装。下面简要说明 DHCP 服务的安装过程。

(1)选择"开始"→"管理工具"→"服务器管理器",打开"服务器管理器"窗口。选择左侧"角色"选项后,单击右侧的"添加角色",如图 7-2 所示。在"选择服务器角色"窗口中选择"DHCP 服务器"复选项,然后单击"下一步"按钮。

(2)在如图 7-3 所示的界面中,对 DHCP 服务器进行了简单的介绍,然后继续单击"下一步"按钮。

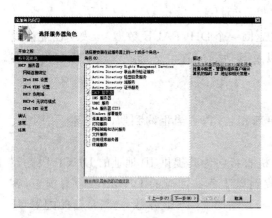

图 7-2 选择服务器角色

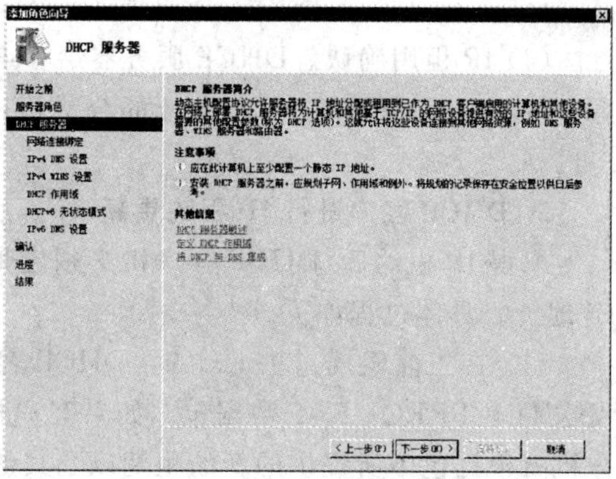

图 7-3 DHCP 服务器简介

(3)在如图 7-4 所示的界面中,系统会自动检测当前已具有静态 IP 地址的网络连接情况,在此选中需要提供 DHCP 服务的网络连接,单击"下一步"按钮。

(4)如果当前服务器中安装了 DNS 服务,则需要在当前界面中输入 DNS 服务的相关参数,如图 7-5 所示,然后单击"下一步"按钮。

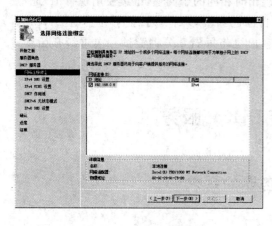

图 7-4 选择网络连接绑定

图 7-5 IPv4 DNS 设置

(5)如果网络中还需要 WINS 服务器,则可以选择"此网络上的应用程序需要 WINS"

一项,而且需要输入 WINS 服务器的 IP 地址,然后单击"下一步"按钮,如图 7-6 所示。

　　(6) 在如图 7-7 所示的界面中,单击"添加"按钮可以进行 DHCP 作用域的设置,单击"编辑"按钮可以对已建立的作用域进行修改,单击"删除"按钮可以删除作用域。

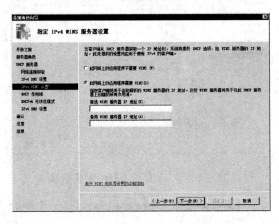 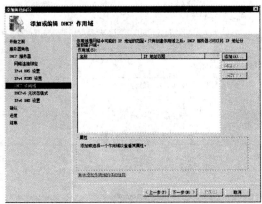

　　图 7-6　IPv4 WINS 设置　　　　　　　　　　图 7-7　设置 DHCP 作用域

　　(7) 在图 7-7 中单击"添加"按钮后,出现如图 7-8 所示的界面。

　　(8) Windows Server 2008 的 DHCP 服务器支持用于服务 IPv6 客户端的 DHCPv6 协议。通过 DHCPv6,客户端可以使用无状态模式自动配置其 IPv6 地址,或已有状态模式从 DHCP 服务器获取 IPv6 地址。如图 7-9 所示。

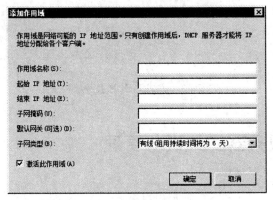 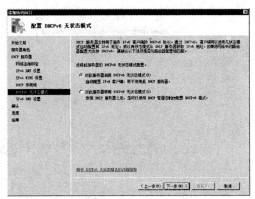

　　图 7-8　设置 DHCP 作用域的相关参数　　　图 7-9　配置 DHCPv6 无状态模式

　　(9) 当客户端从 DHCP 服务器获取 IP 地址时,可以将 DHCP 选项提供给客户端,这个设置将应用于使用 IPv6 的客户端。如图 7-10 所示。

　　(10) 在如图 7-10 所示的界面中显示了 DHCP 服务器的相关配置信息。单击"安装"按钮即可以开始安装的过程。图 7-12 显示了安装进度,图 7-13 显示了 DHCP 服务安装完成的界面。

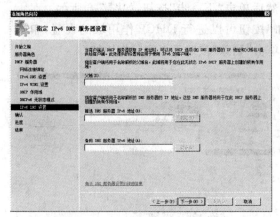

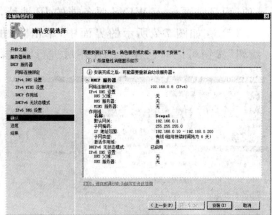

图 7-10　IPv6 DNS 服务器设置　　　　图 7-11　DHCP 服务器的安装信息

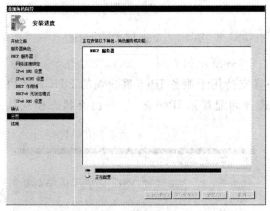

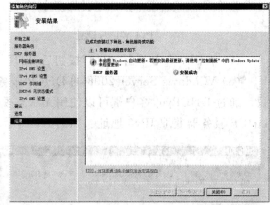

图 7-12　DHCP 服务器的安装进度　　　　图 7-13　完成 DHCP 服务器的安装

任务 3　DHCP 服务器的架设与管理

子任务 1　架设 DHCP 服务器

在安装完 DHCP 服务后,可以在"DHCP"控制台中配置 DHCP 服务器,主要就是创建作用域和配置选项参数。

配置作用域是对子网中使用 DHCP 服务的计算机进行的 IP 地址管理性分组。管理员首先为每个物理子网创建作用域,然后使用该作用域定义客户端使用的参数。作用域有下列属性。

- IP 地址的范围,可在其中加入或排除 DHCP 服务用于租用的地址。
- 子网掩码,用于确定给定 IP 地址的子网。
- 作用域创建时指派的名称。
- 租约期限值,指派给动态接收分配的 IP 地址的 DHCP 客户端。

- 任何为指派给 DHCP 客户端而配置的 DHCP 作用域选项,如 DNS 服务器、路由器 IP 地址。
- 保留(可选),用于确保固定的 DHCP 客户端总是能收到同样的 IP 地址。

DHCP 作用域由给定子网上 DHCP 服务器可以租借给客户端的 IP 地址池组成,如从 192.168.0.1 到 192.168.0.254。

每个子网只能有一个具有连续 IP 地址范围的单个 DHCP 作用域。要在单个作用域或子网内使用多个地址范围来提供 DHCP 服务,必须首先定义作用域,然后设置所需的排除范围。

设置排除范围,应该为作用域中任何您不希望由 DHCP 服务器提供或用于 DHCP 指派的 IP 地址设置排除范围。例如,可通过创建 192.168.0.1 到 192.168.0.10 的排除范围,将上例中的前 10 个地址排除在外。

通过为这些地址设置排除范围,可以指定在 DHCP 客户端从服务器请求租用配置时永远不提供这些地址。被排除的 IP 地址可能是网络上的有效地址,但这些地址只能在不使用 DHCP 获取地址的主机上手动配置。

创建 DHCP 作用域时,可以使用 DHCP 控制台输入下列所需信息。

- 作用域名称,由您或创建作用域的管理员指派。
- 用于标识 IP 地址所属子网的子网掩码。
- 包含在作用域中的 IP 地址范围。
- 时间间隔(称做"租约期限"),用于指定 DHCP 客户端在必须通过 DHCP 服务器续订其配置之前可以使用所指派的 IP 地址的时间。

对作用域使用 80/20 规则:为了平衡 DHCP 服务器的使用率,较好的做法是使用"80/20"规则将作用域地址划分给两台 DHCP 服务器。如果将服务器 1 配置成可使用大多数地址(约 80%),则服务器 2 可以配置成让客户端使用其他地址(约 20%)。

新建作用域时,用于创建它的 IP 地址不应该包含当前已静态配置的计算机(如 DHCP 服务器)的地址。这些静态地址应位于作用域范围外,或者应将它们从作用域地址池中排除。

定义作用域以后,可通过执行下列任务另外配置作用域。

- 设置其他排除范围。
- 可以排除不能租借给 DHCP 客户端的任何其他 IP 地址。应该为所有必须静态配置的设备使用排除范围。排除范围中应包含用户手动指派给其他 DHCP 服务器、非 DHCP 客户端、无盘工作站或者路由和远程访问以及 PPP 客户端的所有 IP 地址。
- 创建保留。
- 可以选择保留某些 IP 地址,用于网络上特定计算机或设备的永久租约指派。应该仅为网络上启用了 DHCP 并且出于特定目的而必须保留的设备(如打印服务器)建立保留地址。
- 调整租约期限的长度。

可以修改指派 IP 地址租约时使用的租约期限。默认的租约期限是 8 天。对于大多数局域网来说,如果计算机很少移动或改变位置,那么默认值是可以接受的,但仍可进一步增加。同时,也可设置无限期的租约时间,但应谨慎使用。

在定义并配置了作用域之后,必须激活作用域才能让 DHCP 服务器开始为客户端提供服务。但是,在激活新作用域之前必须为它指定 DHCP 选项。

激活作用域以后,不应该更改作用域地址的范围。

创建作用域的具体步骤如下。

(1) 选择"开始"→"管理工具"→"DHCP",弹出如图 7-14 所示的窗口。

(2) 右击 IPv4,选择"新建作用域"命令,如图 7-15 所示,弹出"欢迎使用新建作用域向导"界面。

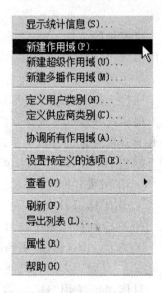

图 7-14　DHCP 服务器主界面　　　　　　　　　图 7-15　"新建作用域"命令

(3) 单击"下一步"按钮,弹出"作用域名称"界面,在"名称"和"描述"文本框中输入相应的信息,如图 7-16 所示。

(4) 单击"下一步"按钮,弹出"IP 地址范围"界面,在"起始 IP 地址"中输入作用域的起始 IP 地址,在"结束 IP 地址"中输入作用域的结束 IP 地址,在"长度"一栏处输入设置子网掩码使用的位数,如输入 24。设置长度后,在"子网掩码"文本框中会自动出现与该长度对应的子网掩码的设置,如 255.255.255.0。如图 7-17 所示。

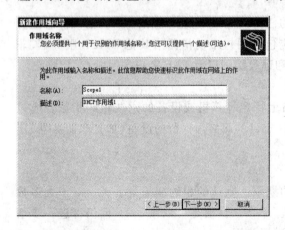

图 7-16　"作用域名称"界面　　　　　　　　　图 7-17　"IP 地址范围"界面

（5）单击"下一步"按钮,弹出"添加排除"界面,在"起始 IP 地址"和"结束 IP 地址"中输入要排除的 IP 地址或范围（即可以排除一个 IP 地址或一段 IP 地址）,一般情况下,各种服务器（如 WWW 服务器、DHCP 服务器、DNS 服务器等）的 IP 地址应该被排除。单击"添加"按钮,如图 7-18 所示。

（6）单击"下一步"按钮,弹出"租约期限"界面,输入详细租期（包括天、小时和分钟）,默认为 8 天。如图 7-19 所示。

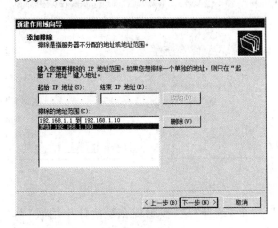
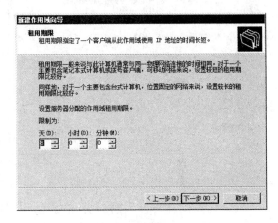

图 7-18　"添加排除"界面　　　　　　　　图 7-19　"租约期限"界面

（7）单击"下一步"按钮,弹出"配置 DHCP 选项"界面,选择"是,我想现在配置这些选项"按钮,如图 7-20 所示。

（8）单击"下一步"按钮,弹出"路由器"界面,在"IP 地址"中设置 DHCP 服务器发送给 DHCP 客户机使用的默认网关的 IP 地址,单击"添加"按钮,如图 7-21 所示。

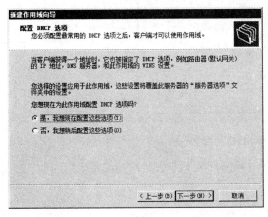
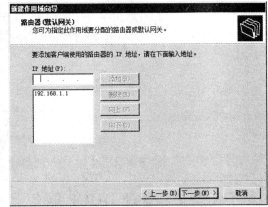

图 7-20　"配置 DHCP 选项"界面　　　　　图 7-21　"路由器"界面

（9）单击"下一步"按钮,弹出"域名称和 DNS 服务器"界面。如果要为 DHCP 客户端设置 DNS 服务器,可以在"父域"文本框中设置 DNS 解析的域名,在"IP 地址"文本框中添加 DNS 服务器的 IP 地址;也可以在"服务器名"文本框中输入服务器的名称后单击"解析"按钮自动查询 IP 地址。如图 7-22 所示。

（10）单击"下一步"按钮，弹出"WINS 服务器"界面，如果要为 DHCP 客户端设置 WINS 服务，可以在"IP 地址"文本框中添加 WINS 服务器的 IP 地址，也可以在"服务器名称"文本框中输入服务器的名称后单击"解析"按钮自动查询 IP 地址，如图 7-23 所示。

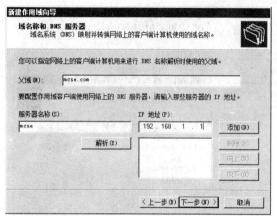 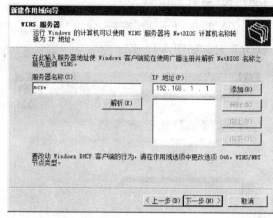

图 7-22　"域名称和 DNS 服务器"界面　　　　图 7-23　"WINS 服务器"界面

（11）单击"下一步"按钮，弹出"激活作用域"界面，选择"是，我想现在激活此作用域"单选按钮，如图 7-24 所示。

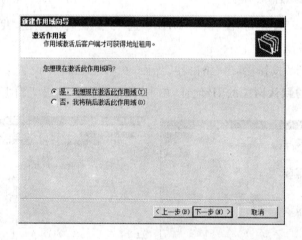

图 7-24　"激活作用域"界面

（12）单击"下一步"按钮，弹出"新建作用域向导完成"界面，单击"完成"按钮。

子任务 2　管理 DHCP 服务器

DHCP 服务器在运行一段时间后，由于各种各样的原因，有些设置可能不能够满足日常的需求，这时管理员可以根据需求对已有的参数进行重新设置。

1. 启动、停止和暂停 DHCP 服务

当对 DHCP 服务器的配置进行比较大的修改时，网站管理人员就需要将该服务器的服务停止或者暂停，并在 DHCP 服务器完成维护工作后再继续服务。

（1）使用具有管理员权限的用户账户登录 DHCP 服务器。

（2）选择"开始"→"管理工具"→打开"DHCP"控制台窗口→右击 DHCP 服务器名称，在弹出的快捷菜单中分别选择"启动"、"停止"、"暂停"或"重新启动"命令，即可进行各项相应的操作，如图 7-25 所示。

2. 作用域的配置

配置 DHCP 服务器，关键的一点就是配置作用域。只有创建并配置了作用域，DHCP 才能为 DHCP 客户机提供 IP 地址、子网掩码等参数。

作用域的配置步骤如下：在 DHCP 控制台中选择 IPv4→右击作用域 192.168.1.0 Scope1→选择"属性"，如图 7-26 所示。在弹出的对话框中可以进行如下配置。

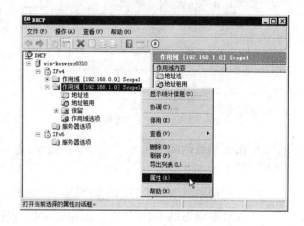

图 7-25　DHCP 服务的停止、启动和暂停设置　　　图 7-26　选择作用域属性界面

1）"常规"选项卡的设置

- "作用域名"：在该文本框中可以修改作用域的名称。具体设置如图 7-27 所示。
- "起始 IP 地址"和"结束 IP 地址"：可以修改作用域可以分配的 IP 地址范围，但"子网掩码"不可以修改。
- DHCP 客户端的租约期限：可以设置具体的期限，也可以将租约设置为无期限限制。
- 描述：有关作用域的相关信息。

2）"DNS"选项卡的设置

- 根据下面的设置启用 DNS 动态更新：表示 DNS 服务器上该客户端的 DNS 设置参数如何变化。有两种方式：选择"只有在 DHCP 客户端请求时才动态更新 DNS A 和 PTR 记录"按钮，表示 DHCP 客户端主动请求时，DNS 服务上的数据才进行更新；选择"总是动态更新 DNS A 和 PTR 记录"按钮，表示 DNS 客户端的参数发生变化后，DNS 服务器的参数就发生变化。具体设置如图 7-28 所示。

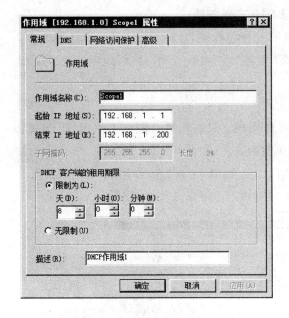
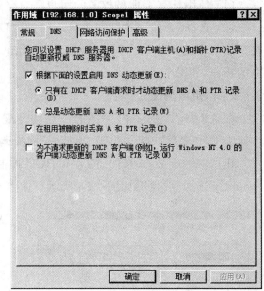

图 7-27 作用域"常规"选项卡　　　　　图 7-28 作用域"DNS"选项卡

- 在租约被删除时丢弃 A 和 PTR 记录:表示 DHCP 客户端的租约失效后,其 DNS 参数也被丢弃。
- 为不请求更新的 DHCP 客户端动态更新 DNS A 和 PTR 记录:表示 DNS 服务器可以对非动态的 DHCP 客户端也能够执行更新。

3)"网络访问保护"选项卡的设置

可以在作用域中设置是否启用"网络访问保护"功能。网络访问保护是 Windows Server 2008 新增的一项功能。它确保专用网络上的客户端计算机能够符合管理员定义的系统安全要求。为了能够从 DHCP 服务器无限制地访问 IP 地址配置,客户端计算机必须达到一定的相容级别,如安装当前操作系统的更新并启用基于主机的防火墙等。对于不符合的计算机,网络访问 IP 地址配置限制只能访问受限网络或是丢弃客户端的数据包。如图 7-29 所示。

4)"高级"选项卡的设置

① 动态为以下客户端分配 IP 地址,具体设置如图 7-30 所示。

- 仅 DHCP:表示只为 DHCP 客户端分配 IP 地址。
- 仅 BOOTP:表示只为 Windows NT 以前的一些支持 BOOTP 的客户端分配 IP 地址。
- 两者:表示支持两种类型的客户机。

② BOOTP 客户端的租约期限:可以设置 BOOTP 客户端的租约期限。

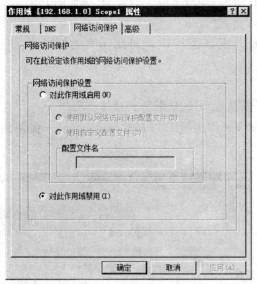
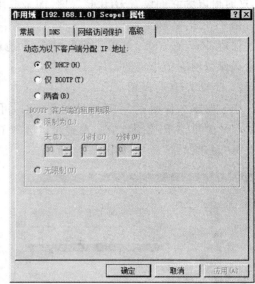

图 7-29　作用域"网络访问保护"选项卡　　　　图 7-30　作用域"高级"选项卡

3. 配置作用域地址池

1）什么是地址池

地址池是指存放可供分配的 IP 地址和排除的 IP 地址。

2）配置作用域地址池

对于已经设立的作用域的地址池可以进行如下的配置，具体步骤如下。

（1）在 DHCP 控制台中的左边窗口选择 IPv4 →作用域 192.168.1.0 scope1→地址池，右击选择"新建排除范围"命令，如图 7-31 所示。

（2）在如图 7-32 所示的"添加排除"对话框中设置地址池中要排除的 IP 地址的范围。

图 7-31　选择"新建排除范围"命令　　　　图 7-32　"添加排除"对话框

另外，当要删除被排除的 IP 地址池，可以右击选择某一 IP 地址池，然后选择"删除"命令即可，如图 7-33 所示。

4. 建立保留

有些情况下一些特殊用途的客户机需要使用固定 IP 地址，如文件服务器、打印服务器等,这时可以为它们设置 DHCP 保留,即采取用 MAC 地址来固定分配 IP 地址的方法。

1) 什么是保留

保留(Reservation)是指一个永久的 IP 地址分配。这个 IP 地址属于一个作用域,并且被永久保留给一个指定的 DHCP 客户机。

2) 配置 DHCP 保留

当需要永久保留一个 IP 地址的分配时,可以设置 DHCP 保留。具体步骤如下。

(1) 在 DHCP 控制台中的左边窗口选择 IPv4→作用域 192.168.1.0 scope1→保留,右击选择"新建保留"命令,如图 7-34 所示。

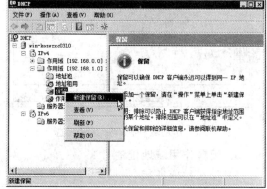

图 7-33　删除"排除地址"界面　　　　图 7-34　选择"新建保留"命令

(2) 弹出如图 7-35 所示的对话框,在"保留名称"文本框中输入要保留主机的名称,在"IP 地址"文本框中输入要保留的 IP 地址,在"MAC 地址"中输入客户端的网卡地址,然后单击"添加"按钮即可。

5. 服务器的统计信息和分配的 DHCP 客户端

1) 服务器的统计信息

在 DHCP 控制台中的左边窗口右击 IPv4→选择"显示统计信息"命令,可打开如图 7-36 所示的界面。

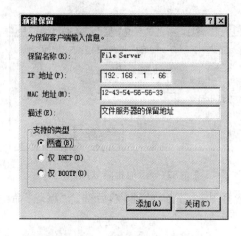
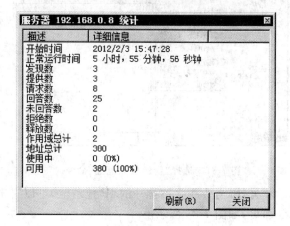

图 7-35　"新建保留"界面　　　　　图 7-36　DHCP 服务器的统计信息界面

2）查看分配的 DHCP 客户端

在 DHCP 控制台中的左边窗口中展开 IPv4→作用域 192.168.1.0 scope1→地址租用，右侧的详细窗格会显示已经分配给 DHCP 客户端的租约情况，如图 7-37 所示。如果 DHCP 服务器已经成功地将 IP 地址分配给客户端，则在该界面中会显示客户端的 IP 地址、客户端的名称和租约截止日期及类型等信息。

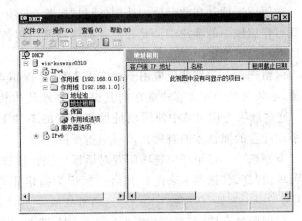

在客户机上强制具有现有租约的客户端放弃它。在客户端上的命令提示行，输入 ipconfig /release。如果需要，为客户端提供一个新的 IP 地址。在客户端上的命令提示行，输入 ipconfig /renew。

图 7-37 查看分配的 DHCP 客户端

如果需要，可取消作用域中所有客户端的租约。要取消当前的所有租约，请在"地址租用"中选择所有客户端，用右键单击，然后单击"删除"。

删除客户端租约不会阻止服务器在将来客户端租约中再次提供该 IP 地址。

6. 配置 DHCP 选项

使用 DHCP 选项能够提高 DHCP 客户端在网络中的功能。在租约生成的过程中，服务器为 DHCP 客户端提供 IP 地址和子网掩码，而 DHCP 选项可以为 DHCP 客户端提供其他更多的 IP 配置参数。

1）什么是 DHCP 选项

DHCP 选项（DHCP options）是指 DHCP 服务器可以给客户端分配的除了 IP 地址和子网掩码以外的其他配置参数，如默认网关、首选 DNS 服务器地址等。

可通过为每个管理的 DHCP 服务器进行不同级别的指派来管理以下这些选项。

- 服务器选项：将这些选项应用于 DHCP 服务器上定义的所有作用域。
- 作用域选项：这些选项特别应用于在特定作用域内获得租约的所有客户端。
- 类别选项：这些选项仅应用于标识为获得租约时指定的用户或供应商成员的客户端。
- 保留选项：这些选项仅应用于单个保留的客户端计算机，并需要在活动的作用域中使用保留。

指派选项可以从以下几个不同的级别管理 DHCP 选项。

预定义选项。在这一级，可以控制为 DHCP 服务器预定义哪些类型的选项，以便作为可用选项显示在任何一个通过 DHCP 控制台提供的选项配置对话框（如"服务器选项"、"作用域选项"或"保留选项"）中。可根据需要将选项添加到标准选项预定义列表或从该列表中删除选项。虽然可借助这种方式使选项变得可用，但只有进行了服务器、作用域或保留管理性配置后才能为它们赋值。

服务器选项。在此赋值的选项（通过"常规"选项卡）默认应用于 DHCP 服务器中的所有作用域和客户端或由它们默认继承。此处配置的选项值可以被其他值覆盖,但前提是在作用域、选项类别或保留客户端级别上设置这些值。

作用域选项。在此赋值的选项(通过"常规"选项卡)仅应用于 DHCP 控制台树中选定的适当作用域中的客户端。此处配置的选项值可以被其他值覆盖,但前提是在选项类别或保留客户端级别上设置这些值。

保留选项。为那些仅应用于特定的 DHCP 保留客户端的选项赋值。要使用该级别的指派,必须首先为相应客户端在向其提供 IP 地址的相应 DHCP 服务器和作用域中添加保留。这些选项为作用域中使用地址保留配置的单独 DHCP 客户端而设置。只有在客户端上手动配置的属性才能替代在该级别指派的选项。

类别选项。使用任何选项配置对话框("服务器选项"、"作用域选项"或"保留选项")时,均可单击"高级"选项卡来配置和启用标识为指定用户或供应商类别的成员客户端的指派选项。

根据所处环境,只有那些根据所选类别标识自己的 DHCP 客户端才能分配到用户为该类别明确配置的选项数据。例如,如果在某个作用域上设置类别指派选项,那么只有在租约活动期间表明类别成员身份的作用域客户端才使用类别指派的选项值进行配置。对于其他非成员客户端,将使用从"常规"选项卡设置的作用域选项值进行配置。

此处配置的选项可能会覆盖在相同环境("服务器选项"、"作用域选项"或"保留选项")中指派和设置的值,或从在更高环境中配置的选项继承的值。但在通常情况下,客户端指明特定选项类别成员身份的能力是能否使用此级别选项指派的决定性标准。

下列原则可以帮助确定对于网络上的客户端使用什么级别指派这些选项。

- 只有在用户拥有需要非标准 DHCP 选项的新软件或应用程序时,才要添加或定义新的自定义选项类型。
- 如果 DHCP 服务器管理着大型网络中的多个作用域,那么在指派"服务器选项"时应细心选择。除非覆盖这些选项,否则在默认情况下这些选项适用于 DHCP 服务器计算机的所有客户端。
- 请使用"作用域选项"指派客户端使用的大多数选项。在多数网络中,通常首选这一级别用于指派和启用 DHCP 选项。
- 如果存在需求各不相同的 DHCP 客户端,并且它们能在取得租约时指明 DHCP 服务器上的某个特定类别,那么请使用"类别选项"。例如,如果有一定数量的 DHCP 客户端计算机运行 Windows 2000,则可将这些客户端配置为接收不用于其他客户端的供应商特定选项。
- 对网络中有特殊配置要求的个别 DHCP 客户端,可使用"保留选项"。
- 对于任何不支持 DHCP 或不推荐使用 DHCP 的主机(计算机或其他网络设备),也可以考虑为那些计算机和设备排除 IP 地址而且直接在相应主机上手动设置 IP 地址。例如,经常需要静态地配置路由器的 IP 地址。

在为客户端设置了基本的 TCP/IP 配置设置(如 IP 地址、子网掩码)之后,大多数客户端还需要 DHCP 服务器通过 DHCP 选项提供其他信息。其中最常见的包括以下方面。

- 路由器。DHCP 客户端所在子网上路由器的 IP 地址首选列表。客户端可根据需要与这些路由器联系以转发目标为远程主机的 IP 数据包。

- DNS 服务器。可由 DHCP 客户端用于解析域主机名称查询的 DNS 名称服务器的
  IP 地址。
- DNS 域。指定 DHCP 客户端在 DNS 域名称解析期间解析不合格名称时应使用的
  域名。

2) 配置 DHCP 选项

在配置了 DHCP 作用域之后,就可以配置 DHCP 选项了,包括服务器级别、作用域级别、类级别和被保留的客户机级别的选项。下面以作用域级别的选项为例来说明。

(1) 在 DHCP 控制台中的左边窗口选择 IPv4→作用域 192.168.1.0 scope1→作用域选项,右击选择"配置选项"命令,如图 7-38 所示。

(2) 选中相应的复选框,进行配置即可。如图 7-39 所示。

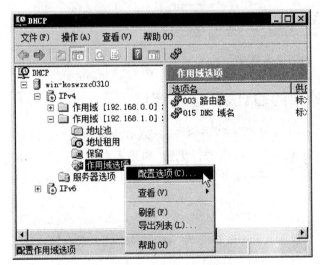 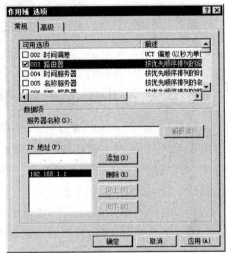

图 7-38 选择"配置选项"命令 　　　　　 图 7-39 配置选项相应参数配置

任务 4 　配置 DHCP 客户端

子任务 1 　设置 DHCP 客户端

让一台计算机称为 DHCP 的客户端操作步骤比较简单,只需要在本地连接的"Internet 协议版本 4(TCP/IPv4)属性"对话框里选定"自动获得 IP 地址(O)"和"自动获得 DNS 服务器地址(B)"单选框即可。如图 7-40 所示。当然也可以只在 DHCP 服务器上获取部分参数。

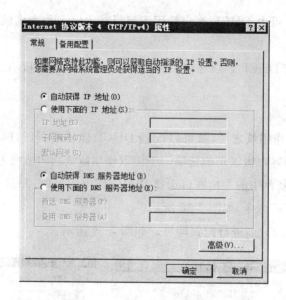

图 7-40   DHCP 客户端的设置

子任务 2   DHCP 客户端的租约验证、释放或续订

在运行 Windows 7、Windows Server 2003 或 Windows Server 2008 家族的某个产品且启用了 DHCP 的客户端计算机上,租约会按照既定策略进行更新,如果需要观察或手动的管理,可以打开"命令提示符"窗口。使用 Ipconfig 命令行实用工具通过 DHCP 服务器验证、释放或续订客户端的租约。

要打开命令提示符,请单击"开始",依次指向"程序"和"附件",然后单击"命令提示符"。

要查看或验证 DHCP 客户端的租约,输入 ipconfig 以查看租约状态信息,或者输入 ipconfig /all。如图 7-41 所示。

要释放 DHCP 客户端租约,输入 ipconfig /release。如图 7-42 所示。

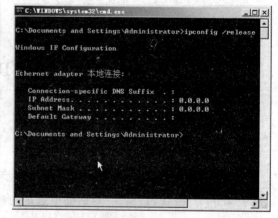

图 7-41   租约查看   图 7-42   租约释放

要续订 DHCP 客户端租约,输入 ipconfig /renew。如图 7-43 所示。续订成功后相应的参数会发生变化,特别注意利用 ipconfig /all 观察租期的变化。

图 7-43 租约的续订

子任务 3 设置 DHCP 客户端备用配置

借助 DHCP 客户端备用配置,可以轻松在两个或多个网络之间转移计算机,一个使用静态 IP 地址配置,另一个或多个使用 DHCP 配置。备用配置在不需要重新配置网卡参数(如 IP 地址、子网掩码、默认网关、首选和备用的域名服务 (DNS) 服务器以及 Windows Internet 名称服务(WINS)服务器)的情况下简化了计算机(如便携式计算机)在网络之间的迁移。

在配置局域网连接的 TCP/IP 属性时,有以下选择:单击"使用下面的 IP 地址"后,可以提供静态 IP 地址设置值,如 IP 地址、子网掩码、默认网关、首选和备用的 DNS 服务器,以及 WINS 服务器。但是,如果单击了"自动获得 IP 地址"将网卡的配置更改为 DHCP 客户端配置,所有的静态 IP 地址设置都将丢失。此外,如果移动了计算机并针对其他网络作了配置,当返回到原来的网络时,将需要使用原来的静态 IP 地址设置重新配置该计算机。

1) 没有备用配置的动态 IP 地址配置

如果单击了"自动获得 IP 地址",计算机将充当 DHCP 客户端并从网络上的 DHCP 服务器获得 IP 地址、子网掩码和其他配置参数。如果 DHCP 服务器不可用,将使用 IP 自动配置来配置网卡。

2) 带有备用配置的动态 IP 地址配置

如果在单击"自动获得 IP 地址"时单击了"备用配置"选项卡并输入了备用配置,用户可以在一个静态配置的网络(如家庭网络)和一个或多个动态配置的网络(如公司网络)之间移动计算机而不用更改任何设置。如果 DHCP 服务器不可用(如在计算机连接到家庭网络时),则会自动使用备用配置对网卡进行配置,因此计算机能在网络上正常工作。将计算机移回动态配置的网络后,如果 DHCP 服务器是可用的,则会自动使用该 DHCP 服务器分配的动态配置对网卡进行配置。

备用配置仅在 DHCP 客户端无法找到 DHCP 服务器时才被使用。

DHCP 客户机的尝试过程如下。

（1）如果在没有备用配置的情况下使用 DHCP，并且 DHCP 客户端无法找到 DHCP 服务器，则会使用 IP 自动配置来配置网卡。DHCP 客户端会不断地试图查找网络中的 DHCP 服务器，每隔五分钟查找一次。如果找到 DHCP 服务器，就为网络适配器指派一个有效的 DHCP 的 IP 地址租约。

（2）如果在有备用配置的情况下使用 DHCP，则当 DHCP 客户端无法找到 DHCP 服务器时，会使用该备用配置来配置网卡。通常不进行任何其他的查找尝试。但在以下情形中会进行 DHCP 服务器查找尝试：

- 禁用了网卡，然后又重新启用；
- 媒体（如网线）断开后又重新连接；
- 适配器的 TCP/IP 设置被更改，并且在这些更改之后仍启用着 DHCP。

如果找到 DHCP 服务器，就为网络适配器指派一个有效的 DHCP IP 地址租约。

需要注意的是，静态备用配置可能与网络中其他计算机的配置冲突。例如，使用备用配置的客户端可能与网络中的其他计算机有着相同的 IP 地址。如果是这样，地址解析协议（ARP）会检测到该冲突，使用此备用配置进行配置的计算机的网卡将被自动设为 0.0.0.0。不会进行任何其他尝试来查找 DHCP 服务器、获得租约或使用静态备用配置。

在从备用配置切换到使用 IP 自动配置的配置时，将使用 IP 自动配置设置（169.254.×.×）来配置网卡，同时将开始 DHCP 服务器查找尝试。如果查找成功，该适配器会被指派一个有效的 DHCP 租约。

使用 DHCP 客户端备用配置的步骤如下。

（1）打开"本地连接"，然后单击"属性"，再双击"Internet 协议版本 4（TCP/IPv4）"。

（2）在"常规"选项卡上，单击"自动获得 IP 地址"。

（3）单击"备用配置"选项卡，然后单击"用户配置"。

（4）在"IP 地址"和"子网掩码"中，输入 IP 地址和子网掩码。

（5）可以执行以下可选任务中的任何一个：

- 在"默认网关"中，输入默认网关的地址；
- 在"首选 DNS 服务器"中，输入主"域名服务（DNS）"服务器地址；
- 在"备用 DNS 服务器"中，输入辅 DNS 服务器地址；
- 在"首选 WINS 服务器"中，输入主"Windows Internet 名称服务（WINS）"服务器地址；
- 在"备用 WINS 服务器"中，输入辅 WINS 服务器地址。

子任务 4　DHCP 客户端可能出现的问题及解决办法

（1）DHCP 客户端显示正丢失某些详细网络配置信息或不能执行相关的任务，如解析名称。

原因：客户端可能丢失其租用的配置中的 DHCP 选项，原因是 DHCP 服务器没有进行配置以分配这些客户端，或者客户端不支持由服务器分配的选项。

解决方案：对于 Microsoft DHCP 客户端，检查它是否在选项指派的服务器、作用域、客户端或类别层次上已配置最通用和受支持的选项。

（2）DHCP 客户端看来有不正确或不完整的选项，如对其所在的子网而配置得不正确或丢失的路由器(默认网关)。

原因:客户端已指派完整和正确的 DHCP 选项集,但是其网络配置看上去不能正常工作。如果使用不正确的 DHCP 路由器选项(选项代码 3)配置了 DHCP 服务器的客户端默认网关地址,运行 Windows NT、Windows 2000 或 Windows XP 的客户端都能使用正确的地址。但是,运行 Windows 95 的 DHCP 客户端会使用不正确的地址。

解决方案:针对相应 DHCP 作用域和服务器上的路由器(默认网关)选项更改 IP 地址列表。如果用户在受影响的 DHCP 服务器上将该路由器选项配置为"服务器选项",需在此处删除它并在为服务于此客户端的相应 DHCP 作用域的"作用域选项"节点中设置正确的值。

在极少数情况下,必须配置 DHCP 客户端以使用与其他作用域客户端不同的路由器的专用列表。在这种情况下,可以添加保留并配置专用于保留的客户端的路由器选项列表。

(3) 许多 DHCP 客户端不能从 DHCP 服务器取得 IP 地址。

原因:更改了 DHCP 服务器的 IP 地址且当前 DHCP 客户端不能获得 IP 地址。

解决方案:DHCP 服务器只能对和它的 IP 地址具有相同网络 ID 的作用域请求服务。确保 DHCP 服务器的 IP 地址处于和它所服务的作用域相同的网络范围中。例如,除非使用超级作用域,否则 192.168.0.0 网络中具有 IP 地址的服务器不能从作用域 10.0.0.0 中指派地址。

任务 5 部署复杂网络的 DHCP 服务器

子任务 1 管理超级作用域

1. 了解超级作用域

使用超级作用域是运行 Windows Server 2008 的 DHCP 服务器的一种管理功能,可以通过 DHCP 控制台创建和管理超级作用域。使用超级作用域,可以将多个作用域组合为单个管理实体。使用此功能,DHCP 服务器可以实现以下内容。

(1) 在使用多个逻辑 IP 网络的单个物理网段(如单个以太网的局域网段)上支持 DHCP 客户端。在每个物理子网或网络上使用多个逻辑 IP 网络时,这种配置通常被称为"多网"。

(2) 支持位于 DHCP 和 BOOTP 中继代理远端的远程 DHCP 客户端(而在中继代理远端上的网络使用多网配置)。

(3) 在多网配置中,可以使用 DHCP 超级作用域来组合并激活网络上使用的 IP 地址的单独作用域范围。DHCP 服务器计算机通过这种方式可为单个物理网络上的客户端激活并提供来自多个作用域的租约。

超级作用域可以解决多网结构中的某种 DHCP 部署问题,包括以下情形。

(1) 当前活动作用域的可用地址池几乎已耗尽,而且需要向网络添加更多的计算机。最初的作用域包括指定地址类的单个 IP 网络的一段完全可寻址范围。需要使用另一个 IP 网络地址范围以扩展同一物理网段的地址空间。

（2）客户端必须随时间迁移到新作用域,如重新为当前 IP 网络编号,从现有的活动作用域中使用的地址范围到包含另一 IP 网络地址范围的新作用域。

（3）用户可能希望在同一物理网段上使用两个 DHCP 服务器以管理分离的逻辑 IP 网络。

多网的超级作用域配置:以下示例显示了一个最初由一个物理网段和一个 DHCP 服务器组成的简单 DHCP 网络如何扩展为使用超级作用域支持多网配置的网络。

1）非路由的 DHCP 服务器(超级作用域之前)

在此初始实例中,具有一个 DHCP 服务器的小型局域网（LAN）支持单个物理子网,即子网 A。如图 7-44 所示,在此配置中,DHCP 服务器被限制为仅向此同一物理子网上的客户端租用地址。此时,还没有添加超级作用域,并且单个作用域(作用域 1)被用来为子网 A 的所有 DHCP 客户端提供服务。

2）支持本地多网配置的非路由 DHCP 服务器的超级作用域

要包含为子网 A(DHCP 服务器所在的同一网段)上的客户端计算机实现的多网配置,可以配置包含以下成员的超级作用域:初始作用域(作用域 1)以及用于要添加支持的逻辑多网结构的其他作用域(作用域 2、作用域 3)。

图 7-45 显示了支持与 DHCP 服务器处在同一物理网络(子网 A)上的多网结构的作用域和超级作用域配置。

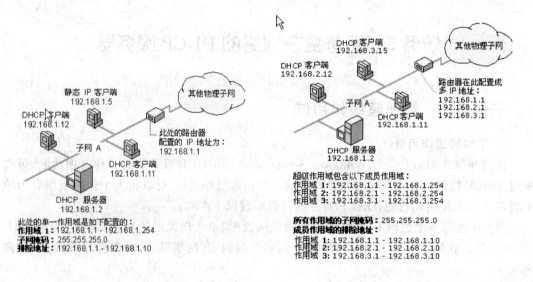

图 7-44　单子网 DHCP　　　　　　　　　　图 7-45　多网 DHCP

3）拥有支持远程多网结构的中继代理的路由 DHCP 服务器的超级作用域

要包含为子网 B(位于子网 A 上从 DHCP 服务器跨越路由器的远程网段)上的客户端计算机实现的多网结构,可以配置包含以下成员的超级作用域:用于要添加远程支持的逻辑多网结构的其他作用域(作用域 2、作用域 3)。

请注意因为多网结构是用于远程网络(子网 B)的,所以最初的作用域(作用域 1)不需要作为被添加的超级作用域的一部分。

图 7-46 显示了支持远离 DHCP 服务器的远程物理网络(子网 B)上的多网结构的作用域和超级作用域配置。

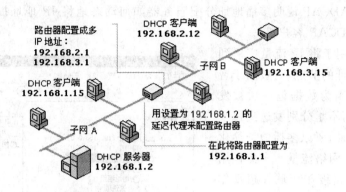

图 7-46　远程多网中继代理 DHCP

2．创建超级作用域

创建超级作用域步骤：单击 DHCP 控制台树中相应的 DHCP 服务器。在"操作"菜单上，单击"新建超级作用域"。

该菜单选项只有在用户至少已在服务器创建了一个作用域（它目前不是超级作用域的一部分）时显示。

按照"新建超级作用域向导"中的指示操作即可。

在超级作用域的创建过程中或创建以后，都可将作用域添加至其中。超级作用域中所包含的作用域有时称为"子作用域"或"成员作用域"。

3．激活超级作用域

激活超级作用域步骤：在 DHCP 控制台树中，单击相应的超级作用域。单击"操作"菜单上的"激活"。

只有新的超级作用域才需要激活。激活超级作用域时，将同时激活该超级作用域中的所有成员作用域，从而允许 DHCP 服务器将该超级作用域中的 IP 地址租用给网络上的客户端。必须激活超级作用域以使其所有成员作用域的 IP 地址可供 DHCP 客户端使用。

在为超级作用域的所有成员作用域指定所需的选项之前，不要激活超级作用域。

当所选的作用域当前处于激活状态时，"操作"菜单命令会变为"停用"。除非用户计划永久性地使其成员作用域从网络中退出，否则请不要停用超级作用域。

子任务 2　配置多播作用域

多播作用域是通过使用多播地址动态客户分配协议（Multicast Address Dynamic Client Allocation Protocol，MADCAP）来支持的，这是一种新提议的用于进行多播地址分配的标准协议。MADCAP 说明多播地址分配服务器如何动态地将 IP 地址提供给网络上的其他计算机（MADCAP 客户机）。

多播作用域用于将 IP 流量广播到一组具有相同地址的节点，一般用于音频或视频会议。因为数据包一次被发送到多播地址，而不是分别发送到每个接收者的单播地址，所以多播地址简化了管理，也减少了网络流量。多播作用域不能被分配给超级作用域。超级作用域只能管理单播地址作用域。创建好的多播作用域如图 7-47 所示。多播作用域的相关参数如下。

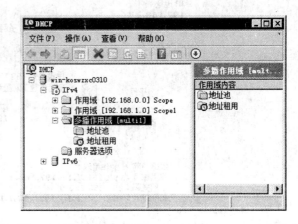

图 7-47　多播作用域

- 名称及描述：多播作用域的名称及关于该多播作用域的描述信息。
- IP 地址范围：可以指定的范围为 224.0.0.0～239.255.255..255。
- 生存时间：是多播通信在网络上通过的路由器的数目。默认值为 32。
- 排除范围：是指从多播作用域中排除的多播地址范围。
- 租用期限：默认为 30 天。

子任务 3　DHCP 中继代理

1. 了解 DHCP 中继代理

DHCP 客户机使用广播从 DHCP 服务器处获得租约。除非经过特殊设置，否则路由器一般不允许广播数据包的通过。此时，DHCP 服务器只能为本子网中的客户机分配 IP 地址。因此，应该对网络进行配置使得客户机发出的 DHCP 广播能够传递给 DHCP 服务器。这里有两种解决方案：配置路由器转发 DHCP 广播或者配置 DHCP 中继代理。Windows Server 2008 就支持配置 DHCP 中继代理。

1）什么是 DHCP 中继代理

DHCP 中继代理是指用于侦听来自 DHCP 客户机的 DHCP/BOOTP 广播，然后将这些信息转发给其他子网上的 DHCP 服务器的路由器或计算机。它们遵循 RFC 技术文档的规定。RFC 1542 兼容路由器是指支持 DHCP 广播数据包转发的路由器。

2）在可路由的网络中实现 DHCP 的策略

（1）每个子网至少包含一台 DHCP 服务器。

此方案要求每个子网至少有一台 DHCP 服务器来直接响应 DHCP 客户机的请求，但这种方案潜在地需要更多的管理负担和更多的设备。

（2）配置 RFC1542 兼容路由器在子网间转发 DHCP 信息。

RFC1542 兼容路由器能够有选择性地将 DHCP 广播转发到其他子网中。尽管这种方案比上一种方案更可取，但可能会导致路由器的配置复杂，而且会在其他子网中引起不必要的广播流量。

（3）在每个子网上配置 DHCP 中继代理

此方案限制了产生多余的广播信息，而且通过为多个子网添加 DHCP 中继代理，只需要一个 DHCP 服务器便可以为多个子网提供 IP 地址，这要比上一种方案更可取。另外，也可以配置 DHCP 中继代理延时若干秒后再转发信息，有效建立首选和辅选的应答 DHCP 服务器。

2. 了解 DHCP 中继代理的工作原理

在 DHCP 客户机与 DHCP 服务器被路由器隔开的情况下，DHCP 中继代理支持它们之间的租约生成过程。这使得 DHCP 客户机能够从 DHCP 服务器那里获得 IP 地址。下面简要描述 DHCP 中继代理的工作过程，如图 7-48 所示。

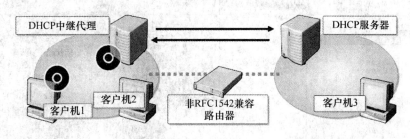

图 7-48　DHCP 中继代理工作过程

（1）DHCP 客户机广播一个 DHCPDISCOVER 数据包。

（2）位于客户机子网中的 DHCP 中继代理使用单播的方式把 DHCPDISCOVER 数据包转发给 DHCP 服务器。

（3）DHCP 服务器使用单播的方式向 DHCP 中继代理发送一个 DHCPOFFER 消息。

（4）DHCP 中继代理向客户机的子网广播 DHCPOFFER 消息。

（5）DHCP 客户机广播一个 DHCPREQUEST 数据包。

（6）客户机子网中 DHCP 中继代理使用单播的方式向 DHCP 服务器转发 DHCPRE-QUEST 数据包。

（7）DHCP 服务器使用单播的方式向 DHCP 中继代理发送 DHCPACK 消息。

（8）DHCP 中继代理向 DHCP 客户机的子网广播 DHCPACK 消息。

3. 配置 DHCP 中继代理

为了在多个子网之间转发 DHCP 消息，需要配置 DHCP 中继代理。在配置 DHCP 中继代理时，可以设置跃点计数和启动阈值。

在添加 DHCP 中继代理前，需要先安装"路由与远程访问"服务，该服务在 Windows Server 2008 下默认没有安装，所以先来安装该服务。

1）安装"路由与远程访问"服务

（1）在"服务器管理器"窗口的"角色"下，单击"添加角色"。或者在"初始配置任务"窗口的"自定义此服务器"下，单击"添加角色"。

（2）在"添加角色向导"中，单击"下一步"按钮。

（3）在服务器角色列表中，选择"网络策略和访问服务"，单击两次"下一步"按钮。

（4）在角色服务列表中，选择"路由和远程访问服务"以选择所有角色服务。也可以单独选择服务器角色。

（5）继续执行"添加角色向导"中的步骤,以完成安装。

2）添加 DHCP 中继代理

（1）依次单击展开"开始"菜单→"管理工具"→"路由和远程访问"工具。

（2）右击"路由和远程访问",再单击"配置并启用路由和远程访问",如图 7-49 所示。

（3）弹出"路由和远程访问服务器安装向导"画面,单击"下一步"按钮。

（4）在"配置"界面中选择"自定义配置",如图 7-50 所示。

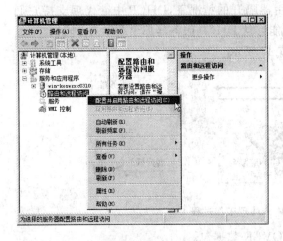
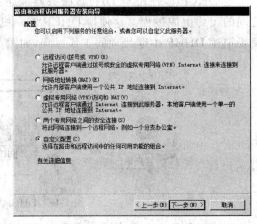

图 7-49　选择"配置并启用路由和远程访问"命令　　　　图 7-50　选择"自定义配置"

（5）在"自定义配置"界面中选择"LAN 路由",如图 7-51 所示。

（6）单击"下一步"按钮,完成此向导,然后出现如图 7-52 所示的界面,选择"启动服务"。

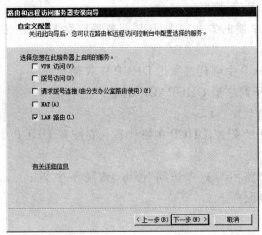
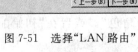

图 7-51　选择"LAN 路由"　　　　　　　图 7-52　启动路由和远程访问服务

（7）在"路由和远程访问"控制台中,展开服务器→展开 IPv4→右击"常规"→单击"新增路由协议"命令,如图 7-53 所示。

（8）在"新路由协议"对话框中,单击"DHCP 中继代理程序",如图 7-54 所示,然后单击"确定"按钮即可。

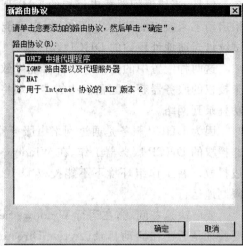

图 7-53 选择"新增路由协议"命令 　　　　图 7-54 选择"DHCP 中继代理程序"一项

3）配置 DHCP 中继代理

打开"路由和远程访问"控制台→右击"DHCP 中继代理程序"→单击"属性"→在"常规"选项卡中输入希望转发的 DHCP 服务器的 IP 地址，单击"添加"按钮即可，如图 7-55 所示。

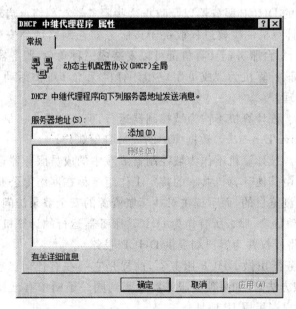

图 7-55 DHCP 中继代理属性设置

子任务 4 　DHCP 服务器的授权

当网络上的 DHCP 服务器配置正确且已授权使用时，将提供有用且计划好的管理服务。但是,当错误配置或未授权的 DHCP 服务器被引入网络时,可能会引发问题。例如,如果启动了未授权的 DHCP 服务器,它可能开始为客户端租用不正确的 IP 地址或者否认尝试续订当前地址租约的 DHCP 客户端。

这两种配置中的任何一个都可能导致启用 DHCP 的客户端产生更多的问题。例如,从未授权的服务器获取配置租约的客户端将找不到有效的域控制器,从而导致客户端无法成功登录到网络。

因为 DHCP 服务是通过网络由服务器和客户机自动协商完成的,所以为了防止网络上非授权的 DHCP 服务器工作,在 Windows 网络中提供了授权机制,只有在域环境下才能完成授权。在工作组环境下不能授权 DHCP 服务器,所以工作中的 DHCP 服务器能够不受限制地运行。

要解决这些问题,在运行 Windows Server 2008 的 DHCP 服务器服务于客户端之前,需要验证是否已在活动目录(Active Directory)中对它们进行了授权。这样就避免了由于运行带有不正确配置的 DHCP 服务器或者在错误的网络上运行配置正确的服务器而导致的大多数意外破坏。

Windows Server 2008 家族为使用活动目录(Active Directory)的网络提供了集成的安全性支持。它能够添加和使用作为基本目录架构组成部分的对象类别,以提供下列增强功能。

- 用于用户授权在网络上作为 DHCP 服务器运行的计算机的可用 IP 地址列表。
- 检测未授权的 DHCP 服务器以及防止这些服务器在网络上启动或运行。

DHCP 服务器计算机的授权过程取决于该服务器在网络中的安装角色。在 Windows Server 2008 家族中,每台服务器计算机都可以安装成三种角色(服务器类型)。

- 域控制器。该计算机为域成员用户和计算机保留和维护活动目录数据库并提供安全的账户管理。
- 成员服务器。该计算机不作为域控制器运行,但是它加入了域,在该域中,它具有活动目录(Active Directory)数据库中的成员身份账户。
- 独立服务器。该计算机不作为域控制器或域中的成员服务器运行。相反,服务器计算机通过可由其他计算机共享的特定工作组名称在网络上公开自己的身份,但该工作组仅用于浏览目的,而不提供对共享域资源的安全登录访问。

如果部署了活动目录,那么所有作为 DHCP 服务器运行的计算机必须是域控制器或域成员服务器才能获得授权并为客户端提供 DHCP 服务。

可以将独立服务器用做 DHCP 服务器,前提是它不在有任何已授权的 DHCP 服务器的子网中(不推荐该方法)。如果独立服务器检测到同一子网中有已授权的服务器,它将自动停止向 DHCP 客户端租用 IP 地址。

运行 Windows Server 2008 的 DHCP 服务器通过使用对 DHCP 标准的如下特定增强,提供对授权和未授权服务器的检测功能。

- 在使用 DHCP 信息消息 (DHCPINFORM) 的 DHCP 服务器之间使用了信息交流。
- 增加了几个新的供应商特定选项类型,用于交流有关根域的信息。

运行 Windows Server 2008 的 DHCP 服务器使用以下过程来确定活动目录是否可用。如果检测到服务器,DHCP 服务器会根据它是成员服务器还是独立服务器,按照以下过程来确保它已得到授权。

- 对于成员服务器(已加入到企业所包含的域的服务器),DHCP 服务器将查询活动目录(Active Directory)中已授权的 DHCP 服务器的 IP 地址列表。该服务器一旦在授权列表中发现其 IP 地址,便进行初始化并开始为客户端提供 DHCP 服务。如果在授权列表中未发现自己的地址,则不进行初始化并停止提供 DHCP 服务。如果安装在多个林的环境中,DHCP 服务器将仅从它们所在的林内寻求授权。一旦获得授权,多个林环境中的 DHCP 服务器即可向所有可访问的客户端租用 IP 地址。因此,如果来自其他林的客户端可以通过使用启用了 DHCP/BOOTP 转发功能的路由器加以访问,那么 DHCP 服务器也会向它们租用 IP 地址。如果活动目录(Active Directory)不可用,那么 DHCP 服务器会继续在上一次的已知状态下运行。
- 对于独立服务器(未加入任何域或不属于现有企业的任何部分的服务器),DHCP 服务启动时,独立服务器会使用本地有限广播地址(255.255.255.255)向可访问的网络发送 DHCP 信息消息(DHCPINFORM)请求,以便定位已安装并配置了其他 DHCP 服务器的根域。该消息中包括几个供应商特定的选项类型,这些类型是其他运行 Windows Server 2008 的 DHCP 服务器已知并支持的。当其他 DHCP 服务器接收到这些选项类型时,对根域信息的查询和检索将被启用。当被查询时,其他的 DHCP 服务器会借助 DHCP 确认消息(DHCPACK)来确认并返回含有 Active Directory 根域信息的应答。如果独立服务器未收到任何回复,它将初始化并开始向客户端提供 DHCP 服务。如果独立服务器收到已在活动目录(Active Directory)中得到授权的 DHCP 服务器的回复,那么独立服务器将不会进行初始化,也不会向客户端提供 DHCP 服务。

已授权的服务器会每隔 60 分钟(默认值)重复一次检测过程。未授权的服务器会每隔 10 分钟(默认值)重复一次检测过程。

如果运行 Windows Server 2008 的 DHCP 服务器安装在 Windows NT 4.0 域中,那么该服务器可以在没有目录服务的情况下初始化并开始服务于 DHCP 客户端。但是,如果在同一子网或在相连的网络(其路由器配置了 DHCP 或 BOOTP 转发)中有 Windows Server 2008 域,那么该 Windows NT 4.0 域中的 DHCP 服务器会检测到其未授权状态,并停止向客户端提供 IP 地址租用。如果在活动目录(Active Directory)中授权了该 DHCP 服务器,那么它将可以向 Windows NT 4.0 域中的客户端提供 DHCP 服务。

为使目录授权过程正常起作用,必须将网络中第一个引入的 DHCP 服务器加入活动目录(Active Directory)。这需要将服务器作为域控制器或成员服务器安装。当用 Windows Server 2008 DHCP 计划或部署活动目录(Active Directory)时,请不要将第一个 DHCP 服务器作为独立服务器安装,这非常重要。

通常情况下,只存在一个企业根,因而也只有一个可进行 DHCP 服务器目录授权的位置。但是,并不限制为多个企业根授权 DHCP 服务器。

DHCP 服务器的完全合格的域名(FQDN)不能超过 64 个字符。如果 DHCP 服务器的 FQDN 长度超过了 64 个字符,那么将无法对该服务器进行授权,同时将显示错误消息:"违反了约束条件"。如果 DHCP 服务器的 FQDN 长度超过了 64 个字符,请使用该服务器的 IP 地址(而不是其 FQDN)来进行授权。

任务 6 维护 DHCP 数据库

子任务 1 设置 DHCP 数据库路径

DHCP 服务器的数据库默认存放在％SystemRoot％\System32\dhcp 目录下,如图 7-56 所示。其中 dhcp.mdb 为主数据库文件,其他文件都是辅助性文件。Backup 子文件夹中是 DHCP 数据库的备份,默认情况下,DHCP 数据每隔一小时会被自动备份一次。

用户根据需要可以修改 DHCP 数据库的存放路径和备份文件的路径,具体操作步骤如下。

(1) 打开“开始”→“管理工具”→DHCP 控制台→右击 DHCP 服务器,在弹出的快捷菜单中选择“属性”命令。

(2) 在服务器属性对话框中,可以修改数据库路径和备份路径,如图 7-57 所示。

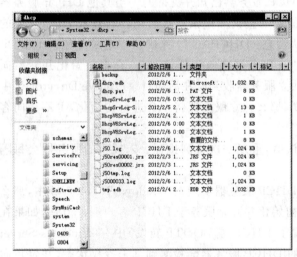

图 7-56 DHCP 数据库的存放路径　　　　图 7-57 修改 DHCP 数据库路径和备份路径

(3) 单击“确定”按钮,弹出如图 7-58 所示的对话框。单击“是”按钮,DHCP 服务器就会自动恢复到最初的备份设置。

图 7-58 DHCP 服务重启对话框

子任务 2　备份和还原 DHCP 数据库

在 DHCP 服务器的日常运行过程中,会由于各种各样的原因导致 DHCP 服务器出现错误或者是无法正常启动。这时,如果将整个 DHCP 服务器进行重新再建一次,对于一个包含多个作用域、多个保留、多个 DHCP 选项的 DHCP 服务器来说,是一件既费时又费力的事情。因而,为避免不必要的麻烦,最好将 DHCP 数据库预先进行备份。即使 DHCP 数据库发生损坏,也可以利用备份将 DHCP 数据库迅速还原。

1. 备份 DHCP 数据库

DHCP 数据库默认存放在％SystemRoot％\System32\dhcp\backup 目录下,该数据库默认每 1 小时自动创建 DHCP 数据库备份,用户也可以进行手动备份,具体操作如下。

（1）打开"开始"→"管理工具"→DHCP 控制台→右击 DHCP 服务器,在弹出的快捷菜单中选择"备份"命令,如图 7-59 所示。

（2）在"浏览文件夹"对话框中选择要进行 DHCP 数据库备份的目标文件夹即可。

2. 还原 DHCP 数据库

DHCP 服务在启动和运行过程中,会自动检查 DHCP 数据库是否损坏。如果损坏,就会将％SystemRoot％\System32\dhcp\backup 目录下的备份文件去还原数据库。如果用户已经手动备份了数据库,也可以进行手动还原 DHCP 数据库,具体操作如下。

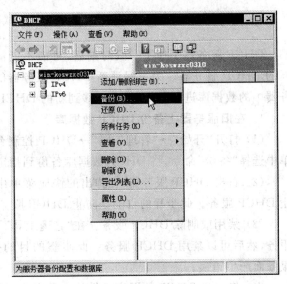

图 7-59　备份 DHCP 服务器

（1）打开"开始"→"管理工具"→DHCP 控制台→右击 DHCP 服务器,在弹出的快捷菜单中选择"所有任务"下的"停止"命令,先停止 DHCP 服务,才能进行 DHCP 服务器的还原操作。

（2）右击 DHCP 服务器,在弹出的快捷菜单中选择"还原"命令。

（3）在"浏览文件夹"对话框中选择 DHCP 数据库的备份文件所在的路径,然后单击"确定"按钮。

（4）右击 DHCP 服务器,在弹出的快捷菜单中选择"所有任务"下的"启动"命令,重新启动 DHCP 服务。

子任务 3　重整 DHCP 数据库

在 DHCP 服务器运行了一段时间后,会出现数据分布凌乱的情况。为了提高 DHCP 服务器的使用效率,应该对 DHCP 数据库进行重新整理。

在 Windows Server 2008 操作系统中,会自动地定期在后台为 DHCP 数据库进行重整,也可以通过手动的方式重整数据库,而且手动的效率要高于自动重整。方法是:先停止 DHCP 服务,然后进入％SystemRoot％\System32\dhcp 目录下运行 Jetpack. exe 程序,完成重整数据库的操作,最后重新启动 DHCP 服务即可。

在命令提示符下的操作步骤如下:

cd c:\Windows\system32\dhcp(进入 DHCP 目录)

net stop dhcpserver(停止 DHCP 服务)

jetpack dhcp. mdb temp. mdb(对 DHCP 数据库进行重整,其中 dhcp. mdb 是 DHCP 数据库文件,temp. mdb 是用于调整的临时文件)

net start dhcp server(开启 DHCP 服务)

子任务 4　迁移 DHCP 数据库

DHCP 服务器工作了一段时期后,可能不能满足日益增长的需求,这时迫切需要更换新的 DHCP 服务器。为了保证新 DHCP 服务器的配置完全正确,可以将原来的 DHCP 服务器中的数据库进行备份,然后迁移到新的 DHCP 服务器上。

1. 在旧服务器上备份 DHCP 数据库

(1) 打开"开始"→"管理工具"→DHCP 控制台→右击 DHCP 服务器,在弹出的快捷菜单中选择"备份"命令,将 DHCP 数据库备份到指定的目录中。

(2) 右击 DHCP 服务器,在弹出的快捷菜单中选择"所有任务"下的"停止"命令,先停止 DHCP 服务。此步骤的目的是防止 DHCP 服务器继续向客户端提供 IP 地址租约。

(3) 禁用或删除 DHCP 服务。在"管理工具"下的"服务"工具中,找到"DHCP Server"服务,然后可以禁用 DHCP 服务。此步骤的目的是防止该计算机重启后自动启动 DHCP 服务而产生错误。

(4) 将包含 DHCP 数据库备份的文件夹复制到新的 DHCP 服务器中。

2. 在新服务器上还原 DHCP 数据库

(1) 在新 DHCP 服务器中安装 DHCP 服务角色,并配置相关的网络参数。

(2) 右击 DHCP 服务器,在弹出的快捷菜单中选择"所有任务"下的"停止"命令,先停止 DHCP 服务。

(3) 打开"开始"→"管理工具"→DHCP 控制台→右击 DHCP 服务器,在弹出的快捷菜单中选择"还原"命令,还原从旧服务器上备份的 DHCP 数据库。

(4) 右击 DHCP 服务器,在弹出的快捷菜单中选择"所有任务"下的"启动"命令,重新启动 DHCP 服务。

(5) 右击 DHCP 服务器,在弹出的快捷菜单中选择"协调所有的作用域"命令,使 DHCP 数据库中的作用域信息与注册表中的相关信息保持一致。

项目小结

本项目结合一个企业的 DHCP 服务器的架设需求,详细讲述了 DHCP 服务器和 DHCP 客户机的配置与管理过程。通过本项目的学习,掌握 DHCP 服务器的规划和配置管理,掌握作用域、超级作用域的基本作用和选项参数的级别、作用范围。

实训练习

实训目的:掌握 DHCP 服务器的搭建。

实训内容:

(1) 安装 DHCP 服务。

(2) 配置 DHCP 服务器。

实训步骤:

(1) 安装 DHCP 服务。

(2) 创建一个作用域。

(3) 建立最保留的客户机。

(4) 创建作用域选项。

(5) 将客户端计算机设置为"自动获得 IP 地址"。

(6) 通过手动刷新租约,使用 ipconfig 命令检查计算机是否正确获得网络配置参数。

复习题

1. 简要说明动态 IP 地址分配方案的优点和缺点?

2. DHCP 工作过程包括哪几个步骤?

3. 简要说明 DHCP 服务器的配置过程。

4. 多播作用域和超级作用域的区别是什么?

5. 简要说明如何配置 DHCP 中继代理。

6. 根据以下场景描述进行动态地址分配规划,配置 DHCP 服务器并进行简单的测试:某公司需要为子网 192.168.3.0/24 的主机动态分配 IP 地址,IP 地址 192.168.3.1 已经静态分配给 Web 服务器、IP 地址 192.168.3.2 分配给 DHCP 服务器,并且准备在 DHCP 服务器上把 IP 地址 192.168.3.8 保留给计算机 Wang(MAC 地址在实验时获取)。

项目 8　配置与管理 DNS 服务器

项目学习目标

- 掌握安装 DNS Server 服务的步骤。
- 掌握配置 DNS 区域。
- 配置动态更新。
- 委派 DNS 区域。
- 配置 DNS 客户机。
- 测试 DNS 服务。

案例情境

这是一家集生产、销售、管理、售后服务于一体的综合性企业，办公用计算机 300 多台，服务器 3 台。随着公司办公业务的不断扩大，公司接入了 Internet，建立了公司的宣传网站，在对内提供服务的同时也需要对外展开互联网宣传，为此公司申请注册了自己的域名 hbsi. com。公司准备部署自己的 DNS 服务器，实现域名的解析，从而让互联网用户能通过域名访问公司的门户网站。

项目需求

需要搭建 DNS 服务器来实现域名 hbsi. com 的解析服务。在网络管理中，DNS 服务器是最重要的服务器之一，它不仅负责 Internet、私网和公网等网络的域名解析任务，同时当局域网组建成域方式下，在活动目录中它还承担着用户账户和计算机名、组名及各种对象的名称解析服务。如果公司建立分支机构，还需要建立子域。DNS 运行得好坏直接影响整个网络服务的正常运行，需要考虑 DNS 服务器的备用和负载分担机制。

实施方案

Windows Server 2008 网络服务组件里有 DNS 服务角色，可以通过安装和配置 Windows Server 2008 的 DNS 服务来满足企业目前的基本需求。实施方案如下：

（1）安装 DNS 服务角色；

（2）配置 DNS 服务，建立相应的查找区域；

（3）配置内部 DNS 客户端；

（4）管理 DNS 服务器。

通过配置 DNS 动态更新,便于 DNS 客户端的信息发生变化时,及时更新 DNS 服务器的记录;通过配置 DNS 区域委派,可以实现不同的 DNS 服务器的负载分担。

任务 1　安装 DNS 服务角色

子任务 1　了解 DNS

在一个 TCP/IP 架构的网络(如 Internet)环境中,每台主机都需要一个唯一的 IP 地址标识身份,如果我们要连接到目标主机,所需要的只是目标主机的 IP 地址,而不需要它的名字。因此,在访问目标计算机时,必须提供它的 IP 地址,否则将无法进行网络访问。对大多数人来说,记忆 IP 地址是很困难的,尤其在需要访问的计算机数量较多时变得更为困难。为此,TCP/IP 网络提供了域名系统(Domain Name System,DNS)。

通过 DNS 服务,可以为网络中的每一台主机指定一个面向用户的、便于记忆的名字,这种名字叫做域名。在 Internet 上域名与 IP 地址之间是一一对应的,这样,用户在访问网络资源时,便可以直接使用目标计算机的域名。域名虽然便于人们记忆,但机器之间只能互相认识 IP 地址,它们之间的转换工作称为域名解析,域名解析需要由专门的域名解析服务器来完成,DNS 就是进行域名解析的服务器。

域名的格式和 IP 地址类似,使用点分字符串的形式表示特定的域名。解析时按照字符串表示的层次进行。

1. DNS 名字空间

DNS 名字空间是有层次的树状结构的名称的组合,DNS 可以使用它来标识和寻找树状结构中相对于根域的某个给定域中的一个主机。在 DNS 名字空间中包含了根域、顶级域、二级域和以下的各级子域。DNS 名字空间如图 8-1 所示。

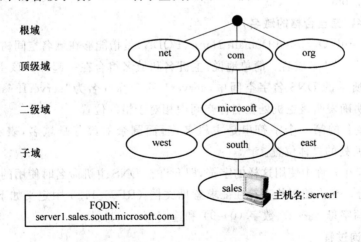

图 8-1　DNS 名字空间

1) 根域

根域是 DNS 树的根节点,没有名称。在 DNS 名称中,根域用"."来表示。书写域名时可省略。

2）顶级域

根域又被分成了若干个顶级域，顶级域名字有.com、.net、.org、.edu、.cn 等。顶级域是指一个域名的尾部部分的名称。通常顶级域的名字用两个或三个字符表示，用以标识域名所属的组织特点或地理位置特点。例如，www.microsoft.com 的顶级域名为".com"。表 8-1 列出了常见的顶级域。

表 8-1　常见顶级域

域名	用途	举例
.com	商业机构，如商店	microsoft.com
.edu	教育机构，如大学和学院	berkeley.edu
.gov	政府机构，如 IRS,SSA,NASA 等	nasa.gov
.int	国际组织，如 NATO 等	nato.int
.mil	军事组织，如陆军、海军等	army.mil
.net	网络组织，如 ISP	mci.net
.org	非盈利性组织，如 IEEE 标准化组织	ieee.org

3）二级域

顶级域又被分成了若干个二级域。二级域名的长度各异，它通常由 InterNIC（国际域名提供商）为连到 Internet 上的个人或公司进行注册。例如，microsoft.com 的二级域名为"microsoft"，这是由 InterNIC 为微软公司注册的。

4）子域

除了由 InterNIC 注册二级域以外，大公司可以建立自己需要的子域名，子域名字空间的管理由公司自己管理，不用去域名管理机构注册登记。例如，south.microsoft.com、west.microsoft.com。

2. 全称域名（完全合格的域名）

全称域名（Full Qualified Domain Name，FQDN）是指能够在域名空间树状结构中明确表示其所在位置的 DNS 域名。简单地说，主机名和域名组合在一起即为该主机的 FQDN。例如，在图 8-1 所示的 DNS 名字空间中，server1 的全称域名为"server1.sales.south.microsoft.com"，明确表明该主机处在名称空间中相对于根的位置。

一般全称域名的第一个字符串是主机名，后面剩余的部分是域名，表示一台主机在DNS 名字空间所处的具体位置。

强烈建议仅在名称中使用这样的字符，即允许在 DNS 主机命名时使用的 Internet 标准字符集的一部分。允许使用的字符在征求意见文档（RFC）1123 中定义如下：所有大写字母（A～Z）、小写字母（a～z）、数字（0～9）和连字符（一）。

3. DNS 查询过程

DNS 服务的目的是允许用户使用全称域名的方式访问资源。DNS 客户机通过向 DNS服务器提交 DNS 查询来解析名称所对应的 IP 地址。DNS 查询解决的是客户机如何获得某个资源的 IP 地址从而实现对该资源访问的问题。DNS 具有两种查询方式：递归查询与迭代查询。

1) 递归查询

一个递归查询需要一个确定的响应,可以肯定或否定。当一个递归查询被送到客户机指定的 DNS 服务器中,该服务器必须返回确定或否定的查询结果。一个确定的响应返回 IP 地址;一个否定的响应返回"host not found"或类似的错误。

2) 迭代查询

迭代查询允许 DNS 服务器响应请求,并在 DNS 查询方面作出最大的尝试。如果该 DNS 服务器不能解析,它会给客户机返回另一个可能作出解析的 DNS 服务器的 IP 地址。

在图 8-2 中,DNS 客户机向 DNS 服务器询问一个域名的 IP 地址,然后从 DNS 服务器那里收到了应答信息。其查询过程如下。

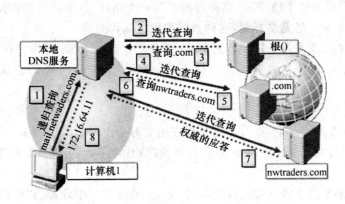

图 8-2　DNS 查询过程

(1) 某 DNS 客户机-计算机 1 想查询"mail1. nwtraders. com"域名所对应的 IP 地址,首先把查询请求发送到本地 DNS 服务器。

(2) 本地 DNS 服务器发现自身不能解析,于是把这种请求转发给了根 DNS 服务器。本地 DNS 服务器并不是把请求转发给.com 的 DNS 服务器,而是根 DNS 服务器。对于任何一台 Internet 上的 DNS 服务器,只要它发现自己不能解析客户端的请求,一定会把解析请求转发给根,而不是转发给它的上一级 DNS 服务器。

(3) 根 DNS 收到本地 DNS 服务器转发来的解析请求,也不能解析,因为它只有根域,但它通过要查询的名字"mail1. nwtraders. com"即知应让本地 DNS 服务器到.com 的 DNS 服务器查询。于是,根 DNS 服务器向本地 DNS 服务器发送一个指针,该指针指向.com 服务器。

(4) 本地 DNS 服务器收到指针即向.com 的 DNS 服务器发送"mail1. nwtraders. com"的解析请求。

(5).com 的 DNS 服务器收到本地 DNS 服务器转发来的解析请求,也不能解析,但它知道应该到哪台 DNS 服务器上查找。于是,.com 的 DNS 服务器向本地 DNS 服务器发送一个指针,该指针指向 nwtraders. com 服务器。

(6) 本地 DNS 服务器收到指针即向 nwtraders. com DNS 服务器发送"mail1. nwtraders. com"的解析请求。

(7) nwtraders. com 的 DNS 服务器收到查询请求后,查询记录发现有 mail1 这样一台主机,IP 为 172.16.64.11,则 nwtraders.com DNS 服务器将此 IP 地址返回本地 DNS 服务器。

(8) 本地 DNS 服务器把 nwtraders.com 的 DNS 服务器发送来的 IP 地址发送给 DNS 的客户机-计算机 1。

经过以上 8 个步骤后,计算机 1 就可以直接利用查询到的 IP 地址和名为"mail1.nwtraders.com"的计算机通信了。本地 DNS 服务器和客户机之间是递归的查询过程,即本地 DNS 服务器将返回给客户机一个确切的答案。显然这个确切的答案不仅仅是指解析回一个 IP 地址。若本地 DNS 服务器通过这一查询过程后没有找到相应的 IP 地址,则返回给客户机一个没有找到对应 IP 地址的信息,这也是一个确切的答案。本地 DNS 总是返回一个完整的答案,这种查询类型为递归查询。与此对应,无论是根 DNS 服务器还是.com 等 DNS 服务器,它们返回给本地 DNS 服务器的总是一个指针,这个指针指向这个域树的下一级 DNS 服务器,而并不是完整答案,这种查询类型为迭代查询。

一般计算机主机或配置了转发器的 DNS 服务器发起的 DNS 查询是递归查询,配置了根提示的 DNS 服务器发起的查询为迭代查询。DNS 服务器的查询方式可以通过设置改变。

3) 查询响应

以前对 DNS 查询的讨论,都假定此过程在结束时会向客户端返回一个肯定的响应。然而,查询也可返回其他应答。最常见的应答有:权威性应答、肯定应答、参考性应答和否定应答。

权威性应答是返回至客户端的肯定应答,并随 DNS 消息中设置的"授权机构"位一同发送,消息指出此应答是从带直接授权机构的服务器获取的。

肯定应答可由查询的资源记录(RR)或资源记录列表(RRset)组成,它与查询的 DNS 域名和查询消息中指定的记录类型相符。

参考性应答包括查询中名称或类型未指定的其他资源记录。如果不支持递归过程,则这类应答返回至客户端。这些记录的作用是为提供一些有用的参考性答案,客户端可使用参考性应答继续进行递归查询。

参考性应答包含其他的数据,如不属于查询类型的资源记录(RR)。例如,如果查询主机名称为"www",并且在这个区域未找到该名称的 A 资源记录,相反找到了"www"的 CNAME 资源记录,DNS 服务器在响应客户端时可包含该信息。

如果客户端能够使用迭代过程,则它可使用这些参考性信息为自己进行其他查询,以求完全解析此名称。

来自服务器的否定应答可以表明,当服务器试图处理并且权威性地彻底解析查询的时候,遇到两种可能的结果之一:

- 权威性服务器报告:在 DNS 名称空间中没有查询的名称。
- 权威性服务器报告:查询的名称存在,但该名称不存在指定类型的记录。

以肯定或否定响应的形式,解析程序将查询结果传回请求程序并把响应消息缓存起来。

子任务 2　安装 DNS 服务

DNS 服务的实现是基于 C/S 模式的。也就是说,一方面在网络中需要配置 DNS 服务器,用来提供 DNS 服务,DNS 服务器包含了实现域名和 IP 地址解析所需要的数据库;另一方面,把网络中那些希望解析域名的计算机配置成为指定 DNS 服务器的客户机。这样,当 DNS 客户机需要进行解析时,它们会自动向所指向的 DNS 服务器发出查询请求,DNS 服务器响应 DNS 客户机的请求,给它们提供所需要的查询结果。下面将详细介绍 DNS 服务器基本配置。

1. 为该服务器分配一个静态 IP 地址

一般作为网络服务器的计算机不应该使用动态的 IP 地址。DNS 服务器也一样,不应该使用动态分配的 IP 地址,因为地址的动态更改会使客户端指向的 DNS 服务器与目前真实的 DNS 服务器失去联系。

设置服务器的 IP 地址的步骤如下。

(1) 选择"开始"→"控制面板"→"网络和共享中心"→"本地连接",打开"本地连接",选择"Internet 协议(TCP/IP)",查看其属性。

(2) 选择"使用下面的 IP 地址",然后在相应的框中输入 IP 地址、子网掩码和默认网关地址(假定本例中 IP 地址为"172.16.9.1"),如图 8-3 所示。

注意,运行 Windows Server 2008 的 DNS 服务器须将其首选 DNS 服务器指定为它本身 IP 地址,备用 DNS 服务器指定为 ISP 的 DNS 服务器。

(3) 如果需要的话,选择"高级",再选择"DNS"选项卡。单击选中"附加主要的和连接特定的 DNS 后缀"、"附加主 DNS 后缀的父后缀"、"在 DNS 中注册此连接的地址"复选框,如图 8-4 所示。

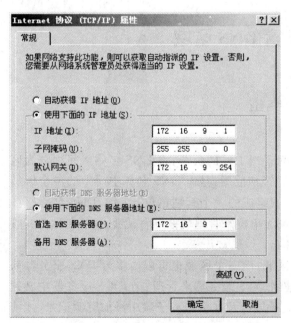

图 8-3　TCP/IP 属性

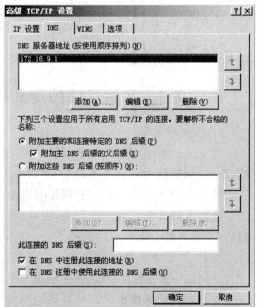

图 8-4　"DNS"选项卡

注意,运行 Windows Server 2008 的 DNS 服务器必须将其 DNS 服务器指定为其本身。

2. 安装 DNS 服务

安装 DNS 服务通过"服务器管理"中添加角色的方式安装。

（1）选择"开始"→"管理工具"→"服务器管理" →"角色"选项，打开"添加角色"对话框。在列表中，选中"DNS 服务器"项，如图 8-5 所示。

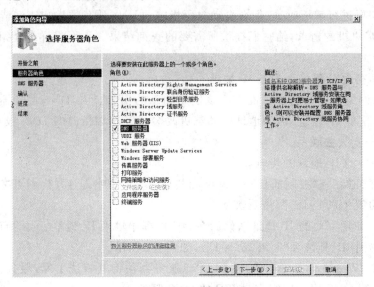

图 8-5　添加角色向导

（2）安装完成时，在添加角色向导页上单击"完成"按钮。

（3）关闭添加或删除程序窗口。

任务 2　配置 DNS 区域

子任务 1　了解区域的定义和类型

1. 什么是区域

为了便于根据实际情况来分散 DNS 名称管理工作的负荷，将 DNS 名称空间划分为区域（Zone）来进行管理。区域是 DNS 服务器的管辖范围，是由 DNS 名称空间中的单个区域或由具有上下隶属关系的紧密相邻的多个子域组成的一个管理单位。因此，DNS 名称服务器是通过区域来管理名称空间的，而并非以域为单位来管理名称空间，但区域的名称与其管理的 DNS 名称空间的域的名称是一一对应的。

一台 DNS 服务器可以管理一个或多个区域，而一个区域也可以由多台 DNS 服务器来管理。例如，由一个主 DNS 服务器和多个辅助 DNS 服务器来管理。在 DNS 服务器中必须先建立区域，然后再根据需要在区域中建立子域以及在区域或子域中添加资源记录，才能完成其解析工作。

区域（Zone）文件是 DNS 数据库的一部分，包含属于 DNS 名称空间中所有资源记录。

每个区域对应一个区域文件，区域文件是用来存储该区域内提供名字解析的数据，区域文件是一个数据库文件，存储在 DNS 服务器中。

2. 区域的类型

DNS 服务有三种区域类型:主要区域、辅助区域和存根区域。通过使用不同类型的区域,能够更好地满足用户的需要。例如,推荐配置一个主要区域和一个辅助区域,这样在一台服务器失效时可以提供容错保护。如果区域是在一台单独的 DNS 服务器上维护的话,可以建立存根区域。

(1) 主要区域 (Primary Zone):是 DNS 服务器上新建区域数据的正本。主要区域对相应的 DNS 区域而言,它的数据库文件是可读、可写的版本。可读即指该 DNS 服务器可以向客户端提供名字解析。可写有两层含义:管理员对记录有管理与维护的权限;DNS 客户机可以把它们的记录动态注册到 DNS 服务器的主区域。

(2) 辅助区域(Secondary Zone):主要区域的备份,从主要区域直接复制而来。同样包含相应 DNS 命名空间所有的记录,和主要区域不同之处是 DNS 服务器不能对辅助区域进行任何修改,即辅助区域是只读的。

(3) 存根区域(Stub Zone):存根区域是 Windows Server 2003 新增加的功能。存根区域和辅助区域很类似,也是只读版本。此区域只是包含区域的某些信息和某些记录,而不是全部。

子任务 2　了解资源记录及其类型

资源记录(Resource Record,RR)是 DNS 数据库中的一种标准结构单元,里面包含了用来处理 DNS 查询的信息。

Windows Server 2008 支持的资源记录有多种类型,常用的有七类。常用记录类型及记录的作用详见表 8-2。

表 8-2　常见资源记录类型

记录类型	说明
A	把主机名解析为 IP 地址
PTR	把 IP 地址解析为主机名
SOA	每个区域文件中的第一个记录
SRV	解析提供服务的服务器的名称
NS	标识每个区域的 DNS 服务器
MX	邮件服务器
CNAME	把一个主机名解析为另一个主机名

子任务 3　管理正向查找区域和反向查找区域

1. 正向查找区域和反向查找区域

在决定建立主要区域、辅助区域还是存根区域之后,必须确定建立哪种类型的查找区域。资源记录可以存储在正向查找区域或反向查找区域中。

"正向查找区域"用于域名到 IP 地址的映射,当 DNS 客户端请求解析某个域名时,DNS 服务器在正向查找区域中进行查找,并返回给 DNS 客户端相应的 IP 地址。在 DNS 管理控制台中,正向查找区域以 DNS 域名来命名,主要包括 A 记录。

"反向查找区域"用于 IP 地址到域名的映射,当 DNS 客户端请求解析某个 IP 地址时,DNS 服务器在反向查找区域中进行查找,并返回给 DNS 客户端相应的域名。在 DNS 管理控制台中,正向查找区域以 DNS 域名来命名,主要包括 PTR 记录。

通常认为 DNS 只是将域名转换成 IP 地址(称"正向解析"或"正向查找")。事实上,将 IP 地址转换成域名的功能也是常使用到的,当登录一台 Unix 工作站时,工作站就会去做反查,找出用户是从哪个地方来的(称"反向解析"或"反向查找")。"反向查找"即通过已知的 IP 地址让 DNS 服务器查找对应的全称域名。如图 8-6 所示。

名称空间: training.nwtraders.msft.

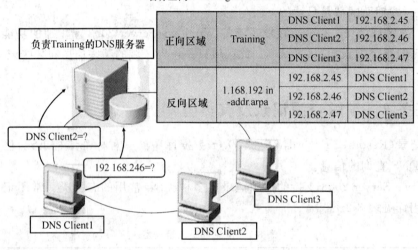

图 8-6　DNS 查询区域

Client1 发送解析"Client2. training. nwtraders. msft"的查询请求。DNS 服务器在自己的正向查找区域(training. nwtraders. mstf)中寻找与这个主机名对应的 IP 地址,然后把这个 IP 地址返回给 Client1。

Client1 发送解析 192.168.2.46 的查询请求。DNS 服务器在自己的反向查找区域(in −addr. arpa)中寻找与这个 IP 地址对应的主机名,然后把这个主机名返回给 Client1。

2. 管理正向查找区域

可以针对主要区域类型分别建立正向查找区域和反向查找区域。在正向查找区域中存储的映射记录是主机名−IP 地址的映射记录。

1) 创建主要区域类型的正向查找区域

(1) 选择"开始"→"管理工具"→"DNS",打开如图 8-7 所示的 DNS 控制台。

(2) 在 DNS 控制台中,展开 DNS 服务器,右键单击"正向查找区域",然后在弹出的菜单中单击"新建区域"。

(3) 在弹出的如图 8-8 所示的"新建区域向导"页中,单击"下一步"按钮。

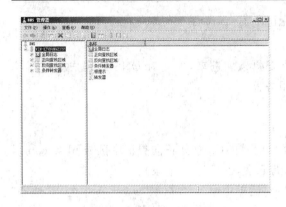 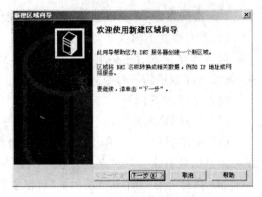

图 8-7　DNS 控制台　　　　　　　　　　　图 8-8　新建区域向导

（4）在如图 8-9 所示的"区域类型"页中，选中"主要区域"，然后单击"下一步"按钮。

（5）在打开的如图 8-10 所示的"区域名称"向导页中输入区域名称（本例输入"hbsi. com"），并单击"下一步"按钮。区域名称必须对应 DNS 名字空间中某个区域的域名。

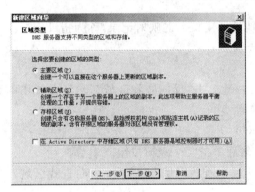 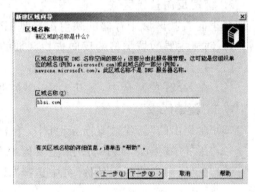

图 8-9　区域类型　　　　　　　　　　　　图 8-10　区域名称

（6）在打开的如图 8-11 所示的"区域文件"向导页，设置区域文件名，一般文件名采用默认值，单击"下一步"按钮。

（7）在打开的如图 8-12 所示的"动态更新"向导页中可以设置是否允许该区域进行动态更新。如果用户对安全性要求比较高，可以保持"不允许动态更新"单选框的选中状态，单击"下一步"按钮。

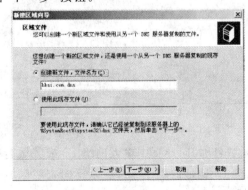 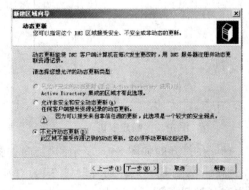

图 8-11　区域文件　　　　　　　　　　　图 8-12　动态更新

(8) 最后在"正在完成新建区域向导"页中,单击"完成"按钮完成创建过程。

2) 手工建立正向查找资源记录

区域建立完成后还必须把本区域的各种资源添加进来,才能对 DNS 的客户机进行响应,如添加区域里的一台服务器主机或邮件服务器。

操作步骤如下。

(1) 打开 DNS 控制台。

(2) 在控制台树中,单击希望手工建立资源记录的区域(如正向查询主区域 hbsi. com),在右侧空白处右击,单击"新建主机"(新建主机记录,也称为 A 记录)。

(3) 在打开的如图 8-13 所示的"新建主机"对话框中输入名称(如"www"),并在"IP 地址"编辑框中键入提供该服务的服务器 IP 地址(本例为"172.16.9.100"),单击"添加主机"按钮。

(4) 单击"确定"按钮即可。

重复上述步骤可以建立对应多个服务的主机记录,最后单击"完成"按钮结束创建过程并返回 DNS 控制台窗口。在右窗格中可以显示出所有创建的映射记录。

3. 管理反向查找区域

在正向查找区域中存储的映射记录是 IP 地址－主机名的映射记录,称为指针记录。

1) 创建主要区域类型的反向查找区域的步骤。

(1) 打开 DNS 控制台。

(2) 在 DNS 控制台中,展开 DNS 服务器,右键单击"反向查找区域",然后在弹出的菜单中单击"新建区域"。

(3) 在弹出的"新建区域向导"页中,单击"下一步"按钮。

(4) 在"区域类型"页中,选中"主要区域",然后单击"下一步"按钮。

(5) 在"反向查找区域名称"页中选择"IPv4 反向查找区域"或"IPv6 反向查找区域",如图 8-14 所示。

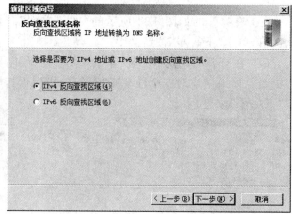

图 8-13　新建主机　　　　　　　　　　图 8-14　反向查找区域名称

(6) 在打开的如图 8-15 所示的"反向查找区域名称"向导页中输入网络 ID 或区域名称(本例输入网络 ID "172.16.9"),一般为对应主机 IP 地址的网络 ID,所以反向查找区域的建立和区域里子网的环境相关。单击"下一步"按钮。

(7) 在打开的如图 8-16 所示的"区域文件"向导页,设置区域文件名,一般文件名采用默认值,单击"下一步"按钮。

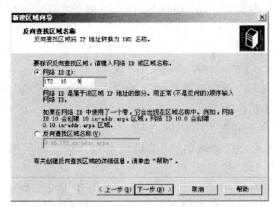 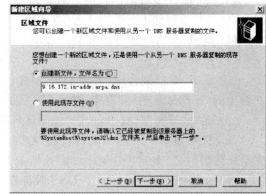

图 8-15　反向查找区域网络 ID　　　　　　图 8-16　区域文件

(8) 在打开的"动态更新"向导页中可以设置是否允许该区域进行动态更新。如果用户对安全性要求比较高,可以保持"不允许动态更新"单选框的选中状态,单击"下一步"按钮。

(9) 最后在"正在完成新建区域向导"页中,单击"完成"按钮完成创建过程。

2) 手工建立 DNS 的资源记录

同样需要添加资源记录才能提供对外的解析。

添加指针记录的步骤如下。

(1) 打开 DNS 控制台。

(2) 在控制台树中,右键单击希望手工建立反向资源记录的区域(如反向查询主区域 172.16.9.x Subnet),选择"新建指针(PTR)"。

(3) 在打开的如图 8-17 所示的"新建指针(PTR)"对话框中输入主机 ID(如"102"),并在主机名编辑框中键入主机的全称域名(本例为"www.hbsi.com")。或通过"浏览"按钮在相应的正向查找区域里选定相应的主机记录。

(4) 单击"确定"按钮即可。

重复上述步骤可以建立多个 PTR 记录。在右窗格中可以显示出所有创建的映射记录。

图 8-17　新建资源记录

子任务 4　配置 DNS 辅助区域

辅助区域是某个 DNS 主要区域的一个只读副本。利用辅助区域可以实现 DNS 服务器的容错和负载平衡。辅助区域中的记录从相应的主要区域复制,不能修改,管理员只能修改主要区域中的记录。

为了实现容错,至少需要配置一台辅助服务器。不过也可以在多个地点配置多台辅助服务器,这样在广域网环境中不需要跨 WAN 链路提交查询请求的情况下就可以实现记录的解析。

1. 创建 DNS 主要区域的辅助区域

创建 DNS 主要区域的辅助区域必须在另一台运行 Windows Server 2008 的 DNS 服务器中进行,其步骤如下。

(1) 完成 DNS 服务器的安装。

(2) 打开 DNS 控制台。

(3) 在 DNS 控制台中,展开 DNS 服务器,右击"正向查找区域",然后单击"新建区域",在弹出的"新建区域向导"页中,单击"下一步"按钮。

(4) 在"区域类型"页中,选中"辅助区域",然后单击"下一步"按钮。

(5) 打开如图 8-18 所示的"区域名称"向导页,在"区域名称"编辑框中输入和主要区域完全一致的域名(本例为"hbsi.com"),单击"下一步"按钮。

(6) 在如图 8-19 所示的"主 DNS 服务器"向导页中输入主 DNS 服务器的 IP 地址(本例为"172.16.9.1"),以便使辅助 DNS 服务器从主 DNS 服务器中复制数据,并依次写入主服务器的 IP 地址。

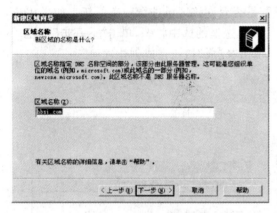

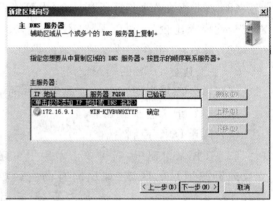

图 8-18　区域名称　　　　　　　　　　图 8-19　主 DNS 服务器

(7) 最后在"正在完成新建区域向导"页中,单击"下一步"按钮、"完成"按钮完成创建过程。

2. 区域传输

为什么需要区域复制和区域传输?

由于区域在 DNS 中发挥着重要的作用,因此希望在网络上的多个 DNS 服务器中提供区域,以提供解析名称查询时的可用性和容错。否则,如果使用单个服务器而该服务器没有响应,则该区域中的名称查询会失败。对于主持区域的其他服务器,必须进行区域传输,以便复制和同步为主持该区域的每个服务器配置使用的所有区域副本。

当新的 DNS 服务器添加到网络,并且配置为现有区域的新的辅助服务器时,它执行该区域的完全初始传送,以便获得和复制区域的一份完整的资源记录副本。对于大多数较早版本的 DNS 服务器实现,在区域更改后如果区域请求更新,则还将使用相同的完全区域传输方法。对于运行 Windows Server 2008 的 DNS 服务器来说,DNS 服务支持"递增区域传输",它是一种用于中间更改的修订的 DNS 区域传输过程。

递增区域传输:在征求意见文档 RFC1995 中,递增区域传输被描述为另一个复制 DNS 区域的 DNS 标准。有关 RFC 的详细信息,请参阅 RFC 编辑器网站。当作为区域源的

DNS 服务器和从其中复制区域的任何服务器都支持递增传送时,它提供了公布区域变化和更新情况的更有效方法。

在较早的 DNS 实现中,更新区域数据的任何请求都需要通过使用 AXFR 查询来完全传送整个区域数据库。进行递增传送时,相反却可使用任选的查询类型(IXFR)。它允许辅助服务器仅找出一些区域的变化,这些变化将用于区域副本与源区域(可以是另一 DNS 服务器维护的区域主要副本或次要副本)之间的同步。

通过 IXFR 区域传输时,区域的复制版本和源区域之间的差异必须首先确定。如果该区域被标识为与每个区域的起始授权机构(SOA)资源记录中序列号字段所指示的版本相同,则不进行任何传送。

如果源区域中区域的序列号比申请辅助服务器中的大,则传送的内容仅由区域中每个递增版本的资源记录的改动组成。为了使 IXFR 查询成功并发送更改的内容,此区域的源 DNS 服务器必须保留递增区域变化的历史记录,以便在应答这些查询时使用。实际上,递增传送过程在网络上需要更少的通信量,而且区域传输完成得更快。

区域传输可能会发生在以下任何情况中:
- 当区域的刷新间隔到期时;
- 当其主服务器向辅助服务器通知区域更改时;
- 当 DNS 服务器服务在区域的辅助服务器上启动时;
- 在区域的辅助服务器使用 DNS 控制台以便手动启动来自其主服务器的传送时。

区域传输始终在区域的辅助服务器上开始,并且发送到作为区域源配置的主服务器中。主服务器可以是加载区域的任何其他 DNS 服务器,如区域的主服务器或另一辅助服务器。当主服务器接收区域的请求时,它可以通过区域的部分或全部传送来应答辅助服务器。

如图 8-20 所示,服务器之间的区域传输按顺序进行。该过程取决于区域在以前是否复制过而变化,或者取决于是否在执行新区域的初次复制而变化。

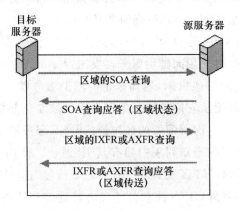

图 8-20 区域传输的过程

在本示例中,将对区域的请求辅助服务器即目标服务器,及其源服务器即主持该区域的另一个 DNS 服务器,按照下列顺序执行传送。

(1)在新的配置过程中,目标服务器会向配置为区域源的主要 DNS 服务器发送初始"所有区域"传送(AXFR)请求。

(2)主(源)服务器作出响应,并将此区域完全传送到辅助(目标)服务器。

该区域发送给请求传送的目标服务器,通过启动授权机构 SOA 资源记录(RR)的属性中的"序列号"字段建立的版本一起传送。SOA 资源记录也包含一个以秒为单位的状态刷新间隔(默认设置是 900 秒或 15 分钟),指出目标服务器下一次应在何时请求使用源服务器来续订该区域。

(3) 刷新间隔到期时,目标服务器使用 SOA 查询来请求从源服务器续订此区域。

(4) 源服务器应答其 SOA 记录的查询。该响应包括该区域在源服务器中的当前状态的序列号。

(5) 目标服务器检查响应中的 SOA 记录的序列号并确定怎样续订该区域。

如果 SOA 响应中的序列号值等于其当前的本地序列号,那么得出结论,区域在两个服务器中都相同,并且不需要区域传输。然后,目标服务器根据来自源服务器的 SOA 响应中的该字段值重新设置其刷新间隔,来续订该区域。

如果 SOA 响应中的序列号值比其当前本地序列号要高,则可以确定此区域已更新并需要传送。

(6) 如果这个目标服务器推断此区域已经更改,则它会把 IXFR 查询发送至源服务器,其中包括此区域的 SOA 记录中序列号的当前本地值。

(7) 源服务器通过区域的递增传送或完全传送作出响应。

如果源服务器通过对已修改的资源记录维护最新递增区域变化的历史记录来支持递增传送,则它可通过此区域的递增区域传输(IXFR)作出应答。

如果源服务器不支持递增传送或没有区域变化的历史记录,则它可通过其他区域的完全(AXFR)传送作出应答。

对于运行 Windows 2000 和 Windows Server 2003 的服务器,支持通过 IXFR 查询进行增量区域传输。对于 DNS 服务的早期版本和许多其他 DNS 服务器实现系统,增量区域传输是不可用的,只能使用全区域(AXFR)查询来复制区域。

DNS 通知:基于 Windows 的 DNS 服务器支持 DNS 通知,即原始 DNS 协议规范的更新,它允许在区域发生更改时使用向辅助服务器发送通知的方法(RFC 1996)。当某个区域更新时,"DNS 通知"执行推传递机制,通知选定的辅助服务器组。然后被通知的服务器可开始进行上述区域传输,以便从它们的主服务器提取区域变化并更新此区域的本地副本。

由于辅助服务器从充当它们所配置的区域源的 DNS 服务器那儿获得通知,每个辅助服务器都必须首先在源服务器的通知列表中拥有其 IP 地址。使用 DNS 控制台时,该列表保存在"通知"对话框中,它可以从"区域属性"中的"区域传输"选项卡进行访问。

除了通知列出的服务器外,DNS 控制台还允许将通知列表的内容,作为限制区域传输只访问列表中所指定的辅助服务器的一种方式。它有助于防止未知的或未批准的 DNS 服务器在提取、请求或区域更新方面作一些不希望进行的尝试。

以下是对区域更新的典型 DNS 通知过程的简要总结。

(1) 在 DNS 服务器上充当主服务器的本地区域,即其他服务器的区域源,将被更新。当此区域在主服务器或源服务器上更新时,SOA 资源记录中的序列号字段也被更新,表示这是该区域的新的本地版本。

（2）主服务器将 DNS 通知消息发送到其他服务器，它们是其配置的通知列表的一部分。

（3）接收通知消息的所有辅助服务器，随后可通过将区域传输请求发回通知主服务器来作出响应。

正常的区域传输过程随后就可如上所述继续进行。不能为存根区域配置通知列表。

使用 DNS 通知仅用于通知作为区域辅助服务器操作的服务器。

对于和目录集成的区域的复制，不需要 DNS 通知。这是因为从活动目录（Active Directory）加载区域的任何 DNS 服务器，将自动轮询目录（如 SOA 资源记录的刷新间隔指定的那样）以便更新与刷新该区域。

在这些情况下，配置通知列表确实可能降低系统性能，因为对更新区域产生了不必要的其他传送请求。

默认情况下，DNS 服务器只允许向区域的名称服务器（NS）的资源记录中列出的权威 DNS 服务器进行区域传输。

任务 3　配置 DNS 客户端

子任务 1　配置 DNS 客户端

在安装和配置了 DNS 服务器以及在 DNS 服务器上建立了 DNS 区域之后，现在需要确保客户机能够在 DNS 中注册和建立它们的资源记录，并且能够使用 DNS 来解析查询。

DNS 客户端的配置步骤如下。

（1）在 TCP/IP 属性对话框中，如果希望自动获得 DNS 服务器的 IP 地址，选择"自动获得 DNS 服务器地址"。

（2）如果希望手工配置 DNS 服务器的 IP 地址，选择"使用下面的 DNS 服务器地址"。在"首选 DNS 服务器"框中，输入主 DNS 服务器的 IP 地址，如果需要配置第二个 DNS 服务器，则在"备用 DNS 服务器"框中，输入其他 DNS 服务器的 IP 地址，如图 8-21 所示。备用 DNS 服务器是在首选 DNS 服务器不能被访问或者由于 DNS 服务失败导致不能解析 DNS 客户机查询的情况下才继续进行解析的 DNS 服务器。当首选 DNS 服务器不能解析客户机的查询时，不会再使用备用 DNS 服务器再进行查询。

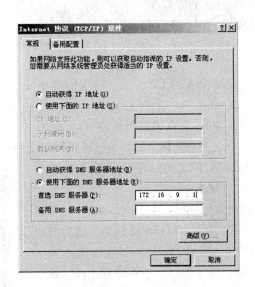

图 8-21　设置 DNS 服务器的地址

子任务 2　测试 DNS 服务器的配置

1. Nslookup 的使用

Nslookup 是一个监测网络中 DNS 服务器是否能正确实现域名解析的命令行工具。Nslookup 要求必须在安装了 TCP/IP 协议的网络环境中才能使用,它允许与 DNS 以对话方式工作并让用户检查资源记录,它在命令行上运行。

举例:使用 nslookup 工具测试 DNS 服务器的正向解析。

现在网络中已经架设好了一台 DNS 服务器,主机名称为 JQC,它可以把域名 www.hbsi.com 解析为 172.16.9.102 的 IP 地址,这是我们平时用得比较多的正向解析功能。

测试步骤如下。

(1) 单击"开始"→"运行",输入"cmd"进入命令行模式。

(2) 输入 nslookup 命令后回车,进入如图 8-22 所示的 DNS 解析查询界面。结果表明,正在工作的 DNS 服务器的主机名为 jqc.hbsi.com(如果为 DNS 服务器也建立了相应的主机记录和指针记录),它的 IP 地址是 172.16.9.1。

(3) 在如图 8-22 所示的界面中输入想解析的域名"www.hbsi.com",如图 8-23 所示。

图 8-22　nslookup 命令

图 8-23　测试正向解析

此结果表明 DNS 服务器正向解析正常,将域名 www.hbsi.com 解析为 IP 地址 172.16.9.102。

2. Ping 命令的解析观察

Ping 命令使用 ICMP 协议检查网络上特定 IP 地址的存在,一个 DNS 域名也是对应一个 IP 地址的,因此可以使用该命令检查一个 DNS 域名的连通性。例如,在命令行界面输入"ping www.sohu.com",客户机会首先到指定的 DNS 服务器上解析对应的 IP 地址。如果 DNS 服务器能正常解析,应该能返回一个正确的 IP 地址,然后再利用返回的 IP 地址检测连通性,如图 8-24 所示,返回的 IP 地址为 220.181.26.163。

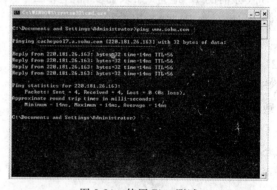

图 8-24　使用 Ping 测试

假如一客户端不能解析 DNS 域名,使用上述命令可以判断该客户端与 DNS 服务器的连通性,判断问题出在客户端设置问题上还是 DNS 服务器的问题上。

可以 Ping DNS 服务器的 IP 地址,再测试网络中的其他客户端。如果都 Ping 不通,说明该客户端有问题,如果后者可以 Ping 通,则说明 DNS 配置错误或 DNS 服务器错误。

任务 4 管理 DNS 服务器

子任务 1 配置 DNS 动态更新

有两种方式在 DNS 数据库中建立、注册和更新资源记录:动态方式和手工方式。在资源记录被建立、注册或更新后,它们存储在 DNS 区域文件里。

1. 什么是动态更新

动态更新(Dynamic Update)是指 DNS 客户机在 DNS 服务器维护的区域中动态建立、注册和更新自己的资源记录的过程,DNS 服务器能够接受并处理这些动态更新的消息。

2. 配置 DNS 服务器允许动态更新

配置 DNS 服务器允许动态更新的步骤如下。

(1) 打开 DNS 控制台。

(2) 右击希望动态更新的区域,单击"属性"。

(3) 在如图 8-25 所示的属性标签的"动态更新"下拉列表中,单击"非安全"。

(4) 单击"确定"按钮,关闭"属性"对话框,然后关闭 DNS 控制台。

可以手工更改某一客户机的 IP 地址或主机名,

图 8-25 动态更新

测试 DNS 服务器能否正确解析,从而达到测试 DNS 服务器能否允许客户机动态更新的目的。

子任务 2 配置 DNS 区域委派

1. 根提示

根提示(Root Hints)是指存储在 DNS 服务器上、列出了各个根 DNS 服务器 IP 地址的资源记录。

当本地 DNS 服务器接收到关于客户机的解析请求,发现自己不能解析时,本地 DNS 服务器应向根 DNS 服务器进行转发。本地 DNS 服务器是如何知道根 DNS 服务器的 IP 地址的呢? 这是由于任何一台 DNS 服务器上都有一个 DNS 根提示。根提示实际上是 DNS 的资源记录,这些记录存储在 DNS 服务器上,同时,这些记录列出了根 DNS 服务器的 IP 地址。也就是告诉 DNS 服务器,它们的根 DNS 服务器的 IP 地址是多少。任何一台 DNS 服

图 8-26　根提示

服器上都有根提示,根提示为一列表,这个列表里存放了世界上 13 台 Internet 上的根 DNS 服务器的记录。

根提示的信息存储在 Cache. dns 文件中,该文件位于％systemroot％\system32\dns 文件夹中(若为活动目录区域则根提示的信息存储在活动目录(Active Directory)中)。

查看根提示列表的步骤如下。

(1) 打开 DNS 控制台。

(2) 右击 DNS 服务器名字,双击右侧"根提示"选项,DNS 服务器的根服务器在名称服务器列表中列出,如图 8-26 所示。

2. 什么是 DNS 区域的委派

委派是指通过在 DNS 数据库中添加记录从而把 DNS 名字空间中某个子域的管理权利指派给另一个 DNS 服务器的过程。

图 8-27 中,名称空间中"hbsi. com"的管理员把子域"training. hbsi. com"的管理权限委派给另一 DNS 服务器,从而卸掉了对这个子域的管理责任。现在"training. hbsi. com"被自己的 DNS 服务器来管理,这台 DNS 服务器负责解析这一部分名称空间的查询请求。这样,就减少了负责"hbsi. com"的 DNS 服务器和管理员的负担。

图 8-27　DNS 区域的委派

3. 将一个子域委派给另一个 DNS 服务器

将一个子域委派给另一个 DNS 服务器(本例中为将名为 CXG 的 DNS 服务器中子域 training. hbsi. com 委派给 JQC DNS 服务器)的步骤如下。

(1) 打开名为 CXG 的 DNS 控制台。

(2) 展开"正向查找区域",选中想委派的区域(本例中选中"hbsi. com"),右击选择"新建委派"。

(3) 弹出"新建委派"页面中单击"下一步"按钮。

（4）在如图 8-28 所示的受委派域名页中输入要委派的区域的名字（本例中输入 train-ing），单击"下一步"按钮。

（5）在"名称服务器"页中，单击"添加"，弹出"新建名称服务器记录"页面。

（6）输入"服务器的完全合格域名"，如图 8-29 所示。

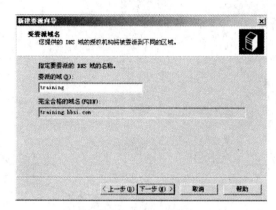

图 8-28　受委派域名

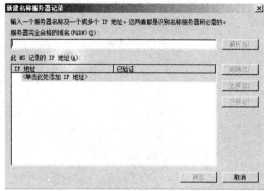

图 8-29　服务器记录

（7）分别单击"确定"按钮、"下一步"按钮、"完成"按钮。

委派工作完成后，只要在名为 JQC 的 DNS 服务器上新建一个名为"training. hbsi. com"的正向查找区域，则名为 JQC 的 DNS 服务器对该子域有完全的管理权限，而名为 CXG 的 DNS 服务器失去对该子域的管理权限。

项目小结

本项目结合一个小型企业的案例学习了 Windows Server 2008 系统 DNS 服务器的配置与管理，域名服务的基本原理。掌握 Windows Server 2008 DNS 服务器的主要配置和管理技能，根提示、委派的具体操作。

实训练习

实训项目：根据以下场景描述架设 DNS 服务器。

某公司准备建立自己的宣传网站，申请到完全合格域名为 king. com. cn，公司自己负责本区域名的解析，即公司自己负责本区域 DNS 服务器的建立。你作为公司的系统管理员，要建立 DNS 服务器，准备以 www. king. com. cn 为 Web 服务器的完全合格域名。

实训步骤：

（1）规划网络地址并正确配置相应的 DNS 服务器。

（2）添加 DNS 服务角色。

（3）配置 DNS 服务器，建立相应的区域。

（4）在相应的区域里建立对应的记录。

（5）设置客户端并进行域名解析验证。

复习题

1. DNS 服务有什么作用?
2. 简单描述 DNS 的区域类型。
3. 描述配置 DNS 服务的主要步骤。
4. 什么是根提示和 DNS 区域的委派?

项目 9　配置与管理路由服务

项目学习目标

- 了解路由器的主要构成部分。
- 了解常用路由协议的基本概念。
- 掌握 Windows Server 2008 的路由服务配置和管理。
- 掌握路由器协议在网络中的具体工作过程。

案例情境

这是一家集生产、销售、管理、售后服务于一体的综合性企业,办公用计算机 300 多台,服务器 3 台。随着公司网络规模的增大,网络传输性能出现了明显下降,影响了日常业务的开展,网络参数的分配也越来越乱。

公司增加了一些办事处,都建立了局域网络,这些局域网络需要接入公司网络进行联合办公。

通过分析,网络性能下降主要是由于网络中的广播信息流导致。

解决网络性能和解决网络管理混乱成为当务之急。

项目需求

随着网络规模的扩大,所有设备都在一个逻辑子网内,导致广播包增多,严重影响正常数据包的传输,需要划分更小的逻辑子网来减少网络规模,减少每个逻辑子网的广播数量。逻辑子网需要互联,这就需要配置路由器。

路由器的核心作用是实现网络互联,在不同网络之间转发数据单元。为实现在不同网络间转发数据单元的功能,路由器必须具备以下条件。首先,路由器上多个三层接口要连接到不同的网络上,每个三层接口连接到一个逻辑网段。这里面所说的三层接口可以是物理接口,也可以是各种逻辑接口或子接口。在实际组网中确实存在只有一个接口的情况,这种方式称为单臂路由,单臂路由应用很少。其次,路由器协议至少向上实现到网络层,路由器工作在网络层,根据目的网络地址进行数据转发,所以协议至少向上实现到网络层。再次,路由器必须具有存储、转发、寻径功能。

路由器分为硬件路由器和软件路由器。硬件路由器一般比较昂贵,而软件路由器只需要一台普通的计算机安装多个网络接口和特定的软件来完成,相对价格便宜,容易配置部署。

Windows Server 2008 中路由和远程访问服务（RRAS）为局域网（LAN）和广域网（WAN）环境中的公司提供路由服务，或使用安全的 VPN 连接通过 Internet 提供路由服务。路由用于多协议 LAN 到 LAN、LAN 到 WAN、VPN 和网络地址转换（NAT）路由服务。

实施方案

鉴于该企业网络的情况，使用 Windows Server 2008 系统路由和远程访问服务来满足企业的需求，按以下方案实施。

(1) 规划网络结构。

(2) 安装 Windows Server 2008 路由和远程访问服务。

(3) 配置 Windows Server 2008 路由和远程访问服务。

(4) 通过管理静态路由表和动态路由表保证公司的网络互联互通。

任务 1　了解路由器

子任务 1　了解路由器的类型

路由器有以下两种类型。

(1) 硬件路由器(Hardware router)：专门用于路由功能的专用设备。

(2) 软件路由器(Software Router)：这种路由器并不是仅用于执行路由功能，路由功能只是这种路由器计算机提供的众多功能中的一种。路由和远程访问服务只是 Windows Server 2008 计算机上一种服务，Windows Server 2008 路由服务支持静态路由和动态路由，本章就是讲解 Windows Server 2008 路由服务的配置。对于静态路由，管理员需要手工更新路由表；对于动态路由，路由协议自动更新路由表。

子任务 2　了解路由器的主要组成部分

路由器的功能实现由以下几个组成部分完成。

- 路由接口(Routing Interface)：路由器上转发数据包的物理或逻辑接口。
- 路由协议(Routing Protocol)：路由器之间用于共享路由表的一组信息和规则，路由器可以通过它来确定数据包转发的合适路径；
- 路由表(Routing Table)：在路由表中包含了很多被称为"路由"(Route)的路径信息，每个路由中包含了具有特定网络 ID 号的网络在互联网中的位置信息。

1. 路由接口

路由器不仅能实现局域网之间连接，更重要的应用还是在局域网与广域网、广域网与广域网之间的互连。路由器与广域网连接的接口称为广域网接口（WAN 接口），路由器与局域网连接的接口称为局域网接口（LAN 接口）。路由器中常见的接口有以下几种。

1) RJ-45 端口

利用 RJ-45 端口实现局域网之间连接,也可以建立广域网与局域网之间的 VLAN(虚拟局域网),以及建立与远程网络或 Internet 的连接。如果使用路由器为不同 LAN 或 VLAN 提供路由时,可以直接利用双绞线连接至不同的 VLAN 端口。但要注意这里的 RJ-45 端口所连接的网络一般不是 10Base-T,而是 100 Mbit/s 速率以上的快速以太网。如果必须通过光纤连接至远程网络,或连接的是其他类型的端口时,则需要借助于收发转发器才能实现彼此之间的连接。我们的软路由器实现主要使用这种接口。

2) AUI 端口

AUI 端口是用于与粗同轴电缆连接的网络接口,其实 AUI 端口也被常用于与广域网的连接,但是这种接口类型在广域网应用得比较少。

3) 高速同步串口

在路由器的广域网连接中,应用最多的端口要算"高速同步串口"(SERIAL),这种端口主要是用于连接目前应用非常广泛的 DDN、帧中继(Frame Relay)、X.25、PSTN(模拟电话线路)等网络连接模式。在企业网之间有时也通过 DDN 或 X.25 等广域网连接技术进行专线连接。这种同步端口一般要求速率非常高,因为一般来说通过这种端口所连接的网络的两端都要求实时同步。

4) 异步串口

异步串口(ASYNC)主要是应用于 Modem 或 Modem 池的连接,用于实现远程计算机通过公用电话网拨入网络。这种异步端口相对于上面介绍的同步端口来说在速率上要求宽松许多,因为它并不要求网络的两端保持实时同步,只要求能连续即可。所以我们在上网时所看到的并不一定就是网站上实时的内容,但这并不重要,因为毕竟这种延时是非常小的,重要的是在浏览网页时能够保持网页正常下载。

5) ISDN BRI 端口

ISDN BRI 端口用于 ISDN 线路通过路由器实现与 Internet 或其他远程网络的连接,可实现 128 kbit/s 的通信速率。ISDN 有两种速率连接端口:一种是 ISDN BRI(基本速率接口),另一种是 ISDN PRI(基群速率接口)。ISDN BRI 端口是采用 RJ-45 标准,与 ISDN NT1 的连接使用 RJ-45.to-RJ-45 直通线。

2. 路由协议

路由协议是路由器中用于确定合适的路径从而实现数据包转发的一组信息和规则。当网络结构发生变化时,路由协议自动管理路由表中的路径信息的改变。

路由协议作为 TCP/IP 协议族中重要成员之一,其选路过程实现的好坏会影响整个 Internet 网络的效率。按应用范围的不同,路由协议可分为两类:在一个 AS(Autonomous System,自治系统,指一个互连网络,就是把整个 Internet 划分为许多较小的网络单位,这些小的网络有权自主地决定在本系统中应采用何种路由选择协议)内的路由协议称为内部网关协议(Interior Gateway Protocol),AS 之间的路由协议称为外部网关协议(Exterior Gateway Protocol)。这里网关是路由器的旧称。现在正在使用的内部网关路由协议有以下几种:RIP-1、RIP-2、IGRP、EIGRP、IS-IS 和 OSPF。其中前 4 种路由协议采用的是距离向量算法,IS-IS 和 OSPF 采用的是链路状态算法。对于小型网络,采用基于距离向量算法的路由协议易于配置和管理,且应用较为广泛,但在面对大型网络时,不但其固有的环路问题变得更难解决,所占用的带宽也迅速增长,以致于网络无法承受。因此对于大型网络,采用链路状态算法的 IS-IS 和 OSPF 较为有效,并且得到了广泛的应用。IS-IS 与 OSPF 在质量和性能上的差别并不大,但 OSPF 更适用于 IP,较 IS-IS 更具有活力。IETF 始终在致力于 OSPF 的改进工作,其修改节奏要比 IS-IS 快得多。这使得 OSPF 正在成为应用广泛的一种路由协议。现在,不论是传统的路由器设计,还是即将成为标准的 MPLS(多协议标记交换),均将 OSPF 视为必不可少的路由协议。

外部网关协议最初采用的是 EGP。EGP 是为一个简单的树型拓扑结构设计的,随着越来越多的用户和网络加入 Internet,给 EGP 带来了很多的局限性。为了摆脱 EGP 的局限性,IETF 边界网关协议工作组制定了标准的边界网关协议——BGP。

Windows Server 2008 路由和远程访问服务支持以下两种路由协议。

(1) 路由信息协议(RIP,Routing Information Protocol):用于在小型或中型网络中交换路由信息。

RIP 协议采用距离向量算法,是当今应用最为广泛的内部网关协议。在默认情况下,RIP 使用一种非常简单的度量制度:距离就是通往目的站点所需经过的链路数,取值为 1~15,数值 16 表示无穷大。RIP 进程使用 UDP 的 520 端口来发送和接收 RIP 分组。RIP 分组每隔 30 s 以广播的形式发送一次,为了防止出现"广播风暴",其后续的分组将做随机延时后发送。在 RIP 中,如果一个路由在 180 s 内未被刷,则相应的距离就被设定成无穷大,并从路由表中删除该表项。RIP 分组分为两种:请求分组和响应分组。

RIPv1 被提出较早,其中有许多缺陷。为了改善 RIPv1 的不足,在 RFC1388 中提出了改进的 RIPv2,并在 RFC 1723 和 RFC 2453 中进行了修订。RIPv2 定义了一套有效的改进方案,新的 RIPv2 支持子网路由选择,支持 CIDR,支持组播,并提供了验证机制。RIPv1 和 RIPv2 的区别见表 9-1。

表 9-1   RIPv1 和 RIPv2 的区别

版本	RIPv1	RIPv2
1	有类路由	无类路由
2	不支持 VLSM	支持 VLSM
3	广播更新(255.255.255.255)	组播更新(224.0.0.9)
4	自动汇总,不支持手动汇总	
5	不支持验证	支持验证

随着 OSPF 和 IS-IS 的出现,许多人认为 RIP 已经过时了,但事实上 RIP 也有它自己的优点。对于小型网络,RIP 就所占带宽而言开销小,易于配置、管理和实现,并且 RIP 还在大量使用中。但 RIP 也有明显的不足,即当有多个网络时会出现环路问题。为了解决环路问题,IETF 提出了分割范围方法,即路由器不可以通过它得知路由的接口去宣告路由。分割范围解决了两个路由器之间的路由环路问题,但不能防止 3 个或多个路由器形成路由环路。触发更新是解决环路问题的另一方法,它要求路由器在链路发生变化时立即传输它的路由表。这加速了网络的聚合,但容易产生广播泛滥。总之,环路问题的解决需要消耗一定的时间和带宽。若采用 RIP 协议,其网络内部所经过的链路数不能超过 15,这使得 RIP 协议不适于大型网络。

RIP 的防环机制如下。

① 水平分割：水平分割是一种避免路由环的出现和加快路由汇聚的技术。由于路由器可能收到它自己发送的路由信息，而这种信息是无用的，水平分割技术不反向通告任何从终端收到的路由更新信息，而只通告那些不会由于计数到无穷而清除的路由。

② 最大跳数：最大跳数为 15 跳，16 跳不可达（防路由环路）。

③ 抑制计时器：保持失效计时器，180 s；删除计时器，240 s。

RIP 协议的工作过程如下。

① RIP 协议向自己的 RIP 接口动态宣告自己的路由表内容。

② 连接到这些 RIP 接口的其他路由器接收这些宣告的路由信息，然后把这些信息添加到自己的路由表中。

③ 收到这些宣告的路由信息的路由器编辑自己的路由表，然后再把自己的路由表传送给其他的路由器。这个过程持续进行，直到所有的路由器都收到了其他路由器中路由表的路由信息。

图 9-1 所示是 RIP 协议的工作过程。

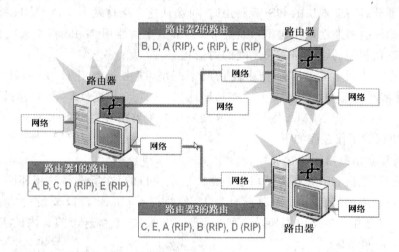

图 9-1 RIP 协议工作过程示意图

（2）OSPF 协议（Open Shortest Path First）：用于在大型或特大型网络中交换路由信息。

OSPF 是一种典型的链路状态路由协议。OSPF 协议由 Hello 协议、交换协议、扩散协议组成。采用 OSPF 的路由器彼此交换并保存整个网络的链路信息，从而掌握全网的拓扑结构，独立计算路由。因为 RIP 路由协议不能服务于大型网络，所以，IETF 的 IGP 工作组特别开发出链路状态协议——OSPF。目前广为使用的是 OSPF 第 2 版，最新标准为 RFC2328。

OSPF 作为一种内部网关协议（Interior Gateway Protocol，IGP），用在同一个自治域（AS）中的路由器之间发布路由信息。区别于距离矢量协议（RIP），OSPF 具有支持大型网络、路由收敛快、占用网络资源少等优点，在目前应用的路由协议中占有相当重要的地位。

OSPF 路由器收集其所在网络区域上各路由器的连接状态信息，即链路状态信息（Link-State），生成链路状态数据库（Link-State Database）。路由器掌握了该区域上所有路由器的链路状态信息，也就等于了解了整个网络的拓扑状况。OSPF 路由器利用"最短路径优先算法(Shortest Path First,SPF)",独立地计算出到达任意目的地的路由。

OSPF 协议引入"分层路由"的概念,将网络分割成一个"主干"连接的一组相互独立的部分,这些相互独立的部分被称为"区域"(Area),"主干"的部分称为"主干区域"。每个区域就如同一个独立的网络,该区域的 OSPF 路由器只保存该区域的链路状态。每个路由器的链路状态数据库都可以保持合理的大小,路由计算的时间、报文数量都不会过大。

根据路由器所连接的物理网络不同,OSPF 将网络划分为四种类型:广播多路访问型(Broadcast MultiAccess)、非广播多路访问型(None Broadcast MultiAccess,NBMA)、点到点型(Point-to-Point)、点到多点型(Point-to-MultiPoint)。

在多路访问网络上可能存在多个路由器,为了避免路由器之间建立完全相邻关系而引起的大量开销,OSPF 要求在区域中选举一个指定路由器(Designated Router,DR),每个路由器都与之建立完全相邻关系。DR 负责收集所有的链路状态信息,并发布给其他路由器。选举 DR 的同时也选举出一个备用指定路由器(Backup Designated Router,BDR),在 DR 失效的时候,BDR 担负起 DR 的职责。

点对点型网络不需要 DR,因为只存在两个节点,彼此间完全相邻。

当路由器开启一个端口的 OSPF 路由时,将会从这个端口发出一个 Hello 报文,以后它也将以一定的间隔周期性地发送 Hello 报文。OSPF 路由器用 Hello 报文来初始化新的相邻关系以及确认相邻的路由器邻居之间的通信状态。

对广播多路访问型和非广播型多路访问型网络,路由器使用 Hello 协议选举出一个 DR。在广播型网络里,Hello 报文使用多播地址 224.0.0.5 周期性广播,并通过这个过程自动发现路由器邻居。在 NBMA 网络中,DR 负责向其他路由器逐一发送 Hello 报文。

OSPF 协议的工作过程如下。

第一步:建立路由器的邻接关系。

"邻接关系"是指 OSPF 路由器以交换路由信息为目的,在所选择的相邻路由器之间建立的一种关系。路由器首先发送拥有自身 ID 信息(Loopback 端口或最大的 IP 地址)的 Hello 报文。与之相邻的路由器如果收到这个 Hello 报文,就将这个报文内的 ID 信息加入到自己的 Hello 报文内。

如果路由器的某端口收到从其他路由器发送的含有自身 ID 信息的 Hello 报文,则它根据该端口所在网络类型确定是否可以建立邻接关系。

在点对点网络中,路由器将直接和对端路由器建立起邻接关系,并且该路由器将直接进入到第三步操作:发现其他路由器。若为 MultiAccess 网络,该路由器将进入选举步骤。

第二步:选举 DR/BDR。

不同类型的网络选举 DR 和 BDR 的方式不同。MultiAccess 网络支持多个路由器,在这种状况下,OSPF 需要建立起作为链路状态和 LSA 更新的中心节点。选举利用 Hello 报文内的 ID 和优先权(Priority)字段值来确定。优先权字段值大小从 0 到 255,优先权值最高的路由器成为 DR。如果优先权值大小一样,则 ID 值最高的路由器选举为 DR,优先权值次高的路由器选举为 BDR。优先权值和 ID 值都可以直接设置。

第三步:发现其他路由器。

在这个步骤中,路由器与路由器之间首先利用 Hello 报文的 ID 信息确认主从关系,然后主从路由器相互交换部分链路状态信息。每个路由器对信息进行分析比较,如果收到的信息有新的内容,路由器将要求对方发送完整的链路状态信息。这个状态完成后,路由器之间建立完全相邻(Full Adjacency)关系,同时邻接路由器拥有自己独立的、完整的链路状态数据库。

在 MultiAccess 网络内,DR 与 BDR 互换信息,并同时与本子网内其他路由器交换链路状态信息。

在 Point-to-Point 或 Point-to-MultiPoint 网络中,相邻路由器之间互换链路状态信息。

第四步:选择适当的路由器。

当一个路由器拥有完整独立的链路状态数据库后,它将采用 SPF 算法计算并创建路由表。OSPF 路由器依据链路状态数据库的内容,独立地用 SPF 算法计算出到每一个目的网络的路径,并将路径存入路由表中。

OSPF 利用量度(Cost)计算目的路径,Cost 最小者即为最短路径。在配置 OSPF 路由器时可根据实际情况,如链路带宽、时延或经济上的费用设置链路 Cost 大小。Cost 越小,则该链路被选为路由的可能性越大。

第五步:维护路由信息。

当链路状态发生变化时,OSPF 通过 Flooding 过程通告网络上其他路由器。OSPF 路由器接收到包含有新信息的链路状态更新报文,将更新自己的链路状态数据库,然后用 SPF 算法重新计算路由表。在重新计算过程中,路由器继续使用旧路由表,直到 SPF 完成新的路由表计算。新的链路状态信息将发送给其他路由器。值得注意的是,即使链路状态没有发生改变,OSPF 路由信息也会自动更新,默认时间为 30 分钟。

子任务 3 了解路由表

路由器的主要工作就是为经过路由器的每个数据帧寻找一条最佳传输路径,并将该数据有效地传送到目的站点。由此可见,选择最佳路径的策略即路由算法是路由器的关键所在。为了完成这项工作,在路由器中保存着各种传输路径的相关数据——路由表(Routing Table),供路由选择时使用。路由表就像我们平时使用的地图一样,标识着各种路线,路由表中保存着子网的标志信息、网上路由器的个数和下一个路由器的名字等内容。路由表可以是由系统管理员固定设置好的,也可以由系统动态修改,可以由路由器自动调整,也可以由主机控制。

1. 静态路由表

由系统管理员事先设置好的固定路由表称为静态(Static)路由表,一般是在系统安装时根据网络的配置情况预先设定的,它不会随未来网络结构的改变而改变。

2. 动态路由表

动态(Dynamic)路由表是路由器根据网络系统的运行情况而自动调整的路由表。路由器根据路由选择协议(Routing Protocol)提供的功能,自动学习和记忆网络运行情况,在需要时自动计算数据传输的最佳路径。

路由器通常依靠所建立及维护的路由表来决定如何转发。路由表能力是指路由表内所容纳路由表项数量的极限。由于 Internet 上执行 BGP 协议的路由器通常拥有数十万条路由表项,所以该项目也是路由器能力的重要体现。

路由表不是对路由器专用的,主机(非路由器)也有用来决定优化路由的路由表。路由器使用的路由表称为路由器路由表；主机使用的路由表称为主机路由表。

在主机上查看路由表可以在命令提示符窗口里运行命令：route print。如图 9-2 所示。

3. 路由表中的记录类型

路由表中的每一项都被看做一个路由，有以下三种路由表记录类型。

图 9-2　命令行窗口

- 网络路由（Network Route）：网络路由提供到达互联网络中特定网络 ID 的路径。

- 主机路由（Host Route）：主机路由提供到互联网络中网络地址（网络 ID 和主机 ID)的路由。主机路由通常用于将自定义路由创建到特定主机以控制或优化网络通信。

- 默认路由（Default Route）：默认路由是指当路由表中没有其他合适的路径时所默认使用的路径。例如，如果路由器或主机不能找到目标的网络路由或主机路由，则使用默认路由。默认路由在某些时候非常有效，当存在末梢网络时，默认路由会大大简化路由器的配置，减轻管理员的工作负担，提高网络性能。

路由表中的每项都由以下信息字段组成。

- 网络 ID

主路由的网络 ID 或网际网络地址。在 IP 路由器上，有从目标 IP 地址决定 IP 网络 ID 的其他子网掩码字段。

- 转发地址

数据包转发的地址。转发地址是硬件地址或网际网络地址。对于主机或路由器直接连接的网络，转发地址字段可能是连接到网络的接口地址。

- 接口

当将数据包转发到网络 ID 时所使用的网络接口。这是一个端口号或其他类型的逻辑标识符。

- 跃点数

路由首选项的度量。最初的数值只是本条路由上的路由器计数，随着网络环境的变化，不再只是表示路由上的路由器数量，而是本条路由的效率参考指数。通常，最小的跃点数是首选路由。如果多个路由存在于给定的目标网络，则使用最低跃点数的路由。某些路由选择算法只将到任意网络 ID 的单个路由存储在路由表中，即使存在多个路由。在此情况下，路由器使用跃点数来决定存储在路由表中的路由。

注意：前面的列表是路由器所使用的路由表中字段的典型列表。不同的可路由协议路由表中的实际字段可能会改变。如图 9-3 所示。

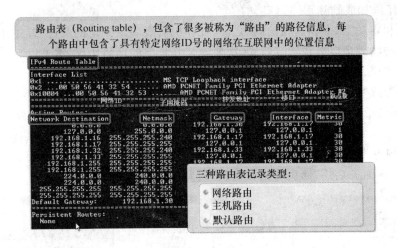

图 9-3　路由表

任务 2　安装 Windows Server 2008 路由服务

子任务 1　配置和启动路由和远程访问服务

Windows Server 2008 在安装时默认没有安装"路由和远程访问"功能，安装路由和远程访问服务通过"服务器管理"中添加角色的方式安装。

（1）选择"开始"→"管理工具"→"服务器管理"→"角色"选项，打开"添加角色向导"对话框。在列表中，选中"网络策略和访问服务"项，如图 9-4 所示。

（2）单击"下一步"按钮，进入"选择角色服务"对话框，选中"路由和远程访问服务"，如图 9-5 所示。

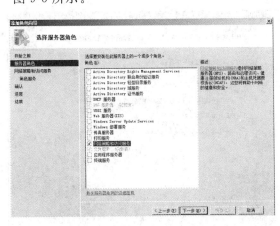

图 9-4　添加角色向导

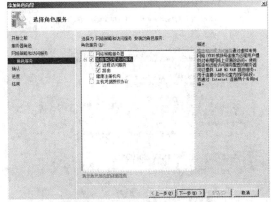

图 9-5　选择角色服务

（3）安装完成时，在完成添加角色向导页上单击"完成"按钮。

（4）关闭添加或删除程序窗口。

在配置和启动"路由和远程访问"之前，计算机需要满足一定的条件：首先计算机需要具备多个网路的物理接口或逻辑接口；其次要安装好相应的网络协议，本书以 TCP/IP 协议为基本的网络协议。

启动和配置"路由和远程访问"的步骤如下。

（1）单击"开始"→"程序"→"管理工具"→"计算机管理"，展开"服务和应用程序"，如图 9-6 所示。

（2）右键单击"路由和远程访问"，出现右键菜单，单击"配置并启用路由和远程访问（C）"项，打开配置并启用"路由和远程访问"向导，如图 9-7 所示。

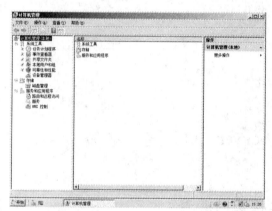
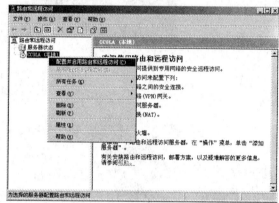

图 9-6　管理工具菜单　　　　　　　　　图 9-7　"路由和远程访问"管理控制台

（3）在向导的第一个界面里单击"下一步"按钮，打开向导的第二个界面，如图 9-8 所示，选中"自定义配置"单选项。

（4）单击"下一步"按钮，在打开的如图 9-9 所示的向导界面，选中"LAN 路由"复选框。因为一般的实验计算机只有 LAN 接口，所以我们准备把它配置为局域网路由器，可以根据需要选中其他项或选中多项服务。

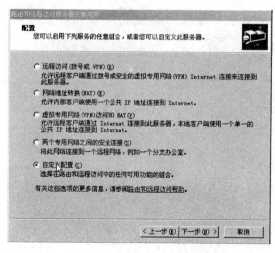
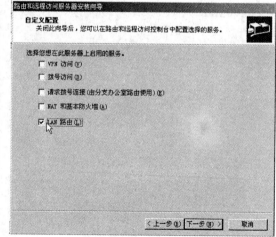

图 9-8　向导界面　　　　　　　　　　　图 9-9　自定义配置的窗口

（5）选择好后，单击"下一步"按钮，打开如图 9-10 所示的向导界面，如果重新选择前面的项目，单击"上一步"按钮；无须重新选择则单击"完成"按钮。

（6）出现"启动服务"界面，如图 9-11 所示。单击"启动服务"按钮。

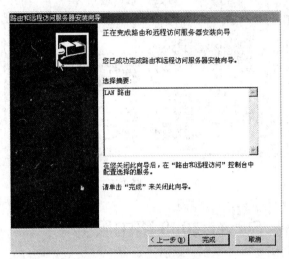

图 9-10　确认完成窗口　　　　　　　　　　　图 9-11　询问窗口

启动后显示的"路由和远程访问"管理控制台如图 9-12 所示。单击每项前面的加号展开里面的明细项，进行查看和进一步管理。

注意：所有的管理过程，必须以 Administrators 组的成员账号登录才能进行。作为安全性的最佳操作，请考虑使用 runas 命令而不是以管理凭据登录。

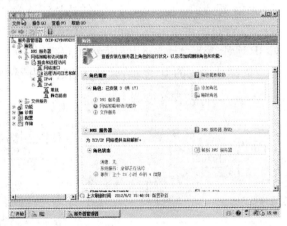

图 9-12　"路由和远程访问"启动后的管理控制台

子任务 2　查看路由器的路由表项

路由器路由表也可以通过命令 route print 查看，但更多情况下是在管理控制台里通过窗口形式查看。

查看路由表的步骤：在启动"路由和远程访问"的管理控制台中展开计算机名，然后展开

"IP 路由选择",在"静态路由"上右键单击,单击弹出菜单中的"显示 IP 路由表(R)...",如图 9-13 所示。

显示的 IP 路由表如图 9-14 所示。

图 9-13　展开的管理控制台

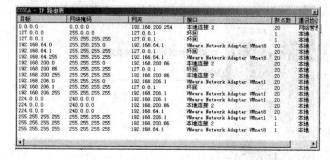

图 9-14　IP 路由表

任务 3　配置 Windows Server 2008 路由服务

子任务 1　管理静态路由表

进行路由器的设置和管理首先要了解路由器在网络中的位置和所起的作用,下面结合单路由器直连多子网和路由器级联三子网或多子网的拓扑来介绍路由表的管理。

1. 路由器直连多子网

在图 9-15 中,1 子网的网络 ID 为 10.0.0.0/8,2 子网的网络 ID 为 172.16.0.0/16,3 子网的网络 ID 为 192.168.2.0/24,它们都和路由器 Router 直接相连。这种场景中路由只需要在路由器的相应接口设置好 IP 地址,然后配置"路由和远程访问"服务为 LAN 路由并启动即可,各子网的计算机设置好相应的默认网关的 IP 地址,就可以通过路由器的转发实现互联互通。

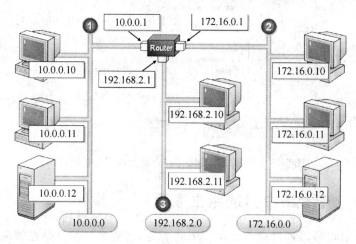

图 9-15　路由器直连网络示意图

路由配置步骤如下。

（1）根据相应的网络 ID 确定各计算机的主机 ID，这里把路由器和 1 子网相连的接口的 IP 地址设置为 10.0.0.1/8，把路由器和 2 子网相连的接口的 IP 地址设置为 172.16.0.1/16，把路由器和 3 子网相连的接口的 IP 地址设置为 192.168.2.1/24。

如图 9-16 所示，在路由器的每个接口上设置相应的 IP 地址，DNS 服务器的地址可以忽略。设置默认网关后会生成默认路由，一般只在边缘路由器的广域网出口上设置，边缘路由器的定位是将用户由局域网汇接到广域网，骨干网络的路由器一般不设置。这样有利于简化边缘路由器路由表的配置管理，但是会影响边缘路由器的转发效率。

（2）配置并启用"路由和远程访问"服务为 LAN 路由。

子网中计算机的设置关键步骤如下（以 3 子网的计算机设置为例）。设置子网计算机的 IP 地址和默认网关，如图 9-17 所示。

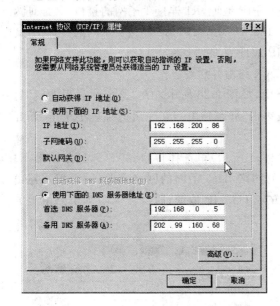
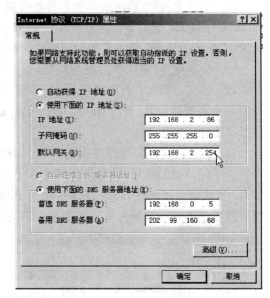

图 9-16　路由器的接口设置　　　　　图 9-17　子网中计算机的设置

这里需要注意的是，计算机必须设置正确的网关地址，就是连接本子网的路由器接口 IP 地址。本机地址和网关的地址具有相同网络 ID，在同一子网中。

关键提示：每个子网中的计算机都进行了正确的 Internet 协议配置，特别是每台计算机的默认网关地址，才能实现各子网之间的互联互通。

直连网络的路由表项由路由器自动生成和管理，只有在存在路由器不能直接连接但是通过直连的下级路由器可以连接到的子网时，才需要手工或利用路由协议管理路由器的路由表。

此时这个路由器的路由表如图 9-18 所示。

2. 路由器级联多子网

在图 9-19 中，1、2、3 三个子网通过两个路由器 R1 和 R2 级联起来。对于路由器 R1 的直连子网为 1、2，3 子网能够通过路由器 R2 连接；对于路由器 R2 的直连子网为 2、3，1 子网通过路由器 R1 连接。

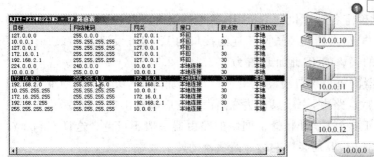

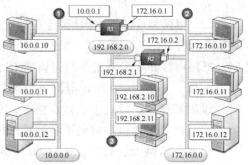

图 9-18　直连网络的路由表项　　　　图 9-19　路由器级联网络示意图

在这个网络中如果实现 1、2、3 子网的互联互通,路由器需要进行如下配置。

(1) 根据 R1、R2 的网络环境设置各个接口的 IP 地址,R1 连接 1 子网的接口 IP 地址为 10.0.0.1/8,R1 连接 2 子网的接口 IP 地址为 172.16.0.1/16,R2 连接 2 子网的接口 IP 地址为 172.16.0.2/16,R2 连接 3 子网的接口 IP 地址为 192.168.2.1/24。

(2) 分别配置"路由和远程访问"服务为 LAN 路由并启动。

(3) 在路由器 R1 上添加到达 3 子网的路由,如图 9-20 所示。在"路由和远程访问"管理控制台展开路由器,展开"IP 路由选择"右键单击"静态路由",在弹出的菜单里单击"新建静态路由(S...)"。

(4) 在打开的添加静态路由的窗口(如图 9-21 所示)里选择接口,接口选择路由器 R1 到达 3 子网一侧的接口;填写目标网络 3 子网的网络 ID、3 子网的网络掩码;网关填写路由器 R2 和接口项里选定的 R1 接口在同一子网的接口的 IP 地址;跃点数填写本条路由上的路由器数量即可。填写完成后如图 9-22 所示。

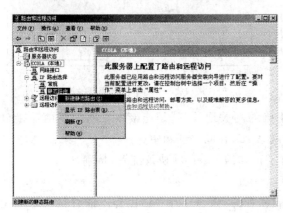

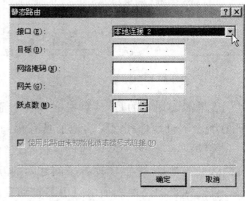

图 9-20　添加静态路由　　　　图 9-21　静态路由填写

(5) 单击"确定"按钮,完成本条静态路由的添加,手工添加的路由表里的路由会显示在管理控制台"静态路由"的明细窗口里,如图 9-23 所示。

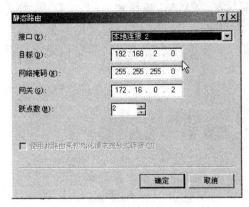

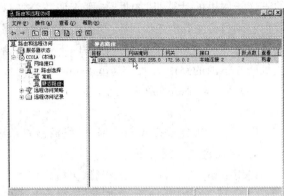

图 9-22　静态路由填写完成　　　　　　　　图 9-23　手工添加的静态路由

（6）在路由器 R2 比照设置路由器 R1 的思路，添加到达 1 子网的静态路由。

各子网计算机的配置注意：一是每个子网的计算机都必须设置正确的默认网关地址，子网 1、3 都好确定，那么子网 2 里的计算机的默认网关设置哪一个呢？是设置为 R1 连接子网 2 的接口 IP 地址呢，还是设置为 R2 连接子网 2 的接口 IP 地址呢？实际上如果路由器 R1 和 R2 添加了正确的路由后，子网 2 里的计算机的默认网关设置为其中的任何一个均可。各子网计算机的设置步骤前面已经讲过，这里不再赘述。

3. 跨路由器的数据传输过程

跨路由器的数据传输如图 9-24 所示。

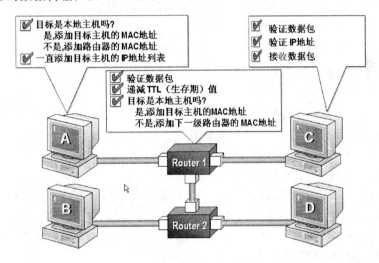

图 9-24　跨路由器的数据传输

架设计算机 A 要给计算机 D 发送数据，数据的传输过程如下。

（1）A 用自己的网络掩码计算目标主机的网络 ID，判断是否和自己属于同一子网，如果相同则查询并添加目标主机的 MAC 地址到自己的 ARP 缓存中，发送数据到目标主机；如果不在自己的子网里，则把数据包发送给自己的默认网关。这里目标 D 和 A 不在同一子网，数据包被发送到路由器 Router1。

（2）路由器 Router1 接收到这个发送到目标主机的数据包，判断目标主机是否是自己

213

的直连子网里的计算机,如果是,则查询并添加目标主机的 MAC 地址到 ARP 缓存中,发送数据包到目标主机;如果不是,则匹配路由表的路由,根据匹配到的路由信息把数据包转发到达目标主机的路由中指定的网关即下一个路由器,继续重复此过程直到数据包到达目标主机所在子网的路由器上。这里 Router1 会把数据包转发到 Router2。

(3) 路由器 Router2 和目标主机 D 在同一子网,它接收到发送到 D 的数据包后直接转发给 D。

(4) 计算机 D 检查收到数据包,根据检查结果会给源主机 A 发送回应信息。

4. 测试网络互联互通

使用 Ping 和 Tracert 命令测试主机之间的连接从而检查所有路由路径。

Ping 是 Windows 系列自带的一个可执行命令。利用它可以检查网络是否能够连通,用好它可以很好地帮助我们分析判定网络故障。应用格式:Ping IP 地址。该命令还可以加许多参数使用,具体是在命令提示符窗口里输入 Ping 按回车键即可看到详细说明。

Ping 指的是端对端连通,通常用来作为可用性的检查。

(1) Ping 本机 IP

例如,本机 IP 地址为 192.168.200.86,则执行命令 Ping 192.168.200.86,如果网卡安装配置没有问题,则应有类似下列显示:

C:\Documents and Settings\Administrator.CCOLA>ping 192.168.200.86

Pinging 192.168.200.86 with 32 bytes of data:

Reply from 192.168.200.86: bytes = 32 time<1ms TTL = 32

Reply from 192.168.200.86: bytes = 32 time<1ms TTL = 32

Reply from 192.168.200.86: bytes = 32 time<1ms TTL = 32

Reply from 192.168.200.86: bytes = 32 time<1ms TTL = 32

Ping statistics for 192.168.200.86:

   Packets: Sent = 4, Received = 4, Lost = 0 (0% loss),

Approximate round trip times in milli - seconds:

   Minimum = 0ms, Maximum = 0ms, Average = 0ms

Replay from 172.168.200.2 bytes = 32 time<10ms

Ping statistics for 172.168.200.2

如果在 MS-DOS 方式下执行此命令,显示内容为 Request timed out,则表明网卡安装或配置有问题。将网线断开再次执行此命令,如果显示正常,则说明本机使用的 IP 地址可能与另一台正在使用的机器 IP 地址重复了。如果仍然不正常,则表明本机网卡安装或配置有问题,需继续检查相关网络配置。

(2) Ping 网关 IP 或远程 IP

假定网关 IP 为 192.168.200.254,则执行命令 Ping 192.168.200.254。和(1)的输出类似则表明局域网中的网关路由器或远程主机正在正常运行;反之,则说明有问题。

需要注意的是:有些情况下,比如有防火墙并且过滤了 Ping 的数据包,就不能再依靠它来测试连通性。

Tracert(跟踪路由)是路由跟踪实用程序,用于确定 IP 数据报访问目标所采取的路径。Tracert 命令用 IP 生存时间 (TTL) 字段和 ICMP 错误消息来确定从一个主机到网络上其他主机的路由。

Tracert 工作原理：通过向目标发送不同 IP 生存时间（TTL）值的"Internet 控制消息协议（ICMP）"回应数据包，Tracert 诊断程序确定到目标所采取的路由。要求路径上的每个路由器在转发数据包之前至少将数据包上的 TTL 递减 1。数据包上的 TTL 减为 0 时，路由器应该将"ICMP 已超时"的消息发回源系统。

Tracert 先发送 TTL 为 1 的回应数据包，并在随后的每次发送过程将 TTL 递增 1，直到目标响应或 TTL 达到最大值，从而确定路由。通过检查中间路由器发回的"ICMP 已超时"的消息确定路由。某些路由器不经询问直接丢弃 TTL 过期的数据包，这在 Tracert 实用程序中看不到。

Tracert 命令按顺序打印出返回"ICMP 已超时"消息的路径中的近端路由器接口列表。输出如下：

C:\Documents and Settings\Administrator.CCOLA>tracert www.sina.com.cn

Tracing route to dorado.sina.com.cn [60.215.128.137]

over a maximum of 30 hops：

1	<1 ms	<1 ms	<1 ms	192.168.200.254
2	2 ms	1 ms	1 ms	192.168.254.254
3	8 ms	*	2 ms	221.192.237.81
4	3 ms	4 ms	4 ms	221.194.49.149
5	10 ms	5 ms	1 ms	218.12.255.77
6	8 ms	8 ms	2 ms	218.12.255.73
7	17 ms	19 ms	2 ms	61.182.172.50
8	8 ms	25 ms	24 ms	219.158.13.145
9	11 ms	19 ms	19 ms	60.215.136.50
10	22 ms	29 ms	29 ms	219.158.13.149
11	35 ms	29 ms	28 ms	123.129.253.98
12	30 ms	27 ms	24 ms	60.215.136.178
13	27 ms	25 ms	25 ms	123.129.253.98
14	42 ms	41 ms	32 ms	60.215.128.137

Trace complete.

可以使用 tracert 命令确定数据包在网络上的停止位置。下例中，默认网关确定 192.168.10.199 主机没有有效路径。这可能是路由器配置的问题，或者是 192.168.10.0 网络不存在（错误的 IP 地址）。

C:\>tracert 192.168.10.99

Tracing route to 192.168.10.99 over a maximum of 30 hops

1 10.0.0.1 reports：Destination net unreachable.

Trace complete.

Tracert 实用程序对于解决大网络问题非常有用，此时可以采取几条路径到达同一个点。详细的使用方法可以参考 Windows 系统的帮助信息或命令的自帮助信息，输入命令后加参数/？即可。

子任务 2　管理动态路由表

如果网络中存在很多路由器或者说有很多子网级联,静态路由管理会给管理员带来很大的压力,因为要在每个路由器上添加到达非直连网络的每条路由。这种情况下在每个路由器上添加相同的路由协议,让路由协议自动地管理路由表会提高网络的维护效率。如果子网环境发生变化,就更能体现路由协议在管理网络传输上的巨大优势。

在动态 IP 路由环境中,使用 IP 路由协议传播 IP 路由信息。用于 Intranet 上最常用的两个 IP 路由协议是"路由信息协议(RIP)"和"开放式最短路径优先(OSPF)"。

1. RIP 协议管理

要部署 RIP 协议,执行以下步骤。

(1) 绘制一张 IP 网际网络的拓扑图,显示独立的网络和路由器及主机(运行 TCP/IP 协议的非路由器的计算机)布局。

(2) 为每一个 IP 网络(由一个或多个路由器绑定的缆线系统)指派一个唯一的 IP 网络 ID(也称为 IP 网络地址)。

(3) 为每一个路由接口指派 IP 地址。工业上常用的操作方法是将 IP 网络的第一个 IP 地址指派给路由器接口。例如,对于子网掩码为 255.255.255.0 的 IP 网络 ID 为 192.168.100.0,将路由器接口的 IP 地址指派为 192.168.100.1。

配置完成时,允许路由器用几分钟更新彼此的路由选择表,然后测试网际网络。当然这样的步骤同样适用于部署静态路由的网络和部署其他路由协议的网络,实际上这是部署网络的通用步骤。

要较容易地解决和隔离问题,推荐按照以下步骤配置基于 RIP 的网际网络:

(1) 设置基本 RIP 并确保其正在运行。

(2) 每次添加一个高级功能,在每个功能添加后都进行测试。

为防止出现问题,应该在实施 RIP-for-IP 之前考虑下列设计问题。

(1) 直径减小为 14 个路由器。

RIP 网际网络的最大直径为 15 个路由器。直径是以跃点或其他指标为基准的网际网络大小的量度。但是,运行"路由与远程访问"的服务器会将所有非 RIP 获知的路由视为具备固定跃点数 2。静态路由,甚至是直接相连的网络上的静态路由,都被视为非 RIP 获知的路由。当运行路由与远程访问的服务器作为 RIP 路由器对与其直接相连的网络进行公布时,尽管只跨越了一个物理路由器,它也会公布其跃点数为 2。因此,使用运行路由与远程访问的服务器的基于 RIP 的网际网络,其最大物理直径为 14 个路由器。

(2) RIP 开销。

RIP 使用跃点数作为确定最佳路由的指标。将途经路由器的数量作为选择最佳路由的基础有可能导致路由活动不够理想。例如,如果通过 T1 链接将两个站点连接在一起,同时以较低速的卫星链接作为备用,那么这两个链接将被认为是相同的指标。当路由器在同样具有最低指标(跃点数)的两个路由中选择时,它可以任选一个。

如果路由器选择卫星链接,那么被采用的将是较慢的备用链接,而非较高带宽的链接。要避免选择卫星链接,应该为卫星接口指定自定义开销。例如,如果将卫星接口的开销指定为 2(而不是默认的开销 1),那么最佳路由将始终是 T1 链接。如果 T1 链接断开,则会选择卫星链接作为下一个最佳路由。

　　如果使用自定义开销来表示链接速度、延迟或可靠性因素,那么请确保网际网络上任意两个端点之间的累计开销(跃点数)不超过 15。

　　RIP 协议的安装步骤如下。

　　(1) 在"路由和远程访问"的管理控制台树中,右键单击"常规",在弹出的菜单中单击"新增路由协议(P...)",如图 9-25 所示。

　　(2) 在"新路由协议"窗口中,单击"用于 Internet 协议的 RIP 版本 2",如图 9-26 所示,然后单击"确定"按钮。

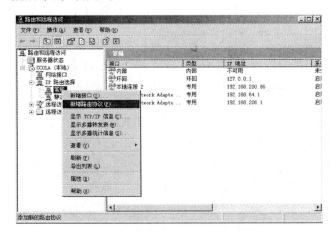

图 9-25　新增路由协议　　　　　　　　图 9-26　新路由协议选择

　　(3) 在"接口"中,单击要添加的接口,然后单击"确定"按钮。

　　给 RIP 协议添加接口的步骤如下。

　　(1) 右键单击新添加的路由协议"RIP",然后单击"新增接口",如图 9-27 所示。

　　(2) 在"用于 Internet 协议的 RIP 版本 2 的新接口"窗口中单击 RIP 协议工作的接口,单击"确定"按钮,如图 9-28 所示。

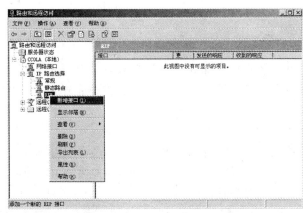
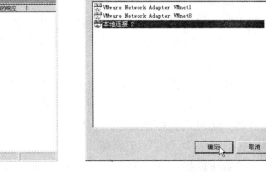

图 9-27　新增接口　　　　　　　　　图 9-28　选择新接口

　　(3) 在打开的接口属性窗口中配置 RIP 协议的工作属性,如图 9-29 所示。也可以直接单击"确定"按钮后,用步骤(4)打开属性窗口。

（4）单击"RIP"，在详细信息窗格中，右键单击要为 RIP 版本 2 配置的接口，然后单击"属性"，如图 9-30 所示。

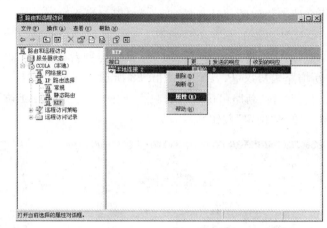

图 9-29　RIP 属性设置　　　　　图 9-30　RIP 接口的属性

① 在"常规"选项卡上的"传出数据包协议"中，执行以下任一操作。

• 如果在该接口所在的相同网络上有 RIP 版本 1 路由器，则单击"RIP 版本 2 广播"。

• 如果在该接口所在的相同网络上只有 RIP 版本 2 路由器，或如果该接口是请求拨号接口，则单击"RIP 版本 2 多播"。

② 在"常规"选项卡上的"传入数据包协议"中，执行以下任一操作。

• 如果在该接口所在的相同网络上有 RIP 版本 1 路由器，则单击"RIP 版本 1 和 2"。

• 如果在该接口所在的相同网络上只有 RIP 版本 2 路由器，或如果该接口是请求拨号接口，则单击"只是 RIP 版本 2"。

③ 可选择两种操作模式：自动静态更新模式或周期性更新模式。

周期性更新模式周期性地发送出 RIP 公告，如同在"高级"选项卡中"周期公告间隔"中所指定的那样。处于周期性更新模式时通过 RIP 获知的路由将被标记为 RIP 路由，并且当路由器停止或重新启动时将删除这些路由。

周期性更新模式是 LAN 接口的默认设置。

自动静态更新模式只在其他路由器请求更新时，自动静态更新模式才发出 RIP 公告。处于自动静态模式时通过 RIP 获知的路由在将它们存储在路由选择表时会被标记为静态路由。如果启动或停止路由器或禁用 RIP，则在删除这些路由之前它们将一直保留在路由表中。

自动静态更新模式是请求拨号接口的默认值。

其他属性保持默认值，在每个路由器配置相同 RIP 协议，网路上路由器就会生成动态的路由表。客户机正确地设置了 IP 地址和默认网关后就可以实现互联互通了。但子网发生变化后 RIP 协议会自动更新路由表，省去了繁杂的手工管理工作。

为了防止网络中非法的 RIP 路由器广播的路由信息影响正常 RIP 路由器工作，需要设置 RIP 的安全。

（1）设置 RIP 全局安全性：可以设定 RIP 路由器只接收指定范围的 RIP 路由器的路由信息。

步骤：在"路由和远程访问"的控制台树中右键单击"RIP"，单击菜单中的"属性"，如图 9-31 所示；在 RIP 属性窗口的"安全"选项卡（如图 9-32 所示）里指定 RIP 路由器接收路由公告的范围。

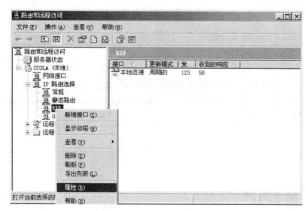

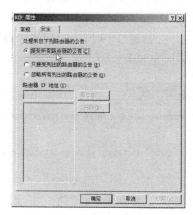

图 9-31　RIP 全局属性　　　　　　　　　　　　图 9-32　RIP 全局安全设定

（2）设置接口的安全性。

- 传入、传出路由限定

在接口属性的"安全"选项卡（如图 9-33 所示）里指定"供传出路由"和"供传入路由"的范围。可以限定 RIP 接口公告路由信息给哪些 RIP 路由器或者接收哪些 RIP 路由器公告给本接口的 RIP 路由信息。

- 身份验证

指定是否要使用通过该接口的 RIP 2 版公告的明文密码启用身份验证。所有传入和传出的 RIP 2 版数据包都必须包含相同的明文密码。因此，必须启用此选项并为连接到该接口的所有路由器配置相同的密码。该选项是身份标识的一种形式，它并不是安全选项。

启用身份验证步骤如下。

（1）在"路由和远程访问"控制台树中，单击"RIP"。

（2）在详细信息窗格中，右键单击要设置身份验证的接口，然后单击"属性"。在"常规"选项卡上，选中"激活身份验证"复选框，并在"密码"框中输入密码，如图 9-34 所示。

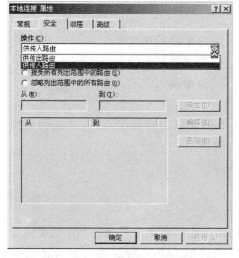

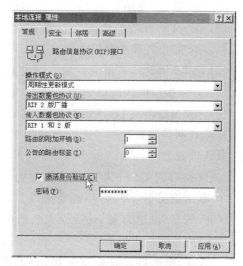

图 9-33　RIP 接口的安全设定　　　　　　　　　图 9-34　RIP 接口的身份验证

身份验证只适用于 RIP 版本 2,并且网络上的所有 RIP 版本 2 路由器必须使用匹配的密码,否则路由器不能处理相互之间的路由通告。

把网络中的路由器 RIP 协议配置完成后,等一小段时间,让各个 RIP 路由器发送和接收 RIP 路由信息生成自己的路由表。

在如图 9-19 所示的网络中路由器 R1 的路由表如图 9-35 所示,路由器 R2 的路由表如图 9-36 所示。

图 9-35　路由器 R1 的路由表　　　　　　　图 9-36　路由器 R2 的路由表

要测试 RIP 网际网络,执行以下步骤。

(1) 要验证运行“路由和远程访问”的服务器正在接收所有相邻 RIP 路由器发出的 RIP 公告,请查看该路由器的 RIP 邻居。

(2) 对于每个 RIP 路由器,查看 IP 路由表,并验证所有应从 RIP 获知的路由都存在。

使用 Ping 和 Tracert 命令测试主机之间的连接,从而检查所有路由路径。

2. OSPF 路由协议

和添加 RIP 协议的过程类似:在“路由和远程访问”控制台树中,右键单击“常规”,然后单击“新增路由协议”。在“新路由选择协议”对话框中,单击“开放式最短路径优先 (OSPF)”,然后单击【确定】按钮。

1) 将接口添加到 OSPF

在“路由和远程访问”控制台树中,右键单击“OSPF”,然后单击“新增接口”。在“接口”窗口中,单击要添加的接口,然后单击【确定】按钮。

2) 配置 OSPF 接口

(1) 在“路由和远程访问”控制台树中,单击“OSPF”,在详细信息窗格中,右键单击要配置的接口,然后单击“属性”。

(2) 在“常规”选项卡上,选中“为此地址启用 OSPF”复选框。

(3) 在“区域 ID”中,单击接口所属区域的 ID。

(4) 在“路由器优先级”中,单击箭头以设置接口路由器的优先级。

(5) 在“开销”中,单击滚动箭头以设置通过接口发送数据包的开销。

(6) 如果接口所属区域启用了密码,请在“密码”框中键入密码。

(7) 在“网络类型”下,单击 OSPF 接口的类型。

在局域网络的实验中一般全部使用 LAN 接口的默认设置即可,随着认识的加深逐步改变默认设置进行实验。

LAN 接口的 OSPF 默认接口设置如下(如图 9.37 所示)。

- 默认情况下,OSPF 不能在接口上运行。
- 区域 ID 设定为主干区域 (0.0.0.0)。
- 路由器的优先级设为 1。当同一网络上的多个 OSPF 路由器具有相同的路由器优先级时,根据具有最高路由器 ID 的路由器来选择 OSPF 指定路由器与备份指定路由器。

- 开销设为 2。
- 将密码设置为 12345678。
- 网络类型设置为 LAN 接口的广播。

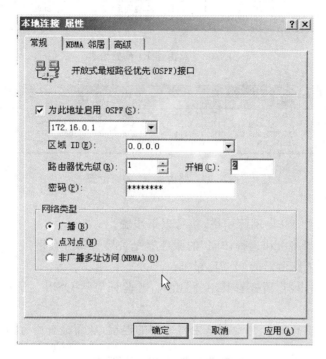

图 9.37　OSPF 接口属性

尽管"开放式最短路径优先（OSPF）"是为特大型的网际网络设计的路由协议，但计划和实现大型 OSPF 网际网络是很复杂和耗时的。但是，要利用 OSPF 的高级功能，并不需要一个大型或特大型的网际网络。

在 OSPF 的 Windows Server 2008 家族实施中，全局和接口设置的默认值使得用最小配置创建单区域 OSPF 网际网络变得非常容易。单个区域就是主干区域（0.0.0.0）。

3）OSPF 的默认全局设置

OSPF 的默认全局设置如下。

- 路由器标识被设置成安装 OSPF 路由协议时第一个 IP 绑定的 IP 地址。
- 不将路由器配置为 OSPF 自治系统边界路由器。
- 单个区域，即主干区域，配置并启用明文密码。不能将单区域配置为存根区域，并且没有地址范围。
- 没有配置虚拟接口，并且不筛选外部路由。

对于单区域 OSPF 网际网络，不要求更改 OSPF 的默认全局设置。

4）OSPF 路由表查看

把网络中的路由器 OSPF 协议配置完成后，等一小段时间，让各个 OSPF 路由器发送和接收 OSPF 路由信息生成自己的路由表。

在图 9.19 所示的网络中，路由器 R1 的路由表如图 9.38 所示，路由器 R2 的路由表如

图 9.39 所示。

RJXY-PZ2W82Z3M3 - IP 路由表					
目标	网络掩码	网关	接口	跃点数	通讯协议
192.168.2.0	255.255.255.0	172.16.0.2	本地连接	4	OSPF
172.16.0.0	255.255.0.0	172.16.0.1	本地连接	2	OSPF
10.0.0.0	255.0.0.0	10.0.0.1	本地连接	2	OSPF
255.255.255.255	255.255.255.255	10.0.0.1	本地连接	1	本地

图 9.38 路由器 R1 的路由表

CCOLA - IP 路由表					
目标	网络掩码	网关	接口	跃点数	通讯协议
10.0.0.0	255.0.0.0	172.16.0.1	本地连接	4	OSPF
172.16.0.0	255.255.0.0	172.16.0.2	本地连接	2	OSPF
192.168.2.0	255.255.255.0	192.168.2.1	本地连接	2	OSPF
127.0.0.0	255.0.0.0	127.0.0.1	环回	1	本地

图 9.39 路由器 R2 的路由表

5）测试 OSPF

要测试单个区域 OSPF 网际网络，执行以下步骤。

（1）要验证运行"路由和远程访问"的服务器是否接收到所有相邻 OSPF 路由器发出的 OSPF 通知，请查看该路由器的 OSPF 邻居。

（2）对于每个路由器，请查看其 IP 路由表，并验证应从 OSPF 获得的所有路由是否已存在。

（3）使用 ping 和 tracert 命令测试主机之间的连接，从而检查所有路由路径。

子任务 3 启动、重启动和停止路由服务

路由服务全局属性发生变化后或者某些情况下需要停止、启动或直接重启动"路由和远程访问服务"。可以在"路由和远程访问"控制台中完成，步骤：右键单击服务器名称，在"所有任务(K)"的子菜单中单击合适的项即可。如图 9.40 所示。

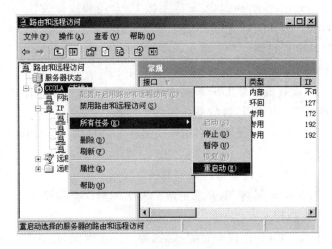

图 9-40 启动或停止"路由和远程访问"服务

222

项目小结

本项目结合一个小型企业的案例需求学习了 Windows Server 2008 系统路由和远程访问服务的配置和管理的基本技能,掌握了静态路由表的添加、删除和动态路由协议的管理,掌握了逻辑子网的连通性调试技能。

实训练习

实训项目:Windows Server 2008 路由服务配置管理。
实训内容:安装配置路由服务并通过静态路由和动态路由协议连通网络。
实训步骤:
(1) 规划网络结构。
(2) 根据规划配置各网络接口的参数。
(3) 安装 Windows Server 2008 路由服务。
(4) 配置静态路由表,测试网络的连通性,观察数据包的路径。
(5) 配置 RIP 路由协议,观察动态路由信息。

复习题

1. 简述路由表的类型,并解释相应路由表的作用。
2. 简述几个常用的路由协议,并简要描述各种路由协议的工作过程。
3. 动态路由的安全措施有哪些?
4. 结合实际设想一个具体的多子网网络,并实现静态和动态路由的互联互通。

项目 10　架设 Web 服务器

项目学习目标

- 了解 Web 服务器的运行机制。
- 掌握 Web 服务的安装。
- 理解并掌握 Web 站点的多种架设方法。
- 了解虚拟目录的使用。
- 掌握如何远程管理 Web 服务器。

案例情景

随着因特网技术的快速发展，WWW 正在逐步改变人们的通信方式。在过去的十几年中，Web 服务得到了飞速发展，用户平时上网最普遍的活动就是浏览信息、查询资料，而这些上网活动都是通过访问 Web 服务器来完成的。

对公司或企业来说，为了树立公司形象或进行产品推广，进行广告宣传是必不可少的手段。随着计算机网络的发展，除了可以在电视、广播、报纸等地方进行宣传，还可以将公司的特定产品、公司简介、客户服务等情况在网站中进行宣传。这样做的最大好处就是能够使成千上万的用户通过简单的图形界面就可以访问公司的最新信息及产品情况。

项目需求

为了提高公司的知名度，Web 网站成为了进行产品推广的重要手段之一。公司希望在自己的内部网络中架设一台 Web 服务器，能够实现 HTTP 文件的下载操作，同时也希望搭建动态网站，以满足客户的需要。公司各部门或分支机构可能也需要建立宣传网站，但是公司的硬件资源有限，需要考虑在一台服务器上建立多个网站的技术。

实施方案

使用 Windows Server 2008 操作系统作为平台，利用 IIS 建立 Web 服务器是目前世界上使用的最广泛的手段之一。具体的实施步骤如下。

（1）为 Web 网站申请一个有效的 DNS 域名，以方便客户能够通过域名访问该网站。

（2）为方便网络上的用户能够直接访问 Web 网站，最好使用默认的 80 端口。

（3）对于公司的不同部门，可以为其配置相应的二级域名或者是虚拟目录。

（4）若公司需要搭建多个网站，可以考虑使用虚拟主机技术实现。

（5）若需要运行动态网站，需在 Web 服务器上启动并配置 ASP、ASP. NET 等环境。

任务 1 了解 Web 服务

子任务 1 了解 Web 服务器

互联网的普及给各行各业带来了前所未有的商机,通过建设网站,展示公司的形象,拓展公司的业务。掌握网站的架设和基本管理手段是网络管理人员的必备技能,Windows Server 2008 提供了功能强大的 IIS 服务组件。通过安装该组件,经过详细地配置可以提供强大的互联网络服务。

Web 服务器也称为 WWW(World Wide Web)服务器,是指专门提供 Web 文件保存空间,并负责传送和管理 Web 文件和支持各种 Web 程序的服务器。

Web 服务器的功能如下。

- 为 Web 文件提供存放空间。
- 允许因特网用户访问 Web 文件。
- 提供对 Web 程序的支持。
- 架设 Web 服务器让用户通过 HTTP 协议来访问自己架设的网站。
- Web 服务是实现信息发布、资料查询等多项应用的基本平台。

Web 服务器使用超文本标记语言(HTML,HyperText Marked Language)描述网络的资源,创建网页,以供 Web 浏览器阅读。HTML 文档的特点是交互性。不管是文本还是图形,都能通过文档中的链接连接到服务器上的其他文档,从而使客户快速地搜索所需的资料。

子任务 2 了解 WWW 服务的运行机制

Web 服务器同 Web 浏览器之间的通信是通过 HTTP 协议进行的。HTTP 协议是基于 TCP/IP 协议的应用层协议,是通用的、无状态的、面向对象的协议。Web 服务器的工作原理如图 10-1 所示。

向服务器发出请求

连接因特网

服务器应答

图 10-1 Web 服务器的工作原理

从图 10-1 可以看出,一个 Web 服务器的工作过程包括几个环节:首先是建立连接,然后浏览器端通过网址或 IP 地址向 Web 服务器提出访问请求,Web 服务器接收到请求后进行应答,也就是将网页相关文件传递到浏览器端,浏览器接收到网页后进行解析并显示出来。下面分别作简要介绍。

连接:Web 浏览器与 Web 服务器建立连接,打开一个称为 Socket(套接字)的虚拟文件,此文件的建立标志着连接成功。默认的 Web 服务端口号为 80,可以根据需要指定其他的端口号。

请求：Web 浏览器通过 Socket 向 Web 服务器提交请求。

应答：Web 服务器接到请求后进行事务处理,结果通过 HTTP 协议发送给 Web 浏览器,从而在 Web 浏览器上显示出所请求的页面。

关闭连接：当应答结束后,Web 浏览器与 Web 服务器必须断开,以保证其他 Web 浏览器能够与 Web 服务器建立连接。

Web 服务器的作用最终体现在对内容特别是动态内容的提供上,Web 服务器主要负责同 Web 浏览器交互时提供动态产生的 HTML 文档。Web 服务器不仅仅提供 HTML 文档,还可以与各种数据源建立连接,为 Web 浏览器提供更加丰富的内容。

任务 2　安装 IIS 7.0

子任务 1　了解 IIS 7.0

微软 Windows Server 2008 家族里包含的 Internet 信息服务(IIS)提供了集成、可靠、可伸缩、安全和可管理的 Web 服务器功能。IIS 是用于为静态和动态网络应用程序创建强大的通信平台的工具。各种规模的组织都可以使用 IIS 来管理因特网或 Intranet 上的网页、管理 FTP 站点、使用网络新闻传输协议 NNTP 和简单邮件传输协议 SMTP。

IIS 提供了多种服务,主要包括发布信息、传输文件、收发邮件等,下面介绍 IIS 7.0 中包含的几种服务。

1. WWW 服务

即万维网发布服务,通过将客户端的 HTTP 请求连接到 IIS 中运行的网站上,WWW 服务向 IIS 最终用户提供 Web 发布。WWW 服务管理 IIS 核心组件,这些组件处理 HTTP 请求并配置和管理 Web 应用程序。

2. FTP 服务

即文件传输协议服务,该服务使用传输控制协议 TCP,这就确保了文件传输的完成和数据传输的准确。该版本的 FTP 支持在站点级别上隔离用户,以帮助管理员保护其因特网站点的安全。

3. SMTP 服务

即简单邮件传输协议服务,IIS 通过此服务发送和接收电子邮件。SMTP 不支持完整的电子邮件服务,它通常和 POP3 服务一起使用。要提供完整的电子邮件服务,可以使用 Microsoft Exchange Server。

4. NNTP 服务

即网络新闻传输协议,可以使用此服务控制单个计算机上的 NNTP 本地讨论组。因为该功能完全符合 NNTP 协议,所以用户可以使用任何新闻阅读客户端程序,加入新闻组进行讨论。

5. IIS 管理服务

IIS 管理服务管理 IIS 配置数据库,并为 WWW 服务、FTP 服务、SMTP 服务和 NNTP 服务更新 Microsoft Windows 操作系统注册表,配置数据库用来保存 IIS 的各种配置参数。

IIS 管理服务对其他应用程序公开配置数据库,这些应用程序包括 IIS 核心组件、在 IIS 上建立的应用程序,以及独立于 IIS 的第三方应用程序(如管理或监视工具)。

子任务 2　了解架设 Web 服务器的需求

架设 Web 服务器应满足下列要求。
- 使用内置了 IIS 以提供 Web 服务的服务器端操作系统。
- Web 服务器的 IP 地址、子网掩码等 TCP/IP 参数应手工指定。
- 为了更好地为客户端提供服务,Web 服务器应拥有一个友好的 DNS 名称,以便 Web 客户端能够通过该 DNS 名称访问 Web 服务器。

子任务 3　安装 IIS 7.0

为了防止黑客恶意的攻击,在默认情况下,Windows Server 2008 家族没有安装 IIS 7.0。在最初安装 IIS 7.0 后,IIS 7.0 只为静态内容提供服务,像 ASP. NET、在服务器端的包含文件、WebDAV 发布和 FrontPage Server Extensions 等功能只有在启用时才能工作。安装 IIS 7.0 时,用户必须具备管理员权限,这要求用户使用 Administrator 管理员权限登录。下面简要说明 IIS 7.0 的安装过程。

(1) 依次展开"开始"→"服务器管理器",打开"服务器管理器"窗口,单击左侧的"角色"选项后,再单击右侧的"添加角色"一项,启动"添加角色向导"界面。具体操作界面请参照项目 7。然后单击"下一步"按钮,选中"Web 服务器(IIS)"一项,如图 10-2 所示。由于 IIS 依赖 Windows 进程激活服务(WAS),因此会出现如图 10-3 所示的对话框。单击"添加必需的功能"按钮,再单击"下一步"按钮。

图 10-2　添加 Web 服务器(IIS)　　　　图 10-3　Windows 进程激活服务界面

(2) 在"Web 服务器(IIS)"界面中,对 Web 服务器(IIS)进行了简单的介绍,单击"下一步"按钮。如图 10-4 所示。

(3) 在如图 10-5 所示的界面中,单击每一项服务选项,都会在右侧显示该服务的相关说明信息,一般进行默认安装即可。如果有特殊的需要,用户可以根据实际情况进行选择安装。单击"下一步"按钮。

图 10-4　Web 服务器(IIS)简介　　　　　图 10-5　选择为 Web 服务安装的角色服务

(4) 在如图 10-6 所示的"确认安装选择"界面中,显示了 Web 服务器的详细安装信息。确认安装信息后单击"安装"按钮,开始进行安装。

(5) 图 10-7 显示了 Web 服务的安装进度。如图 10-8 所示的界面中,显示了 Web 服务器的安装结果。单击"关闭"按钮退出添加角色向导。

图 10-6　"Web 服务确认安装"的界面　　　　图 10-7　安装进度界面

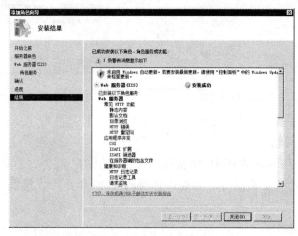

图 10-8　安装结果界面

子任务 4　验证 Web 服务安装

Web 服务安装完成之后,可以通过查看 Web 相关文件和 Web 服务两种方式来验证 Web 服务是否成功安装。

1. 查看文件

如果 Web 服务成功安装,将会在％SystemDrive％中创建一个 Inetpub 文件夹,其中包含 wwwroot 子文件夹,如图 10-9 所示。

说明:％SystemDrive％是系统变量,所代表的值为安装 Windows Server 2008 的硬盘分区。如果将 Windows Server 2008 安装在 C 分区,则％SystemDrive％所代表的值为 C 分区。

2. 查看服务

Web 服务如果成功安装,会自动启动。因此,在服务列表中将能够看到已启动的 Web 服务。选择"开始"→"管理工具"→"服务",打开"服务"管理控制台,如图 10-10 所示。在其中能够看到已启动的 Web 服务。

图 10-9　C:\Inetpub\wwwroot 文件夹

图 10-10　使用"服务"管理控制台查看 Web 服务

任务 3　Web 服务器的架设与管理

子任务 1　配置 Web 站点的属性

1. 设置网站主目录

主目录是指保存 Web 网站的文件夹,当用户访问该网站时,Web 服务器会自动将该文件夹中的默认网页显示给客户端用户。

默认网站的主目录是％SystemDrive％\inetpub\wwwroot。当用户访问默认网站时,WWW 服务器会自动将其主目录中的默认网页传送给用户的浏览器。但在实际应用中通常不采用该默认文件夹,因为将数据文件和操作系统放在同一磁盘分区中会带来安全保障、恢复不太方便等问题,并且当保存大量音视频文件时,可能造成磁盘或分区的空间不足。所以最好将作为数据文件的 Web 主目录保存在其他硬盘或非系统分区中。

设置主目录的具体步骤如下。

(1) 打开"开始"→"管理工具"→"Internet 信息服务(IIS)管理器"工具,IIS 管理器采用了三列式(左侧为"连接"栏,中间为功能视图和内容视图,右侧为"操作"栏)进行显示,双击 IIS 服务器,可以看到如图 10-11 所示的界面。

(2) 在左侧的"连接"栏中展开"网站",再选择某一个 Web 站点,在右侧的"操作"栏中单击"基本设置"链接,就可以打开如图 10-12 所示的对话框。在"物理路径"文本框中输入 Web 站点的主目录的路径即可。

图 10-11   IIS 管理器界面

图 10-12   "编辑网站"对话框

在"物理路径"中也可以输入远程共享目录的 UNC 路径,如\192.168.1.8\website,这样就可将网站主目录的位置指定为另一台计算机上的共享文件夹中。单击"连接为"按钮,可以在如图 10-13 所示的"连接为"对话框中设置连接远程共享目录所需要的用户名和密码信息。

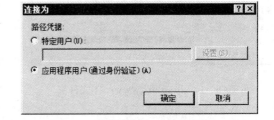

图 10-13   设置连接远程共享目录所需的用户

2. 设置网站默认文档

通常情况下,Web 网站都需要有一个默认文档,当在 IE 浏览器中使用 IP 地址或域名访问时,Web 服务器会将默认文档返回给客户端的浏览器,并显示其内容。若用户浏览网页时没有指定文档名,例如,输入的是 http://192.168.1.8,IIS 服务器会把已设定的默认文档返回给用户,这个文档就称为默认文档。

在 IIS 管理器中配置默认文档的步骤如下。

(1) 在 IIS 管理器中选择默认站点,在"Default Web Site"窗口中,双击 IIS 功能视图的"默认文档"一项,如图 10-14 所示,系统自带了 6 种默认的文档。

(2) 如果需要为某一网站添加一个默认文档,则应在右侧"操作"栏中单击"添加"链接,在文本框中输入主页名称即可。

利用 IIS 7.0 搭建 Web 网站时,默认文档的文件名如图 10-15 所示,这些也是一般网站中最常用的主页名。在访问时，系统会自动按照由上到下的顺序依次查找与之相对应的文件名。当客户浏览 http://192.168.1.8 时，Web 服务器会先读取主目录下的 Default.htm（排列在列表中最上面的文件），若在主目录内没有该文件，则依次读取后面的文件（Default.asp）等。可以通过单击"添加"或"删除"按钮来添加或删除默认网页。

图 10-14 选择"默认文档"   图 10-15 默认文档

另外，可以使用"记事本"或"写字板"等工具编辑一个文档作为主页，只要该文档的名字在"默认文档"列表中存在即可。

默认网站的主页如图 10-16 所示。如果将要作为网站默认文档的名称不在此列表，则 Web 浏览器在访问时将会出现如图 10-17 所示的错误信息。

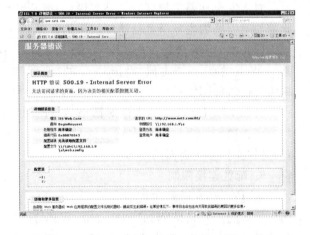

图 10-16 默认网页   图 10-17 访问未设置默认文档的网站出现的错误信息

3. 绑定 IP 地址、域名和端口号

（1）右击某一网站后选择"编辑绑定"，或者在右侧"操作"栏中选择"绑定"链接，如图 10-18 所示。默认端口为 80，IP 地址为"＊"，表示绑定所有 IP 地址。

（2）在"网站绑定"窗口中单击"编辑"按钮，显示如图 10-19 所示的"编辑网站绑定"对话框。

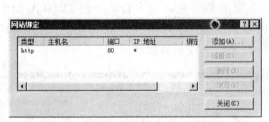

图 10-18 "网站绑定"对话框　　　　　图 10-19 "编辑网站绑定"对话框

- IP 地址：在"IP 地址"下拉列表框中指定该网站的 IP 地址，默认值是"全部未分配"，在 Windows Server 2008 下支持安装多块网卡，每块网卡可以绑定多个 IP 地址，因此每个 Web 服务器可以拥有多个 IP 地址。

- 端口：端口号默认值为 80，用户在访问该网站时不需要输入端口号，只需要通过 Web 服务器的 IP 地址进行访问即可，形式为 http://IP 地址或域名；对于非 80 端口，在访问 Web 服务器时应该使用 http://IP 地址或域名:端口号的形式进行访问，此时端口号不可省略。

- 主机名：网络中用户访问 Web 网站时所使用的名称，如 www.net.com。当用户访问该网站时，在浏览器的地址栏中输入 www.net.com 即可访问。

4. 设置主目录的访问权限

对于安全性要求较高的网站来说，一般不允许客户对网站的主目录具有写的权限。因此需要对网站的主目录进行访问权限的设置。

(1) 在 IIS 管理器的"连接"界面中选择某一 Web 站点，单击右侧"操作"栏中的"编辑权限"链接，如图 10-20 所示。

(2) 在打开文件夹的属性对话框后，选择"安全"选项卡。根据需要进行访问权限的设置，具体操作参照前面的章节。

5. 配置连接限制

通过在 Web 网站中配置连接限制，可以防止过多的用户访问网站，以免造成 Web 的负载过重或瘫痪。但是，限制以后也可能造成部分用户的正常访问。

在 IIS 管理器中，单击右侧"操作"界面的"限制"连接，弹出如图 10-20 所示的界面。具体设置如下。

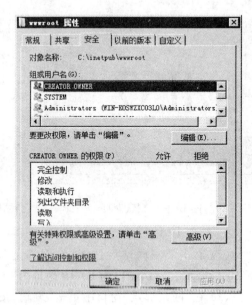

图 10-20　修改用户权限

- 限制带宽使用：用来设置访问该网站所使用的最大带宽，以字节为单位。这里设置为 2 000 000，即 2 M。默认不限制。

- 连接超时：默认为 120 秒，即当用户访问 Web 网站时，如果在 120 秒内没有活动则自动断开。

- 限制连接数：用来设置允许同时连接网站的最大用户数量，这里限制为 500 个。默认不限制。

6. HTTP 重定向

重定向是用来将当前网站的地址指向其他的地址。当用户访问原来的网址时，会重新定位到重定向后指定的网址，这种方法对于正在建设的网站或者正在维护的网站来说是非常有效的一种方法。具体操作步骤如下。

（1）在 IIS 管理器的"功能视图"中双击"HTTP 重定向"图标，如图 10-21 所示。

（2）弹出如图 10-22 所示的"HTTP 重定向"窗口，如图 10-22 所示。

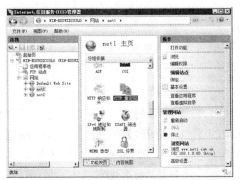

图 10-21　选定"HTTP 重定向"

图 10-22　"HTTP 重定向"窗口

（3）选中"将请求重定向到此目标"复选框，在下面的文本框中输入要重新定位的 URL 地址，如图 10-23 所示。这里我们将 http://www.net1.com 重定向到 http://www.hbsi.edu.cn 网站，这样当用户访问 www.net1.com 网站时会显示河北软件职业技术学院的网站。

（4）单击右侧"操作"栏中的"应用"按钮，保存该设置即可。

图 10-23　设置"HTTP 重定向"

子任务 2　创建 Web 站点

在 Windows Server 2008 中，创建 Web 站点的操作可以通过"Internet 信息服务（IIS）管理器"来完成。为了简化实验配置，可以先禁用默认站点，创建实验站点。

具体操作步骤如下。

（1）使用具有管理员权限的用户账号登录 Web 服务器，打开"Internet 信息服务（IIS）管理器"控制台。

（2）右击"网站"→"添加网站"，打开如图 10-24 所示的"添加网站"对话框。

（3）在"添加网站"对话框的"网站名称"处填写网站的命名，在"物理路径"处输入网站的目录,在"IP 地址"下拉列表框中指定要绑定的 IP 地址。

(4) 单击"确定"按钮就创建了一个新的网站。建立好 2 个 Web 网站如图 10-25 所示。

图 10-24 "添加网站"窗口   图 10-25 新建的 Web 网站

在 IIS 7.0 中,默认只提供了对静态网页的支持。对于动态网页,需要在 IIS 中启动动态属性,才能正常查看动态网页的内容,具体的操作步骤为:打开"IIS 管理器",在"功能视图"中选择"ISAPI 和 CGI 限制"图标,双击并查看其设置,如图 10-26 所示。右击要启动或停止的动态属性服务,在弹出的快捷菜单中选择"允许"或"停止"命令即可。

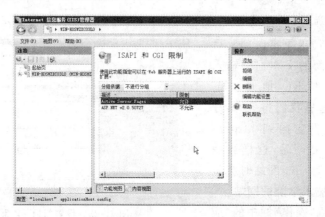

图 10-26 启动或停止动态属性

子任务 3 使用 SSL 加密连接

SSL(Secure Socket Layer)称为安全套接层协议,为 Netscape 所研发,用以保障在 Internet 上数据传输的安全,利用数据加密(Encryption)技术,可确保数据在网络上的传输过程中不会被截取及窃听。SSL 协议位于 TCP/IP 协议与各种应用层协议之间,为数据通信提供安全支持。HTTP 协议可以使用 SSL 来加密传输对安全的数据和信息,从而达到安全传输的目的。

HTTPS(Secure Hypertext Transfer Protocol)称为安全超文本传输协议。它是由 Netscape 开发并内置于其浏览器中,用于对数据进行压缩和解压操作,并返回网络上传送回的结果。HTTPS 实际上应用了 Netscape 的 SSL 作为 HTTP 应用层的子层。HTTPS 使用端口 443 端口和 TCP/IP 进行通信。HTTPS 是以安全为目标的 HTTP 通道,简单讲是 HTTP 的安全版,即 HTTP 下加入 SSL 层,HTTPS 的安全基础是 SSL。

1. 申请 SSL 证书

(1) 打开"Internet 信息服务(IIS)管理器"窗口,单击 Web 服务器名,在主页窗口中双击"服务器证书"图标,如图 10-27 所示。

(2) 在右侧"操作"栏中单击"创建自签名证书"按钮,显示如图 10-28 所示的对话框。可以申请 Web 服务器的证书,使其能为配置了 SSL 的网站提供证书。

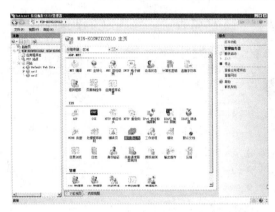

图 10-27　选择"服务器证书"图标　　　　　　　图 10-28　"服务器证书"窗口

(3) 在如图 10-29 所示的"创建自签名证书"窗口中,在"为证书指定一个好记名称"的文本框中输入申请证书的名称。

(4) 单击"确定"按钮,自签名证书创建完成,在如图 10-30 所示的界面中会显示证书的详细信息。

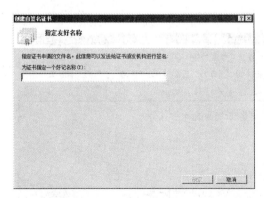

图 10-29　"创建自签名证书"对话框　　　　　　图 10-30　服务器证书列表

2. 创建 SSL 网站

(1) 使用具有管理员权限的用户账号登录 Web 服务器,打开"Internet 信息服务(IIS)管理器"控制台。右击"网站"→"添加网站",具体信息的设置如图 10-31 所示。在"添加网站"对话框的"网站名称"处填写网站的命名,在"物理路径"处输入网站的目录,在"类型"下拉列表框中选择"https",在"IP 地址"下拉列表框中选择绑定的 IP 地址,在"端口"文本框中设置所使用的端口,默认使用的是 443 端口,在"SSL 证书"下拉列表中选择前面新建的证书。

(2) 单击"确定"按钮,完成网站的绑定操作。

3. 访问 SSL 网站

客户端在访问 SSL 网站时,需要先配置为信息证书服务,再使用 https://IP 地址或域名的形式访问 SSL 网站。

(1) 在客户端的计算机上,在浏览器的地址栏输入 SSL 网站的地址,首先会显示如图 10-32 所示的界面。

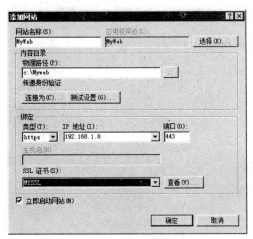

图 10-31　添加 SSL 网站

图 10-32　安全证书有问题的网页

(2) 单击"继续浏览此网站(不推荐)"链接,弹出如图 10-33 所示的界面。提示与该站点的信息交换不会被其他人查看或更改,单击"确定"按钮就可以浏览 SSL 网站的内容,如图 10-34 所示。

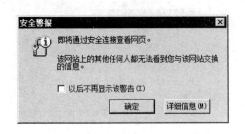

图 10-33　"安全警报"对话框

图 10-34　访问到的 SSL 网页

子任务 4　启动、停止和暂停 Web 服务

当一个站点的内容和设置需要进行比较大的修改时,网站管理人员就需要将该 Web 站点的服务停止或者暂停,并在 Web 网站完成维护工作后再继续服务。

（1）依次展开"Internet 信息服务（IIS）管理器"→"网站"→某一网站,在右侧"操作"栏中的"管理网站"处分别选择"启动"、"重新启动"或"停止"命令,即可进行各项相应的操作,如图 10-20 所示。

（2）打开"Internet 信息服务（IIS）管理器"控制台→右击某一网站→管理网站→选择"启动"、"重新启动"或"停止"命令。

此外,还可以通过"管理工具"下的"服务"工具进行服务的启动、停止和重新启动 Web 服务。

子任务 5　Web 站点的测试

可以在客户机上打开 IE 浏览器或其他网页浏览器测试建立的站点。

对于 Internet 服务器或万维网服务器上的目标文件,可以使用"统一资源定位符（URL）"地址（该地址以"http://"开始）。Web 服务器使用"超文本传输协议（HTTP）",一种 Internet 信息传输协议。例如,http://www.microsoft.com/ 为 Microsoft 网站的万维网 URL 地址。

URL 的一般格式为（带方括号[]的为可选项）:

protocol :// hostname[:port] / path / [;parameters][? query]♯fragment

例如,http://www.imailtone.com:80/WebApplication1/。

格式说明如下。

（1）protocol(协议):指定使用的传输协议,以下列出 protocol 属性的有效方案名称。最常用的是 HTTP 协议,它也是目前 WWW 中应用最广的协议。

① file 资源是本地计算机上的文件,格式 file://。

② ftp 通过 FTP 访问资源,格式 FTP://。

③ gopher 通过 Gopher 协议访问该资源。

④ http 通过 HTTP 访问该资源,格式 HTTP://。

⑤ https 通过安全的 HTTPS 访问该资源,格式 HTTPS://。

⑥ mailto 资源为电子邮件地址,通过 SMTP 访问,格式 mailto:。

⑦ MMS 通过支持 MMS(流媒体)协议的播放该资源(代表软件:Windows Media Player),格式 MMS://。

⑧ ed2k 通过支持 ed2k(专用下载链接)协议的 P2P 软件访问该资源(代表软件:电驴),格式 ed2k://。

⑨ flashget 通过支持 Flashget:(专用下载链接)协议的 P2P 软件访问该资源(代表软件:快车),格式 Flashget://。

⑩ thunder 通过支持 thunder(专用下载链接)协议的 P2P 软件访问该资源(代表软件:迅雷),格式 thunder://。

（2）hostname(主机名):是指存放资源的服务器的域名系统（DNS）主机名或 IP 地址。有时,在主机名前也可以包含连接到服务器所需的用户名和密码（格式:username@password）。

（3）port(端口号):整数,可选,省略时使用方案的默认端口,各种传输协议都有默认的端口号,如 http 的默认端口为 80。如果输入时省略,则使用默认端口号。有时候出于安全或其他考虑,可以在服务器上对端口进行重定义,即采用非标准端口号,此时 URL 中就不能省略端口号这一项。

(4) path(路径):由零个或多个"/"符号隔开的字符串,一般用来表示主机上的一个目录或文件地址。

注意,Windows 主机不区分 URL 大小写,但是,Unix/Linux 主机区分大小写。

任务 4　虚拟主机技术

在安装 IIS 时系统已经建立了一个默认的 Web 网站,直接将网站内容放到其主目录或虚拟目录中即可直接使用,但最好还是重新设置,以保证网站的安全。如果需要,还可在一台服务器上建立多个虚拟主机,来实现多个 Web 网站,这样可以节约硬件资源,达到降低成本的目的。

虚拟主机的概念对于 ISP(因特网服务提供商)来讲非常有用,因为虽然一个组织可以将自己的网页挂在其他域名的服务器上的下级网址上,但使用独立的域名和根网址更为正式,易为众人接受。一般来讲,必须自己设立一台服务器才能达到独立域名的目的,然而这需要维护一个单独的服务器,很多小企业缺乏足够的维护能力,所以更为合适的方式是租用别人维护的服务器。ISP 也没有必要为每一个机构提供一个单独的服务器,完全可以使用虚拟主机,使服务器为多个域名提供 Web 服务,而且不同的服务互不干扰,对外就表现为多个不同的服务器。

使用 IIS 6.0 的虚拟主机技术,通过分配 TCP 端口、IP 地址和主机头名,可以在一台服务器上建立多个虚拟 Web 网站,每个网站都具有唯一的由端口号、IP 地址和主机头名三部分组成的网站标识,用来接收来自客户端的请求,不同的 Web 网站可以提供不同的 Web 服务,而且每一个虚拟主机和一台独立的主机完全一样。虚拟技术将一个物理主机分割成多个逻辑上的虚拟主机使用,显然能够节省经费,对于访问量较小的网站来说比较经济实用,但由于这些虚拟主机共享这台服务器的硬件资源和带宽,在访问量较大时就容易出现资源不够用的情况。一般来讲,架设多个 Web 网站可以通过以下三种方式。

- 使用不同端口号架设多个 Web 网站;
- 使用不同 IP 地址架设多个 Web 网站;
- 使用不同主机头架设多个 Web 网站。

子任务 1　使用同一 IP 地址、不同端口号来架设多个 Web 网站

IP 地址资源越来越紧张,有时需要在一个 Web 服务器上架设多个网站,但一台计算机却只有一个 IP 地址,那么使用不同的端口号也可以达到架设多个网站的目的。其实,用户访问所有的网站都需要使用相应的 TCP 端口,Web 服务器默认的 TCP 端口为 80,在用户访问时不需要输入。但如果网站的 TCP 端口不为 80,在输入网址时就必须添加上端口号,而且用户在上网时也会经常遇到必须使用端口号才能访问的网站。利用 Web 服务的这个

特点,可以架设多个网站,每个网站均使用不同的端口号,这种方式创建的网站,其域名或 IP 地址部分完全相同,仅端口号不同。

例如,Web 服务器中原来有一个网站为 www.net1.com,使用的 IP 地址为 192.168.1.8,现在要再架设一个网站 www.net2.com,IP 地址仍使用 192.168.1.8,这时可以将新网站的 TCP 端口号设为其他端口号(如 8080),如图 10-35 所示。这样,用户在访问该网站时,就可以使用网址 http://www.net2.com:8080 或 http://192.168.1.8:8080 来访问。

图 10-35　设置端口号

子任务 2　使用不同的 IP 地址架设多个 Web 网站

如果要在一台 Web 服务器上创建多个网站,为了使每个网站域名都能对应于独立的 IP 地址,一般都使用多 IP 地址来实现。当然,为了用户在浏览器中可以使用不同的域名来访问不同的 Web 网站,必须将主机名及其对应的 IP 地址添加到 DNS 服务器中。

Windows Server 2008 系统支持在一台服务器上安装多块网卡,并且一块网卡还可以绑定多个 IP 地址。将这些 IP 分配给不同的虚拟网站,就可以达到一台服务器多个 IP 地址来架设多个 Web 网站的目的。例如,要在一台服务器上创建两个网站:www.net1.com 和 www.net2.com,对应的 IP 地址分别为 192.168.1.8 和 192.168.1.9,需要在服务器网卡中添加这两个地址,具体的操作步骤如下。

(1) 依次打开"本地连接 状态"窗口→"属性"选项→"Internet 协议版本 4(TCP/IPv4) 属性"窗口,单击"高级"按钮,显示"高级 TCP/IP 设置"窗口如图 10-36 所示。单击"添加"按钮将这两个 IP 地址添加到"IP 地址"列表中。

(2) 在 DNS 控制台中,需要使用"新建区域向导"新建两个域,域名称分别为 net1.com 和 net2.com,并创建相应主机,对应的 IP 地址分别为 192.168.1.8 和 192.168.1.9,使不同 DNS 域名与相应的 IP 地址对应起来,如图 10-37 所示。这样,因特网上的用户才能够使用不同的域名来访问不同的网站。

(3) 在 IIS 管理器中用鼠标右击"网站"→"添加网站"。在"编辑网站绑定"窗口中的"IP 地址"下拉列表框中,分别为网站指定 IP 地址。

当这两个网站创建完成以后,再分别为不同的网站进行配置,如指定主目录等,这样在一台 Web 服务器上就可以创建多个网站了。

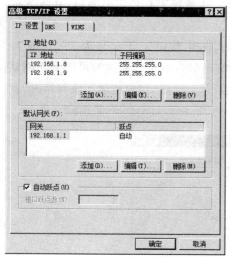

图 10-36　添加网卡地址　　　　　　　　　图 10-37　添加 DNS 域名

子任务 3　使用主机头名架设多个 Web 网站

使用主机头创建的域名也称二级域名。现在,在 Web 服务器上利用主机头创建 www. net1.com 和 www.net2.com 两个网站为例进行介绍,其 IP 地址均为 192.168.1.8。具体的操作步骤如下。

(1) 为了让用户能够通过因特网找到 www.net1.com 和 www.net2.com 网站的 IP 地址,需将其 IP 地址注册到 DNS 服务器。在 DNS 服务器中,针对 net1.com 和 net2.com 两个域新建两个主机,其 IP 地址均为 192.168.1.8。

(2) 打开 IIS 管理器窗口,创建两个网站,如图 10-38 所示。

(3) 也可以在"编辑网站绑定"窗口中的"主机名"下拉列表框中,分别为网站指定主机名,如图 10-39 所示。该域名应该与在 DNS 服务器中设置的域名一致。

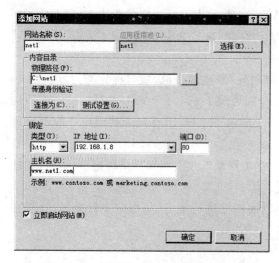

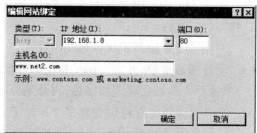

图 10-38　创建基于主机名的虚拟主机　　　　图 10-39　修改网站的主机名

使用主机头来搭建多个具有不同域名的 Web 网站,与利用不同 IP 地址建立虚拟主机的方式相比,更为经济实用,可以充分利用有限的 IP 地址资源来为更多的客户提供虚拟主机服务。

在测试基于主机头的站点时,必须使用相应的主机头名,一般情况下需要 DNS 服务器提供解析服务。

任务 5　Web 网站的虚拟目录管理

虚拟目录是在 Web 网站主目录下建立的一个易记的名称或别名,可以将位于主目录以外的某个物理目录或其他网站的主目录链接到当前网站主目录下。这样,客户端只需要连接一个网站,就可以访问到存储在服务器中各个位置的资源,以及存储在其他计算机上的资源。

子任务 1　了解使用虚拟目录的好处

- 虚拟目录的名称通常要比物理目录的名称易记,因此更便于用户访问。
- 使用虚拟目录可以提高安全性,因为客户端并不知道文件在服务器上的实际物理位置,所以无法使用该信息来修改服务器中的目标文件。
- 使用虚拟目录可以更方便地移动网站中的目录,只需更改虚拟目录物理位置之间的映射,无需更改目录的 URL。
- 使用虚拟目录可以发布多个目录下的内容,并可以单独控制每个虚拟目录的访问权限。
- 使用虚拟目录可以均衡 Web 服务器的负载,因为网站中资源来自于多个不同的服务器,从而避免单一服务器负载过重,响应缓慢。

子任务 2　掌握虚拟目录与物理位置的映射关系

虚拟目录可以映射到本地服务器上的目录(如 D:\teacher-web)或者通过 UNC 路径映射到其他计算机上的共享目录(如:\192.168.1.18\mkt-web),也可以映射到其他网站的 URL(如 http://www.hbsi.edu.cn)。表 10-1 列出了虚拟目录及其映射关系的示例。

表 10-1　虚拟目录及其映射关系的示例

物理位置	虚拟目录名称	Web 客户端连接使用的 URL
D:\site1	无(主目录)	http://www..test.com
D:\wangluoxi	wangluoxi	http://www..test.com/wangluoxi
\192.1681.18\market	market	http://www..test.com/market
http://www.hbsi.edu.cn	hbsi	http://www..test.com/hbsi

子任务 3　创建虚拟目录

创建虚拟目录的具体步骤如下。

（1）使用具有管理员权限的用户账户登录 Web 服务器,打开"Internet 信息服务(IIS)管理器"控制台。

（2）在左侧的"连接"栏中展开"网站",然后右击要创建虚拟目录的网站,在弹出的快捷菜单中选择"添加虚拟目录",如图 10-40 所示。

（3）在如图 10-41 所示的"添加虚拟目录"界面中,在"别名"文本框中输入虚拟目录的名称,在"物理路径"中输入虚拟目录映射的物理位置。在该对话框中只能输入本地硬盘上的目录或指向其他计算机上共享目录的 UNC 路径,不能输入指向到其他网站的 URL。如果要创建映射到 URL 的虚拟目录,则需先在此对话框中输入本地硬盘上的目录,然后在虚拟目录创建完成后,在虚拟目录属性对话框中将其重定向到指定的 URL。

图 10-40　新建虚拟目录

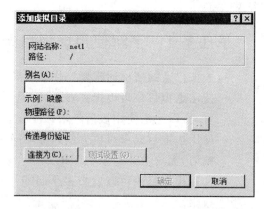

图 10-41　添加虚拟目录

（4）单击"确定"按钮返回"IIS 管理器"界面,在左侧"连接"栏可以看到新建立的虚拟目录,如图 10-42 所示。

（5）在"操作"栏中,单击"管理虚拟目录"下的"高级设置"链接,弹出"高级设置"对话框,可以对虚拟目录的相关设置进行修改,如图 10-43 所示。

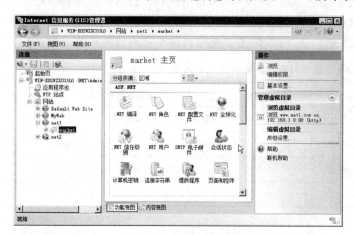

图 10-42　创建的虚拟目录

图 10-43　虚拟目录高级设置

子任务 4　测试虚拟目录

登录 Web 客户端，打开 IE。输入虚拟目录的 URL，对虚拟目录进行测试，如图 10-44 所示。

如果虚拟目录不能正常显示，需要查看 IIS 管理器中间部分的"目录浏览"一项是否启用。只有启动该功能才能正常显示虚拟目录下的内容，如图 10-45 所示。

图 10-44　测试虚拟目录　　　　　　　　图 10-45　启用"目录浏览"

任务 6　远程管理 Web 服务器

当一个 Web 服务器搭建完成后，对它的管理是非常重要的，但是网络管理员不可能每天都坐在服务器前进行操作，此时网站管理员可以从任何一个接入因特网的计算机连入到 Web 服务器，通过 IE 浏览器对服务器进行日常管理，如新增和删除用户、修改网站的配置、维护网站的内容等。本节主要介绍两种管理方式，分别是利用 IIS 远程管理和利用远程管理（HTML）进行管理。

IIS 7.0 提供了很多方法来对网络进行远程管理，IIS 7.0 中的远程管理服务在本质上是一个小型 Web 应用程序，它作为单独的服务，在服务名为 WMSVC 的本地服务账户下运行。在此设计使得即使在 IIS 服务器自身无响应的情况下该服务仍可维持远程管理功能。在 IIS 7.0 中，远程管理默认情况下没有安装。要安装远程管理功能，需要将 Web 服务器角色的角色服务添加到 Windows Server 2008 的服务器管理器中。

子任务 1　启用远程服务

安装后，打开"Internet 信息服务（IIS）管理器"控制台，在"功能视图"中双击"管理服务"图标，如图 10-46 所示，可以打开如图 10-47 所示的界面。

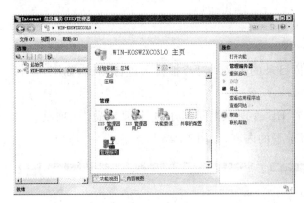

图 10-46 选择"管理服务"图标   图 10-47 "管理服务"界面

在"管理服务"界面中主要包括以下内容。

- 标识凭据：允许连接到 IIS 7.0 的权限，分为仅限于 Windows 凭据和 Windows 凭据或 IIS 管理器凭据两种。
- IP 地址：设置连接到服务器的 IP 地址，默认端口号为 8172。
- SSL 证书：系统中的默认证书的名为 WMSVC-WIN2008 证书，这是系统专门为远程管理服务的证书。
- IPv4 地址限制：允许或禁止某些 IP 地址或域名的访问。

要进行远程管理必须启用远程连接并启动 WMSVC 服务，默认情况下该服务没有启动。WMSVC 服务的默认为手动启动。如果希望该服务能够自动启动，则需要将设置更改为自动。可以通过在命令行中输入以下命令来实现：

sc config WMSVC start= auto

注意：在等号和值之间需要有一个空格。

子任务 2 在客户端进行远程管理

（1）打开"IIS 管理器"，然后在左侧"连接"栏中右击"起始页"，在出现的快捷菜单中可以选择"连接至服务器"、"连接至站点"、"连接至应用程序"命令，如图 10-48 所示。

注意：在进行远程管理时，需要拥有一个有权限连接的账号和密码才能登录远程服务器。

（2）在如图 10-49 所示的"连接至服务器"对话框中，在"服务器名称"的文本框中输入要进行远程管理的服务器的名称或者 IP 地址，然后单击"下一步"按钮。

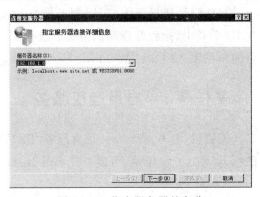

图 10-48 连接至服务器   图 10-49 指定服务器的名称

（3）在如图 10-50 所示的"连接至服务器"对话框中输入连接名称，单击"完成"按钮就可以在 IIS 管理中看到要管理的远程网站，如图 10-51 所示。

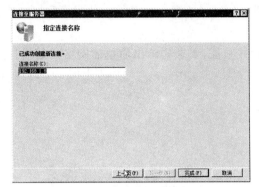

图 10-50　指定连接名称　　　　图 10-51　远程管理界面

项目小结

本项目结合一个企业的 Web 服务器的架设需求，详细讲述了 Web 服务器和 Web 客户机的配置过程。通过本项目的学习，使学生掌握虚拟主机和虚拟目录的配置技能，了解 Web 服务的相关知识。

实训练习

实训目的：掌握 Web 服务器的使用。

实训内容：

（1）设置 IP 地址、主目录。

（2）安装 Web 服务。

（3）配置 Web 服务器。

实训步骤：

（1）准备好 Web 主目录、默认文档等。

（2）安装 Web 服务器（IIS 角色）。

（3）在 IIS 中创建 Web 站点。

（4）创建虚拟目录。

（5）配置基于主机头技术的虚拟主机的使用。

（6）利用 IE 等浏览器测试 Web 服务器是否能够正常访问。

复习题

1. IIS 7.0 服务包括哪些？

2. 如何设置 Web 站点？

3. 什么是虚拟主机?

4. 若需要 Web 站点支持 ASP,发布目录应怎么设置?

5. 如何利用虚拟主机技术建立多个 Web 网站?

6. 如何远程管理 Web 服务器?

7. 设计一个利用 DNS 服务访问的站点实验并验证,要求先画出简单的网络规划拓扑图再实施。

项目 11 架设 FTP 服务器

项目学习目标

- 了解 FTP 服务的运行机制。
- 掌握 FTP 服务的安装。
- 掌握隔离用户模式的 FTP 站点的架设。
- 理解并掌握非隔离用户模式的 FTP 站点的架设。

案例情景

网络上有大量的文件资源需要共享,在局域网中通常通过文件服务器来完成,但是文件服务器依赖的 SMB 协议一般不通过路由转发,这就要考虑一种在 TCP/IP 网络中通行的协议服务。通过这种服务方便全球各地的人员把资料上传,供需要的人下载使用。

项目需求

自从有了互联网,通过网络来传输文件就一直是很重要的工作。在互联网诞生初期,FTP 就已经被应用在文件传输服务上,而且一直是文件传输服务的主角。FTP 服务是 Internet 上最早应用于主机之间进行数据处理传输的基本服务之一。

当网络管理员在外地出差,但是 Web 服务器出现故障或需要维护时,通过 FTP 进行数据处理是一种比较好的方式。

在公司或企业在日常管理中,会遇到如下的问题:(1)需要进行 Web 服务器的数据更新;(2)经常需要共享软件或文件资料等信息;(3)需要在不同的操作系统之间传输数据;(4)文件的尺寸较大,无法通过邮箱等工具传递。FTP 服务器的架设就能解决此问题。

实施方案

面对上述等问题时,该公司迫切需要建立能够实现进行上传或下载的服务,而 FTP 服务器就能解决这些问题。

本方案利用 Windows Server 2008 自带的文件传输服务角色来满足文件传输的需求,参照以下步骤实现:

(1) 将 FTP 主目录所使用的分区格式设置为 NTFS 文件系统,以方便设置权限。

(2) 将 FTP 服务器安装在 Web 服务器或文件服务器或单独的服务器上。

(3) 根据客户需求,架设非隔离式或隔离式的 FTP 站点。

任务 1　了解 FTP 服务

子任务 1　了解 FTP 服务器

文件传输协议(FTP,File Transfer Protocol)是因特网上最早应用于主机之间进行文件传输的标准之一。FTP 工作在 OSI 参考模型的应用层,它利用 TCP(传输控制协议)在不同的主机之间提供可靠的数据传输。由于 TCP 是一种面向连接的、可靠的传输控制协议,所以它的可靠性就保证了 FTP 文件传输的可靠性。FTP 还具有一个特点就是支持断点续传功能,这样做可以大大地减少网络带宽的开销。此外,FTP 还有一个非常重要的特点就是可以独立于平台,因此在 Windows、Linux 等各种常用的网络操作系统中都可以实现 FTP 的服务器和客户端。

一般有两种 FTP 服务器:一种是普通的 FTP 服务器,这种 FTP 服务器一般要求用户输入正确的用户账号和密码才能访问;另一种是匿名 FTP 服务器,这种 FTP 服务器一般不需要输入用户账号和密码就能访问目标站点。

子任务 2　了解 FTP 服务的运行机制

FTP 通过 TCP 传输数据,TCP 保证客户端与服务器之间数据的可靠传输。FTP 采用客户端/服务器模式,用户通过一个支持 FTP 协议的客户端程序,连接到远程主机上的 FTP 服务器程序。通过客户端程序向服务器程序发出命令,服务器程序执行用户所发出的命令,并将执行结果返回给客户机。客户端与服务器之间通常建立两个 TCP 连接,一个被称做控制连接,另一个被称做数据连接。如图 11-1 所示。控制连接主要用来传送在实际通信过程中需要执行的 FTP 命令以及命令的响应。控制连接是在执行 FTP 命令时,由客户端发起的通往 FTP 服务器的连接。控制连接并不传输数据,只用来传输控制数据传输的FTP 命令集及其响应。数据连接用来传输用户的数据。在客户端要求进行上传和下载等操作时,客户端和服务器将建立一条数据连接。在数据连接存在的时间内,控制连接肯定是存在的,但是控制连接断开,数据连接会自动关闭。

图 11-1　连接 FTP 服务器

当客户端启动 FTP 客户端程序时,首先与 FTP 服务器建立连接,然后向 FTP 服务器发出传输命令,FTP 服务器在收到客户端发来命令后给予响应。这时激活服务器的控制进程,控制进程与客户端进行通信。如果客户端用户未注册并获得 FTP 服务器授权,也就不能使用正确的用户名和密码,即不能访问 FTP 服务器进行文件传输。如果服务器启用了匿名 FTP 就可以让用户在不需要输入用户名和密码的情况下,直接访问 FTP 服务器。

使用 FTP 传输文件时,用户需要输入 FTP 服务器的域名或 IP 地址。如果 FTP 服务器不是使用默认端口,则还需要输入端口号。当连接到 FTP 服务器后,提示输入用户名和密码,则说明该 FTP 服务器没有提供匿名登录。否则,用户可以通过匿名登录直接访问该 FTP 服务器。

任务 2　安装 FTP 服务

子任务 1　了解架设 FTP 服务器的需求

架设 FTP 服务器应满足下列要求:
- 使用内置了 IIS 以提供 FTP 服务的服务器端操作系统。
- FTP 服务器的 IP 地址、子网掩码等 TCP/IP 参数应手工指定。
- 为了更好地为客户端提供服务,FTP 服务器应拥有一个友好的 DNS 名称,以便 FTP 客户端能够通过该 DNS 名称访问 FTP 服务器。

子任务 2　安装 FTP 服务

Windows Server 2008 沿用了 Windows Server 2003 中 Internet 信息服务(IIS)6.0 的 FTP 服务组件管理。下面简要说明 FTP 服务的安装过程。

(1) 依次展开"开始"→"服务器管理器",打开"服务器管理器"窗口,单击左侧的"角色"选项后,再单击右侧的"添加角色"一项,启动"添加角色向导"界面。具体操作界面请参照项目 7。然后单击"下一步",选中"Web 服务器(IIS)"一项,如图 11-2 所示。由于 IIS 依赖 Windows 进程激活服务(WAS),因此会出现如图 11-3 所示的对话框。单击"添加必需的功能"按钮,然后单击"下一步"按钮。

图 11-2　添加 Web 服务器(IIS)

图 11-3　Windows 进程激活服务界面

(2) 在"Web 服务器(IIS)"界面中,对 Web 服务器(IIS)进行了简单的介绍,如图 11-4 所示。单击"下一步"按钮。

(3) 在如图 11-5 所示的界面中,单击"FTP 发布服务",弹出如图 11-6 所示的界面,单击"添加必需的角色服务"按钮,再单击"下一步"按钮。

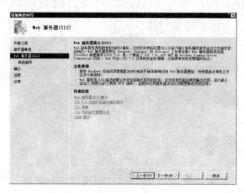 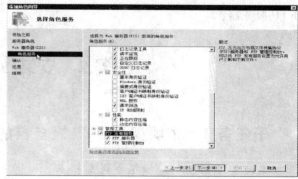

图 11-4　Web 服务器(IIS)简介　　　　图 11-5　选择为 FTP 服务安装的角色服务

图 11-6　添加必需的角色服务

(4) 单击"安装"按钮开始进行安装,就完成了 FTP 服务的安装。

子任务 3　验证 FTP 服务安装

FTP 服务安装完成之后,可以通过查看 FTP 相关文件和 FTP 服务两种方式来验证 FTP 是否成功安装。

1. 查看文件

如果 FTP 服务成功安装,将会在％systemdrive％中创建一个 inetpub 文件夹,其中包含 ftproot 文件夹,如图 11-7 所示。

2. 查看服务

FTP 服务如果成功安装,会自动启动。因此,在服务列表中将能够看到已启动的 FTP 服务。选择"开始"→"管理工具"→"服务"命令,打开"服务"管理控制台,如图 11-8 所示,能够看到启动的 FTP 服务。

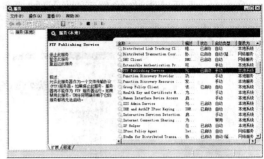

图 11-7　C:\inetpub\ftproot 文件夹　　　　　图 11-8　使用"服务"管理控制台查看 FTP 服务

子任务 4　启动、停止和暂停 FTP 服务操作

当一个 FTP 站点的内容和设置需要进行比较大的修改时，网站管理人员就需要将该站点的服务停止或者暂停，并在 FTP 站点完成维护工作后再继续服务。

（1）使用具有管理员权限的用户账户登录 FTP 服务器。

（2）选择"开始"→"管理工具"→打开"Internet 信息服务（IIS）管理器"控制台窗口，在左侧的"连接"窗口中选择"FTP 站点"，如图 11-9 所示。在功能视图中会看到有关 FTP 站点的说明，单击"单击此处启动"链接，会打开"Internet 信息服务（IIS）6.0 管理器"窗口。默认情况下，默认的 FTP 站点（Default FTP Site）没有启动，需要展开"FTP 站点"，右击"Default FTP Site"站点，在弹出的快捷菜单中选择"启动"命令，来启动默认的 FTP 站点。也可以选择"暂停"、"停止"等命令进行各项相应的操作，如图 11-10 所示。

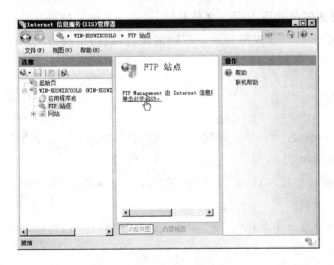

图 11-9　启动 FTP 服务　　　　　图 11-10　FTP 服务的停止、启动和暂停设置

此外,还可以通过"管理工具"下的"服务"工具进行服务的启动、停止和重新启动 FTP 服务,如图 11-11 所示。

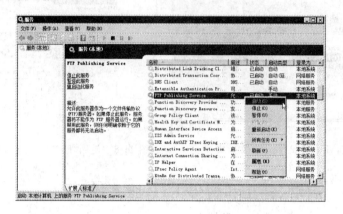

图 11-11 使用"服务"工具设置 FTP 服务

任务 3 创建不隔离用户的 FTP 站点

子任务 1 准备 FTP 服务主目录

在建立 FTP 站点之前,应当先将 FTP 主目录准备好,以方便用户进行文件传输。出于安全性等方面考虑,FTP 主目录通常存储在与系统文件不同的硬盘或分区中。在 Windows Server 2008 中,存储 FTP 主目录的分区建议使用 NTFS 文件系统,以确保能够更加灵活地对 FTP 的权限进行控制。测试时要考虑 NTFS 权限和站点权限的设置,以防出现访问拒绝的提示信息。

子任务 2 创建 FTP 站点

在 Windows Server 2008 的 IIS 中,创建 FTP 站点的操作可以通过"Internet 信息服务(IIS)6.0 管理器"来完成。具体操作步骤如下。

(1) 使用具有管理员权限的用户账号登录 FTP 服务器,打开"Internet 信息服务(IIS)6.0 管理器"控制台。

(2) 右击"FTP 站点",在弹出的快捷菜单中选择"新建"→"FTP 站点",打开"FTP 站点创建向导"对话框。

(3) 单击"下一步"按钮,进入"FTP 站点描述"界面,输入关于 FTP 站点的描述信息,如图 11-12 所示。

(4) 单击"下一步"按钮,进入"IP 地址和端口设置"界面,在此界面中可以设置 FTP 站点所使用的 IP 地址和端口号,默认服务端口号为 21。如图 11-13 所示。

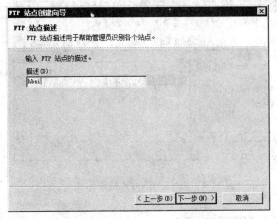 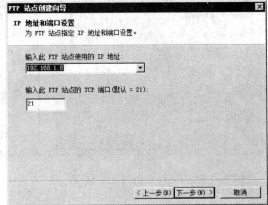

图 11-12 "FTP 站点描述"界面   图 11-13 "IP 地址和端口设置"界面

(5) 单击"下一步"按钮,进入"FTP 用户隔离"界面,通过此界面可以设置 FTP 用户隔离的选项,有关用户隔离的知识在后面进行介绍,在此选中"不隔离用户"按钮,如图 11-14 所示。

(6) 单击"下一步"按钮,进入"FTP 站点主目录"界面,在此可以设置 FTP 站点的主目录,如图 11-15 所示。

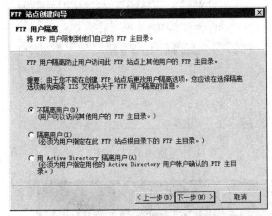 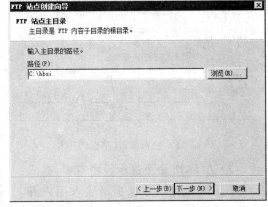

图 11-14 "FTP 用户隔离"界面   图 11-15 "FTP 站点主目录"界面

(7) 单击"下一步"按钮,进入"FTP 站点访问权限"界面。在此界面中可以设置 FTP 站点的访问权限,如图 11-16 所示。

注意:FTP 站点访问权限除了可以通过其本身的权限进行控制之外,还可以通过 NTFS 权限来控制。

(8) 单击"下一步"按钮,进入"完成"界面,新建了一个 FTP 站点。如图 11-17 所示。

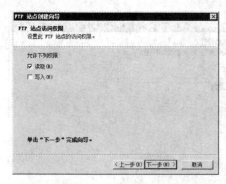

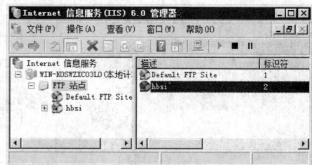

图 11-16　"FTP 站点访问权限"界面　　　　　　图 11-17　新建的 FTP 站点

子任务 3　使用 FTP 客户端连接 FTP 站点

FTP 服务器在架设成功后，可以使用以下几种方式来测试 FTP 服务器是否能够正常运行。

（1）登录 FTP 客户端，选择"开始"→"运行"，打开"运行"对话框，如图 11-18 所示。

（2）可以选择 IE、360、傲游等浏览器，在浏览器的"地址"栏中输入 FTP 站点的 URL，然后按 Enter 键，也将连接到 FTP 站点，如图 11-19 所示。

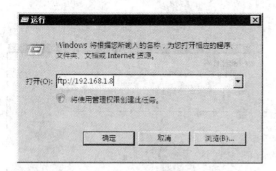

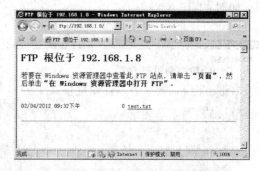

图 11-18　输入 FTP 站点的 URL　　　　　　图 11-19　使用 IE 打开 FTP 站点

（3）在 DOS 命令提示符窗口中，输入命令"ftp IP 地址"，根据提示输入用户和密码后即可以登录，具体可以参照 DOS 相关命令。匿名用户名为 ftp 或 anonymous，密码为电子邮件地址或者是输入任意字符。如图 11-20 所示。

另外，还可以通过使用 FTP 客户端软件来实现访问 FTP 站点。目前比较著名的软件有 CuteFTP、FlashFXP 等。利用软件可以非常方便地进行文件的上传和下载操作。

图 11-20　使用 FTP 命令连接 FTP 站点

任务 4 FTP 站点的管理

子任务 1 管理 FTP 站点标识、连接限制和日志记录

选择"Internet 信息服务(IIS)6.0 管理器"→"FTP 站点"→"Default FTP Site"选项,右击选择"属性"选项,弹出"Default FTP Site 属性"对话框,选择"FTP 站点"选项卡,如图 11-21 所示,该选项卡共有三个选项区域。

1. "FTP 站点标识"选项区域

该区域用于设置每个站点的标识信息。

- 描述:可以在文本框中输入一些文字说明,一般为用于描述该站点的名称。
- IP 地址:用于指定可以通过哪个 IP 地址才能够访问 FTP 站点。
- TCP 端口:FTP 默认的端口号是 21,可以修改此号码,但是修改后用户要连接此站点时,必须以 IP:端口号的方式访问站点。

2. "FTP 站点连接"选项区域

该区域用来限制最多可以同时建立多少个连接和设置连接超时的时间。

3. "启用日志记录"选项区域

该区域用来设置将所有连接到此 FTP 站点的记录都存储到指定的文件。

如图 11-21 所示,单击"当前会话"按钮,打开"FTP 用户会话"对话框如图 11-22 所示,在此对话框中可以查看当前连接到该 FTP 站点的客户端、连接使用的用户和连接时间。

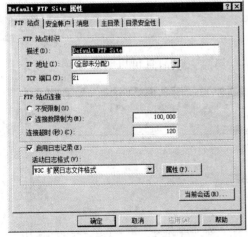

图 11-21 "FTP 站点"选项卡

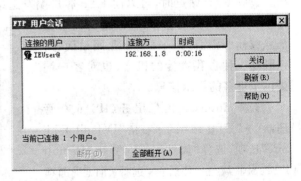

图 11-22 "FTP 用户会话"对话框

子任务 2 验证用户的身份

根据用户的安全需要,可以选择一种 IIS 验证方法。FTP 身份验证方法有两种,即匿名 FTP 身份验证和基本 FTP 身份验证。

1. 匿名 FTP 身份验证

如果为资源选择了匿名 FTP 身份验证,则接受对该资源的所有请求,并且不提示用户输入用户名和密码。因为 IIS 将自动创建名为 IUSR_computername 的用户账号,其中 computername 是正在运行 IIS 服务的名称。如果启用了匿名 FTP 身份验证,则 IIS 始终先使用该验证方法,即使已经启用了基本 FTP 身份验证也是如此。

2. 基本 FTP 身份验证

要使用该身份验证与 FTP 服务器建立连接,用户必须使用与有效的用户账号对应的用户名和密码进行登录。如果 FTP 服务器不能证实用户的身份,服务器就会返回一条错误信息。基本 FTP 身份验证只提供很低的安全性能,因为它是以不加密的形式在网络上传输用户名和密码。

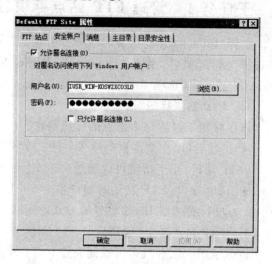

图 11-23　"安全账户"选项卡

选择"Internet 信息服务(IIS)管理器"→"FTP 站点"→右击"Default FTP Site"选项,选择"属性"选项,弹出"Default FTP Site 属性"对话框,选择"安全账户"选项卡,如图 11-23 所示。

如果在图 11-23 中选中了"允许匿名连接"复选框,则所有的用户都必须利用匿名账号来登录 FTP 站点。反之,如果取消选中"允许匿名连接"复选框,则所有的用户都必须输入正确的用户账号和密码,不可以利用匿名方式登录。

子任务 3　管理 FTP 站点消息

设置 FTP 站点时,可以向 FTP 客户端发送站点消息。该消息可以是欢迎用户登录到 FTP 站点的问候消息、用户注销时的退出消息或标题消息等。对于企业网站而言,这既是一种自我宣传的机会,也对客户端提供了更多的提示信息。

图 11-24　"消息"选项卡

选择"Internet 信息服务(IIS)6.0 管理器"→"FTP 站点"→右击"Default FTP Site"选项,选择"属性"选项,弹出"Default FTP Site 属性"对话框,选择"消息"选项卡,如图 11-24 所示。

- 横幅:当用户连接 FTP 站点时,首先会看到设置在"横幅"列表框中的文字。横幅信息在用户登录到站点前出现,可以用横幅显示一些较为醒目的信息。默认情况下,这些信息是空的。

- 欢迎:当用户登录到 FTP 站点时,会看到此消息。欢迎信息通常包含下列信息,如向用户致意、使用该 FTP 站点时应当注意的问题、站点所有者或管理者的信息及联络方式、上传和下载文件的规则说明等。
- 退出:当用户注销时,会看到此信息。通常为表达欢迎用户再次光临,向用户表示感谢之类的内容。
- 最大连接数:如果 FTP 站点有连接数目的限制,而且目前连接的数目已达到此数目,当再有用户连接此 FTP 站点时,会看到此信息。

子任务 4 管理 FTP 站点主目录

每个 FTP 站点都必须有自己的主目录,用户可以设定 FTP 站点的主目录。具体方法为:选择"Internet 信息服务(IIS)管理器"→"FTP 站点"→右击"Default FTP Site"选项,选择"属性"选项,弹出"Default FTP Site 属性"对话框,选择"主目录"选项卡,如图 11-25 所示。

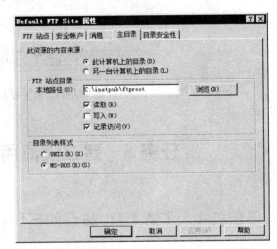

图 11-25 "主目录"选项卡

1. "此资源的内容来源"选项区域

- 此计算机上的目录:系统默认 FTP 站点的主目录位于 C:\Inetpub\ftproot。
- 另一台计算机上的目录:可以将主目录指定到另外一台计算机的共享文件夹,同时需要单击"连接为"按钮设置一个有权限存取此共享文件夹的用户名和密码。

2. "FTP 站点目录"选项区域

可以选择本地路径或者网络共享,同时可以设置用户的访问权限,共有以下三个复选框。

- 读取:用户可以读取主目录内的文件,如可以下载文件。
- 写入:用户可以在主目录内添加、修改文件,如可以上传文件。
- 记录访问:启动日志,将连接到此 FTP 站点的操作记录到日志文件。

3. "目录列表样式"选项区域

该区域用来设置如何将主目录内的文件显示在用户的屏幕上,有以下两种选择。

- Unix:以四位数格式显示年份,如果文件日期与 FTP 服务器相同,则不会返回年份。
- MS-DOS:这是默认选项,以两位数字显示年份。

子任务 5 通过 IP 地址来限制 FTP 连接

可以配置 FTP 站点,以允许或拒绝特定计算机或域访问 FTP 站点。具体的操作步骤为：选择"Internet 信息服务(IIS)管理器"→"FTP 站点"→右击"Default FTP Site"选项，选择"属性"选项，弹出"Default FTP Site 属性"对话框，选择"目录安全性"选项卡，如图 11-26 所示。

图 11-26 "目录安全性"选项卡

任务5 建立隔离用户的 FTP 站点

子任务1 了解 FTP 站点的三种模式

FTP 用户隔离可以为大家提供上传文件的个人 FTP 目录。FTP 用户隔离通过将用户限制在自己的目录中，来防止用户查看或删除其他用户的目录。

Windows Server 2003 添加了"FTP 用户隔离"功能，配置成"隔离用户"模式的 FTP 站点，可以使用户登录后直接进入属于该用户的目录中，且该用户不能查看或修改其他用户的目录。在创建 FTP 站点时，IIS6.0 支持以下三种模式。

1. 不隔离用户

该模式不启用 FTP 用户隔离，该模式的工作方式与以前版本的 IIS 类似，最适合于只提供共享下载功能的站点，或不需要在用户间进行数据访问保护的站点。

2. 隔离用户

在该模式下，用户访问与其用户名相匹配的主目录，所有用户的主目录都在单一的 FTP 主目录下，每个用户均被限制在自己的主目录中，不允许用户浏览自己主目录以外的内容。

当使用该模式创建了上百个主目录时，服务器性能会下降。

3. 活动目录(Active Directory)隔离用户

该模式根据相应的活动目录(Active Directory)容器验证用户，而不是搜索整个活动目录(Active Directory)。将为每个客户指定特定的 FTP 服务器实例，以确保数据的完整性及隔离性。

该模式需要在 Windows Server 2008 家庭的操作系统上安装 Active Directory,也可以使用 Windows 2000 或 2003 Active Directory,但是需要手动扩展 User 对象架构。

子任务 2　创建隔离用户的 FTP 站点

创建隔离用户的 FTP 站点的具体步骤如下。

1. 创建用户账号

首先,要在 FTP 站点所在的 Windows Server 2008 服务器中为 FTP 用户创建一些用户账号(如 user1、user2),以便他们使用这些账号登录 FTP 站点,如图 11-27 所示。

2. 规划目录结构

创建了一些用户账户后,就需要开始一项重要性的操作,即规划文件夹结构,创建"用户隔离"模式的 FTP 站点,对文件夹的名称和结构有一定的要求。在 NTFS 分区中创建一个文件夹作为 FTP 站点的主目录(如 ftp),然后在此文件夹下创建一个名为"localuser"的子文件夹,最后在"localuser"文件夹下创建若干个和用户账号相对应的个人文件夹(如 user1、user2)。

另外,如果想允许用户使用匿名方式登录"用户隔离"模式的 FTP 站点,则必须在"localuser"文件夹下面创建一个名为"public"的文件夹,这样匿名用户登录以后即可进入"public"文件夹中进行读写操作,如图 11-28 所示。

图 11-27　创建用户账号　　　　　　　图 11-28　规划目录结构

FTP 站点的主目录应该指定为 Driver:\ftp,而不是 Driver:\ftp\localuser。另外,FTP 站点主目录下的子文件夹名必须为 localuser,且在其下创建的用户文件夹必须跟相关的用户账号使用完全相同的名称,否则,将无法使用该账号登录。例如,用 user1 和 user2 用户分别对应 user1 和 user2 文件夹,匿名用户访问时对应的是 driver:\ftp\localuser\public 目录下的内容。

以上的准备工作完成后,即可开始创建隔离用户的 FTP 站点,具体操作步骤如下。

(1) 在"Internet 信息服务(IIS)6.0 管理器"窗口中,展开"本地计算机",右击"FTP 站点"文件夹,选择"新建"→"FTP 站点"命令。

(2) 按照"FTP 站点创建向导"依次输入"FTP 站点描述"、IP 地址、端口号等内容,具体操作步骤如前。

(3) 在弹出的"FTP 用户隔离"窗口中选择"隔离用户",单击"下一步"按钮,如图 11-29

所示。

(4) 弹出"FTP 站点主目录"窗口,单击"浏览"按钮,选择 c:\ftp 目录,单击"下一步"按钮,如图 11-30 所示。

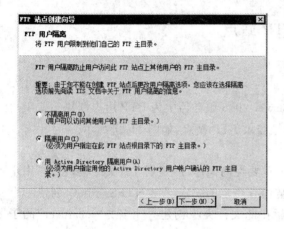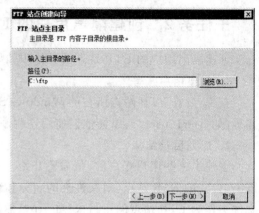

图 11-29 "FTP 用户隔离"窗口   图 11-30 "FTP 站点主目录"界面

(5) 弹出"FTP 站点访问权限"窗口,在"允许下列权限"选项区域中选择相应的权限,单击"下一步"按钮。

(6) 弹出"完成"窗口,单击"完成"按钮,即可完成 FTP 站点的配置。

(7) 测试 FTP 站点:以用户名 user1 连接 FTP 站点,在 IE 浏览器地址栏中输入 ftp://192.168.1.8,然后在图 11-31 中输入用户名和密码,连接成功后即进入主目录相应的用户文件夹 c:\ftp\localuser\user1 窗口。

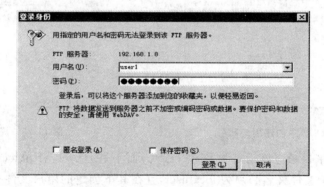

图 11-31 "登录身份"窗口

注意:在 IE8 浏览器中登录 FTP 服务器时,需要选择浏览器右侧"页面"下的"在 Windows 浏览器中打开 FTP"一项,才能在该浏览器中进行 FTP 登录、文件的上传和下载操作。

通过以上的操作,可以总结为用户的登录分 3 种情况。

• 如果以匿名用户的身份登录,则登录成功以后只能在 public 目录中进行读/写操作。

• 如果以某一个合法用户的身份登录,则该用户仅能在自己的目录中进行读/写操作,并且不能看到其他用户的目录和 public 目录。

• 如果没有自己的主目录的合法用户,就不能使用其账户登录 FTP 站点,只能以匿名用户的身份进行登录。

项目小结

本项目结合一个企业的 FTP 服务器的架设需求,详细讲述了 FTP 服务器和 FTP 客户机的配置过程。通过本项目的学习使学生掌握 FTP 的架设过程,也了解 FTP 的相关知识。

实训练习

实训目的:掌握 FTP 服务器的使用。

实训内容:

(1) 设置 IP 地址、主目录。

(2) 安装 FTP 服务。

(3) 配置 FTP 服务器。

实训步骤:

(1) 准备好 FTP 目录结构。

(2) 安装 FTP 角色服务。

(3) 在 FTP 站点上创建虚拟目录。

(4) 创建隔离式 FTP 站点。

(5) 访问 FTP 站点。

复习题

1. 试描述 FTP 服务的运行机制。

2. 试说明 FTP 的两种身份验证方法。

3. 试说明建立不隔离用户模式的 FTP 站点的具体步骤。

4. 如何建立隔离用户模式的 FTP 站点,应该注意哪些方面?

5. 设计一个模拟公司的 FTP 站点,考虑现实的安全控制措施实现并测试。